人工智能应用技术系列丛书

国家社科基金艺术学重大项目

跨模态内容生成技术与应用

刘华群　著

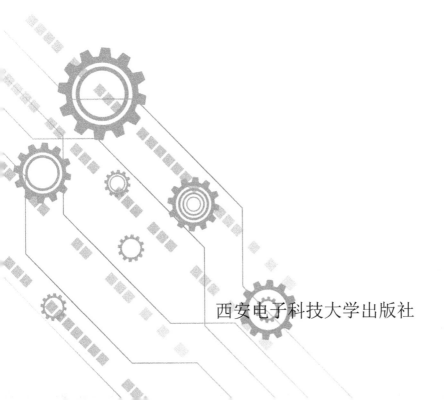

西安电子科技大学出版社

内 容 简 介

本书深入探索了在智能时代下信息技术进步推动数字内容生成的演进及其与创意设计的融合。书中不仅着重分析了数据驱动、跨学科合作以及自动化创意工具的重要性，广泛涉及图像与文本、音频与图像的跨模态整合应用，而且展望了人机共创与数字内容生成的未来趋势。全书共九章，分别为绪论、AIGC 理论与创意设计融合、图像与文本的跨模态整合、音频与图像的多模态创新设计、视频内容生成与跨模态整合设计、人机共创理念在多模态内容生成中的实践、跨模态内容生成与未来出版革新的实践、数字内容生成的未来发展趋势以及总结与展望。

本书读者对象为数字创意和智能设计领域的专业人士、研究者，包括但不限于：

——对跨模态技术感兴趣的数字内容生成工程师；

——希望了解智能技术如何提升作品创新性的创意设计师；

——对数据驱动技术和跨模态数据整合有兴趣的数据研究者；

——追踪数字内容生成和智能设计的发展趋势，并指导学生的教育工作者；

——探索数字内容生成在商业领域的应用潜力的创业者和企业决策者；

——关注跨模态技术对未来出版的影响的数字化出版和新媒体从业者。

图书在版编目(CIP)数据

跨模态内容生成技术与应用 / 刘华群著. -- 西安 ：西安电子科技大学出版社, 2024.8. -- ISBN 978-7-5606-7381-3

Ⅰ. TP18

中国国家版本馆 CIP 数据核字第 2024GW8440 号

策　　划　李惠萍
责任编辑　许青青
出版发行　西安电子科技大学出版社(西安市太白南路 2 号)
电　　话　(029) 88202421　88201467　　邮　　编　710071
网　　址　www.xduph.com　　　　　电子邮箱　xdupfxb001@163.com
经　　销　新华书店
印刷单位　广东虎彩云印刷有限公司
版　　次　2024 年 8 月第 1 版　　2024 年 8 月第 1 次印刷
开　　本　787 毫米×960 毫米　　1/16　印　张　15.5
字　　数　300 千字
定　　价　40.00 元

ISBN 978-7-5606-7381-3

XDUP 7682001-1

*** 如有印装问题可调换 ***

前 言
PREFACE

随着智能化时代的来临，数字技术与人工智能的跨学科融合给出版行业带来了深刻的影响。经历数十年的发展，计算机科学与人工智能取得了突飞猛进的发展，推动了数字内容生成技术的快速演变，人工智能也从最初的计算机基础任务执行者转变为现今艺术创作与创新设计领域的深度参与者。我们正处在一个由智能技术所推动的数字化创新的新纪元里，见证着这场变革。

科技的迅猛发展使我们处于数字创意与人工智能繁荣发展的历史节点之上，两者的融合正在为出版业未来的发展描绘一幅鼓舞人心的图景。本书从以下五个方面深入探讨了跨模态内容生成的前沿技术，并从人机共创的视角出发，拓展我们对数字创意和未来出版领域的认知与想象。

(1) **数字内容生成的多元表现方式**。数字内容生成在智能化时代发挥着领导作用，其在信息传播、娱乐、教育和艺术创作等诸多领域的应用层出不穷。本书深入研究数字内容生成技术，聚焦于跨模态整合，揭示其在不同领域的核心价值。书中从图像与文本的巧妙融合到音频与图像的和谐共鸣，以及视频内容生成的生动表现，通过探索数字创意的多模态表达手段，向读者呈现出更加丰富多彩的未来景象。

(2) **AIGC**(Artificial Intelligence Generated Content，人工智能生成内容)**理论的深度解读**。AIGC 理论构成了本书的中心议题，书中通过构建其理论框架和详细解其释技术原理，使读者能够对 AIGC 的工作原理有更加深刻的理解。本书介绍了生成对抗网络(Generative Adversarial Networks，GAN)等关键技术的最新发展，展现了这些技术如何在跨模态内容生成中推动创新，为读者揭示数字创意的新境界。

(3) **AIGC 与创意设计的紧密联系**。在 AIGC 理论的指导下，本书深入探讨了其与创意设计的密切互动。本书不仅分析了 AIGC 对创意设计的直接和间接影响，而且研究了技术原理在艺术与技术融合中的实际应用。本书通过案例分析，揭示 AIGC 技术在艺术创意中的创新应用，从而阐述 AIGC 如何引领创意设计的未来趋势。

(4) **跨模态内容生成与人机共创的融合**。本书的另一重点是探讨跨模态内容生成与人机共创之间的协同关系，对用户参与度与 AIGC 模型调整之间的相互作用进行深度研究，进而揭示用户反馈在创意设计过程中的重要性。

(5) **对未来出版的展望性思考**。本书最后介绍了 AIGC 技术在未来出版领域中的挑战与创新实践。

本书系 2020 年度国家社科基金艺术学重大项目(项目编号：20ZD20)、2022 年北京高等教育本科教学改革创新项目(项目编号：202210015003)、2023 年数字动画技术研究与应用北京市重点实验室开放课题(项目编号：JGKFKT2308)、2023 年北京印刷学院校级教学改革与课程建设重点项目(项目编号：2023010)、2023 年国家级和北京市级大学生创新创业计划项目(项目编号：22150324020、22150324061、22150324067)等的阶段性研究成果。特别感谢李溪洁为本书的编写所付出的巨大努力。

由于作者水平有限，书中不妥之处敬请读者批评指正。

作　者

2024 年 4 月

目 录

CONTENTS

第1章　绪论................................. 1

1.1　智能时代与数字内容生成的演进.......... 1

1.1.1　智能时代的兴起.................. 1

1.1.2　技术驱动的演进.................. 1

1.1.3　数据驱动的变革.................. 3

1.1.4　人机协同的重要性................ 4

1.1.5　文化与社会影响.................. 6

1.2　智能时代对数字内容生成的影响.......... 7

1.2.1　技术的飞速进步.................. 7

1.2.2　内容的自动化生成................ 8

1.2.3　内容的个性化与情感化............ 9

1.2.4　多模态整合.................... 11

1.2.5　UGC 与社交媒体................. 12

1.3　智能时代对创意设计的影响............. 15

1.3.1　智能技术的协助与效率提升........ 15

1.3.2　原创性与版权的伦理问题......... 17

1.3.3　算法创意与人类创意的交汇....... 18

1.3.4　实现创意设计的平衡............. 19

第2章　AIGC 理论与创意设计融合.......... 21

2.1　人工智能与创意融合的核心原则......... 21

2.1.1　数据驱动的创意................. 22

2.1.2　跨学科合作与知识融合........... 22

2.1.3　自动化与智能化的创意工具....... 23

2.1.4　创意的可持续性与适应性......... 24

2.2　AIGC 理论与艺术创意实践的

关联.............................. 25

2.2.1　艺术作品的创新与实验性......... 25

2.2.2　艺术创作的深度与复杂性......... 26

2.3　AIGC 引领创意设计的新方向........... 26

2.3.1　重新定义数字创意——

开创新领域.................... 26

2.3.2　创新的媒介与技术——

突破传统界限.................. 27

2.3.3　深度融合与创新性产出——

合作的力量.................... 27

2.3.4　艺术与科技的协同发展——

新一代创作者.................. 28

2.3.5　艺术创意的本质变革——

创作新范式.................... 28

2.3.6　艺术作品的智能互动——

共创新时代.................... 28

2.3.7　艺术与科技的融合推动社会进步——

创意的社会价值................ 28

2.4　创意的可持续性与社会责任............. 29

2.4.1　创新的持续性——

适应变革的能力................ 29

2.4.2　创意的社会责任——

影响与变革.................... 30

第3章　图像与文本的跨模态整合——

创意设计的视觉表达.............. 31

3.1　AIGC 理论的基本原理................. 31

3.1.1　文本与图像的语义关联........... 32

3.1.2　多模态数据融合................. 32

3.1.3　创意生成与创新................. 34

3.2　跨模态整合的理论支持................ 35

3.2.1　多模态特征提取................. 35

3.2.2　跨模态关联建模................. 36

3.2.3　多模态生成模型................. 44

3.3　图像与文本的跨模态整合 ……………… 48
　　3.3.1　自动图像标注 ………………… 48
　　3.3.2　文本到图像的生成 …………… 53
　　3.3.3　图像到文本的生成 …………… 56
3.4　跨模态整合与创意设计 ………………… 58
　　3.4.1　跨模态灵感触发与设计
　　　　　创意生成 ……………………… 58
　　3.4.2　多模态数据融合与设计
　　　　　方案优化 ……………………… 59
　　3.4.3　跨模态交互与用户体验增强 ……… 60
　　3.4.4　文化跨模态融合与创新
　　　　　设计表达 ……………………… 61
　　3.4.5　跨模态整合技术的挑战与
　　　　　发展趋势 ……………………… 63
　　3.4.6　案例研究——跨模态整合在
　　　　　创意设计中的成功实践 ……… 64

第4章　音频与图像的多模态创新设计——
**　　　声光的交融之美** ……………………… 67
4.1　多模态生成技术的理论基础与框架 …… 67
　　4.1.1　多模态内容生成的理论演进 …… 67
　　4.1.2　音频与图像数据特征分析 …… 68
　　4.1.3　深度学习在多模态生成中的
　　　　　应用 ……………………………… 71
　　4.1.4　跨模态理解与生成的挑战 …… 72
4.2　AIGC 算法框架在音频设计中的
　　　应用 …………………………………… 80
　　4.2.1　音频生成模型概述 …………… 80
　　4.2.2　音频特征提取技术 …………… 83
　　4.2.3　音频生成的先进算法 ………… 84
　　4.2.4　人工智能在音频创作中的应用 …… 87
　　4.2.5　音频数据的质量评估与优化 …… 89
4.3　AIGC 算法框架在图像设计中的
　　　应用 …………………………………… 90
　　4.3.1　图像生成模型概述 …………… 90

　　4.3.2　图像识别与重建技术 ………… 91
　　4.3.3　高级图像生成算法 …………… 95
　　4.3.4　AI 在视觉艺术中的应用实例 …… 98
　　4.3.5　图像质量的评估与提升 …… 101
4.4　跨模态融合在多模态设计中的应用 … 102
　　4.4.1　跨模态融合的理论基础 …… 102
　　4.4.2　融合算法与技术方法 …… 103
　　4.4.3　音频与图像在跨模态设计中的
　　　　　融合 …………………………… 104
　　4.4.4　跨模态生成的创新案例 …… 104
4.5　未来展望——音图融合技术的
　　　发展方向 …………………………… 107
　　4.5.1　技术创新的未来趋势 …… 107
　　4.5.2　多模态设计在艺术创作中的
　　　　　角色 …………………………… 108
　　4.5.3　新兴技术对音图融合的影响 … 108
　　4.5.4　跨模态创新设计的社会与
　　　　　文化考量 …………………… 109
　　4.5.5　结论——创意设计的未来机遇与
　　　　　挑战 …………………………… 110

第5章　视频内容生成与跨模态整合设计——
**　　　创意设计的动态之美** ……………… 111
5.1　视频内容生成技术概述 …………… 111
　　5.1.1　视频内容的生成流程 …… 112
　　5.1.2　关键技术与算法 …………… 113
　　5.1.3　生成模型的发展趋势 …… 117
　　5.1.4　挑战与机遇 ………………… 118
5.2　跨模态数据整合策略 ……………… 119
　　5.2.1　跨模态数据的理解与处理 … 120
　　5.2.2　视频与文本的融合技术 …… 121
　　5.2.3　音频与视频的同步技术 …… 123
　　5.2.4　人工智能在跨模态整合中的
　　　　　应用 …………………………… 125
　　5.2.5　面临的挑战与解决方案 …… 128

5.3 创意设计在视频生成中的应用............129

  5.3.1 创意思维与视频内容创作............129

  5.3.2 技术支持下的艺术创作............131

  5.3.3 UGC 的创新模式............132

  5.3.4 交互式视频内容的设计............135

  5.3.5 案例研究——成功的视频

    创意设计 136

5.4 未来出版与视频内容的融合............138

  5.4.1 数字出版中的视频内容............138

  5.4.2 增强现实与虚拟现实中的

    视频应用 141

  5.4.3 人机交互中的视频创新............142

  5.4.4 教育与培训中的视频应用............142

5.5 跨模态创新设计的伦理与社会影响....144

  5.5.1 伦理考量............144

  5.5.2 文化多样性与包容性 145

  5.5.3 数据隐私与安全 146

  5.5.4 社会影响评估 146

  5.5.5 可持续发展目标与策略 147

第6章 人机共创理念在多模态内容生成中的

  实践——创意设计的群智驱动 148

6.1 人机共创的理论基础与历史脉络............148

  6.1.1 人机共创的概念与起源............149

  6.1.2 多模态内容生成的理论框架............149

  6.1.3 从人工智能到人机协作的演进............151

  6.1.4 人机共创在创意设计中的作用............153

  6.1.5 群智驱动与创意实践的交叉点............156

6.2 用户参与和 AIGC 模型调整的

  深度研究 157

  6.2.1 用户参与的方式与影响............157

  6.2.2 AIGC 模型的设计与调整............158

  6.2.3 交互式创意过程的优化............158

  6.2.4 案例研究——用户驱动的

    内容创新 159

6.2.5 评估与反馈机制的重要性............162

6.3 创意设计中群智驱动的实例分析........163

  6.3.1 群智驱动的定义与原理............163

  6.3.2 人机共创在群智创意中的应用............164

  6.3.3 成功案例——群智驱动的

    创新设计 164

  6.3.4 挑战与机遇——群智驱动的

    未来趋势 167

  6.3.5 策略与实践——推动群智驱动的

    方法论 168

6.4 未来展望——人机共创与多模态内容

  生成的融合 169

  6.4.1 未来技术的发展趋势............169

  6.4.2 人机共创与多模态内容生成的

    融合策略 172

  6.4.3 伦理、社会与文化考量............173

  6.4.4 推动学术界与产业界的

    协同创新 174

  6.4.5 结论与展望............175

第7章 跨模态内容生成与未来出版革新的

  实践——创意设计的数字媒体突破 ...176

7.1 跨模态内容生成的基础与进展............176

  7.1.1 跨模态内容生成的定义与

    发展历程 177

  7.1.2 数字媒体与出版行业的演变............178

  7.1.3 AIGC 技术在跨模态内容生成中的

    应用 179

  7.1.4 创意设计的角色与影响............181

  7.1.5 当前趋势与未来展望............182

7.2 AIGC 在出版领域的核心原理与

  应用 183

  7.2.1 AIGC 技术的核心原理............183

  7.2.2 AIGC 在出版中的实际应用

    案例 184

7.2.3 数字化转型的挑战与机遇............ 185

7.2.4 用户体验与互动设计的重要性......186

7.2.5 技术融合与创新的路径.............188

7.3 传统出版模式受到的冲击与转型........189

7.3.1 传统出版模式的局限性.............189

7.3.2 数字媒体对传统出版模式的
冲击 190

7.3.3 跨模态内容在出版中的
应用实例 190

7.3.4 出版业的转型策略.................194

7.3.5 未来出版业的发展方向.............195

7.4 出版革新中的人机共创实践............196

7.4.1 人机共创的概念与其在出版中的
应用 196

7.4.2 人机共创在创意设计中的角色......197

7.4.3 出版革新中的成功案例.............198

7.4.4 挑战与机遇——人机共创的
未来 200

7.4.5 推动创新的策略与方法.............201

第8章 数字内容生成的未来发展趋势——
创意设计的先锋方向 203

8.1 数字内容生成技术的最新进展............203

8.1.1 人工智能与数字内容生成的
发展历程 203

8.1.2 当前数字内容生成技术的
领先实践 205

8.1.3 机器学习在内容生成中的应用......207

8.1.4 大数据在内容创新中的作用.........207

8.1.5 隐私与安全在数字内容生成中的
考量 208

8.2 音频与图像跨模态整合的前沿探索......209

8.2.1 多模态整合的理论基础.............209

8.2.2 音图交融技术的创新应用.........210

8.2.3 人机交互在音图整合中的作用......211

8.2.4 创意设计中的实验性应用.............212

8.2.5 案例分析——创意设计中的
声光交融 213

8.3 创意设计中的 AIGC 应用趋势.........216

8.3.1 AIGC 在创意设计中的角色.........216

8.3.2 增强现实与虚拟现实在创意设计
中的应用 217

8.3.3 互动媒体与用户体验的未来.........219

8.3.4 绿色设计与可持续性的重要性......220

8.3.5 创意设计中的伦理与社会责任......221

8.4 未来方向与挑战 222

8.4.1 数字内容生成技术的未来趋势......222

8.4.2 创意设计行业面临的挑战.........224

8.4.3 潜在的市场与商业机会.............225

8.4.4 教育与培训在未来发展中的
角色 226

8.4.5 结论与未来研究的方向.............228

第9章 总结与展望——创意设计的
未来之路 229

9.1 回顾与评估——AIGC 在创意设计中的
应用 229

9.1.1 综合评价——AIGC 技术的创新与
挑战 229

9.1.2 跨学科视角——多模态内容生成的
价值 231

9.2 未来趋势——技术、社会与文化的
交互 233

9.2.1 技术进步与社会变革.............233

9.2.2 文化多样性与创意表达.............235

9.3 创意设计的未来路径——
战略与实践 236

9.3.1 创意设计的发展战略.............236

9.3.2 实践案例与前瞻性思考.............237

参考文献 239

第1章
绪　　论

随着智能时代的到来，数字内容生成技术经历了革命性的飞跃，从而为创意设计和未来出版业发展注入了深远的影响力。本章主要介绍智能时代与数字内容生成的演进，以及智能时代对数字内容生成与创意设计的影响。我们期望读者通过本章的学习对智能时代下的数字内容生成技术与应用有一个较为全面的认识，为后续章节的深入探讨奠定坚实的基础。下面就让我们共同踏上这场探索之旅，揭开智能时代数字内容生成技术的神秘面纱，展望其未来的无限可能。

 ## 1.1　智能时代与数字内容生成的演进

本节旨在介绍智能时代对数字内容生成领域的影响，以及数字内容生成技术的演进历程。我们将深入探讨智能时代背景下的创意设计和数字内容生成技术，了解其在过去、现在和未来的发展。

1.1.1　智能时代的兴起

智能时代是指信息技术(Information Technology，IT)、人工智能(Artificial Intelligence，AI)和机器学习等领域取得突破性进展的时代。随着计算能力的提高、大数据的崛起和机器学习算法的成熟，智能时代已经改变了我们的生活方式、工作方式和文化环境。在智能时代，人们期望从数字内容中获得更多个性化和丰富多彩的体验。

1.1.2　技术驱动的演进

智能时代的兴起与信息技术和计算能力的快速发展密切相关。计算机硬件的不断升级

和互联网的普及，以及计算机视觉、自然语言处理(Natural Language Processing，NLP)和机器学习等领域的进步，为数字内容生成提供了更强大的技术支持。

1. 计算机硬件的升级与发展

智能时代的发展离不开计算机硬件的持续升级和发展。计算机的处理速度、存储容量和图形处理能力不断提升，使得计算机能够处理更复杂的任务和数据。这种硬件性能的提升为数字内容生成提供了强大的计算能力，使其能够处理大规模的图像、文本和音频数据，从而实现更高水平的内容生成。

2. 互联网的普及和高速网络的发展

互联网的普及和高速网络的发展是智能时代的关键驱动力之一。它们使得信息和数据可以更快速地在全球范围内传播和共享。这为数字内容生成提供了广泛的数据来源和分发渠道，使创意作品能够更广泛地被观众和用户所接触和使用。

3. 机器学习和深度学习的突破

智能时代的发展受益于机器学习和深度学习领域的突破。这些领域的算法和模型能够从大规模数据中学习和提取模式，从而实现任务的自动化执行。例如，深度神经网络在图像识别、自然语言处理和语音识别等方面取得了重大突破，使数字内容生成更具创造性，且更逼真。

4. 计算机视觉的进步

计算机视觉是智能时代的关键技术之一，它使计算机能够理解和处理图像与视频数据。随着计算机视觉算法的不断改进，计算机可以识别和分析图像中的物体、场景和情感，为数字内容生成带来了更多可能性。这一进步使得虚拟现实(Virtual Reality，VR)、增强现实(Augmented Reality，AR)和计算机图形学(Computer Graphics，CG)等领域得以迅速发展，为数字内容生成创造了更多创新性的表现形式。

5. 自然语言处理技术的发展

自然语言处理技术是人工智能领域的一个核心分支，它赋予了计算机理解和产生人类语言的能力。随着相关算法的持续进步，计算机现在能够创作出质量上乘的文本内容，并能在智能对话和翻译等方面表现出卓越的性能。这在数字内容生成的文字创作环节发挥着至关重要的作用，使得从自动撰写文章到创作诗歌，再到生成对话等任务成为可能。

总之，技术驱动的演进是智能时代与数字内容生成密切相关的关键因素。计算机硬件的不断升级、互联网的普及、机器学习和深度学习的突破、计算机视觉的进步和自然语言处理的发展，共同推动了数字内容生成的发展，使其能够在智能时代发挥更大的作用。在接下来的章节中，我们将更深入地探讨这些技术对数字内容生成的具体影响和应用。

1.1.3 数据驱动的变革

在智能时代,数据被认为是新时代的石油。大数据的崛起为机器学习和人工智能提供了大量的训练和测试数据,从而推动了算法的发展。这使得数字内容生成技术能够更好地理解用户需求和创作上下文,实现个性化和多模态的内容生成。

1. 数据的丰富性和多样性

大数据的涌现带来了数据前所未有的丰富性和多样性。数字内容生成系统可以访问和分析大规模的文本、图像、音频和视频数据,这些数据涵盖了各个领域和主题。这使得系统可以更好地理解不同领域的内容要求,并生成更具创造性和多样性的作品。用户可以使用大规模文本语料库来获得关于不同主题和风格的信息,以创作更具多样性的文章或故事。

2. 自然语言处理的语料库

对于自然语言处理任务,语料库是至关重要的资源。语料库是大规模文本数据的集合,包括书籍、文章、社交媒体上的帖子等。这些语料库为自然语言处理模型提供了学习语法、语义和上下文的机会。智能时代的语料库规模庞大,且不断增长,使自然语言处理模型能够更好地理解和生成文本内容。

3. 个性化和定制化内容生成

大数据还为数字内容生成的个性化和定制化提供了有力支持。通过分析用户的历史行为、兴趣和偏好,数字内容生成系统可以根据每个用户的需求和喜好生成内容。这种个性化的生成方式可以提高用户的满意度,使他们更容易找到自己感兴趣的内容。例如,个性化音乐推荐系统可以根据用户的听歌历史和偏好为其推荐适合自己品位的音乐,增强了用户的音乐体验。

4. 多模态内容生成

大数据的多样性使得多模态内容生成成为一项有前景的研究领域。多模态内容包括文本、图像、音频和视频等多种形式的数据。数据驱动的方法使得系统能够处理多个模态,实现更丰富、更具表现力的内容生成。这对于创意设计来说是一个重要的进步,因为它允许创作者将不同媒体元素融合在一起,创作出更具吸引力和多样性的作品。

5. 数据内容的实时性和动态性更新

大数据的快速生成和更新使得数字内容生成系统具备更强的实时性和动态性。系统可以根据实时数据和事件来生成内容,以适应快速变化的环境和用户需求。例如,在新闻报道领域，数字新闻生成系统可以根据实时事件生成新闻文章，确保用户及时了解最新信息，如图 1-1 所示。

2014年3月，美国"洛杉矶时报"网站的机器人记者Quake bo，在洛杉矶地震后仅用3分钟，就写出相关信息并进行发布。

美联社使用的智能写稿平台Wordsmith每秒可以写出2000篇报道。

2017年，中国地震台网机器人自动编写稿件，仅用25秒出稿，稿件包括540字并配发4张图片。

第一财经"DT稿王"1分钟可写出1680字的高质量新闻稿。

图 1-1　自动新闻写作的广泛应用

总而言之，数据驱动的变革是智能时代数字内容生成的重要推动力量。大数据的崛起为机器学习和人工智能提供了训练数据，使算法能够更好地理解用户需求和创作上下文。这使得数字内容生成技术能够实现个性化和多模态的内容生成，满足用户多样化的需求。在智能时代，数据将继续发挥关键作用，推动数字内容生成领域不断创新和发展。

1.1.4　人机协同的重要性

智能时代强调人机协同的重要性。人类创意与机器算法的相互补充，成为数字内容生成的核心理念。智能时代的创意设计不再是孤立的个体行为，而是与智能系统的合作与交互。

1. 智能系统的角色认定

在智能时代，智能系统包括各种机器学习和人工智能技术，如自然语言处理、计算机视觉和深度学习算法。这些系统具备理解、生成和处理多模态信息的能力，使它们成为创意设计的有力工具。智能系统的角色在创意设计中是多重的。

其一，**智能系统可以作为创作辅助工具，为创作者提供自动化的创作建议，生成多样化的创意素材**。例如，在文学创作中，智能系统可以分析大量文学作品，为作者提供情节建议或生成角色对话。在视觉艺术中，智能系统可以生成艺术风格的变化或创造新的视觉元素。这些应用可以显著提高创作者的生产效率和创意输出。

其二，**智能系统可以扮演创作合作者的角色**。它们可以与人类创作者协同工作，共同完成创意项目。例如，在音乐创作中，智能系统可以生成音乐的一部分，然后由音乐家进行进一步的创作和编排。在设计领域，智能系统可以为设计师提供初步的设计方案，然后由设计师进行修改和完善。这种人机协同的方式能够充分发挥智能系统和人类创作者的优势，创作出更加丰富和具有创新性的作品。

2. 人类与机器算法的共同参与

智能时代的创意设计强调数字内容生成的核心理念，即人类与机器算法共同参与和协同创作。这一理念不仅体现在创意产出阶段，还体现在对创意的理解、评估和优化过程中。智能系统能够分析大规模数据，挖掘潜在的创意模式和趋势，为人类创作者提供灵感和指导。同时，人类创作者的创造性思维和审美判断仍然是不可或缺的，它们可以引导和丰富智能系统生成的创意内容。

这种人机协同的创意设计方式不仅拓宽了创意生成的可能性，还提高了创作效率和质量。创作者可以更快速地实现他们的创意，同时智能系统可以为他们提供多样性的创意选择，从而推动创意领域的创新和发展。

(1) 创意设计的新范式。传统上，创意设计往往被视为一种独立的、由人类完全主导的活动。然而，智能时代的到来改变了这一传统范式。现在，创意设计被认为是一个复杂的、人机协同的过程，其中人类和机器各自发挥其优势，共同创作出更加出色和多样化的作品。

(2) 协同创作的优势。在过去，创意设计通常依赖于个体的想象力和技能，这在一定程度上受到了创作者个人经验和局限性的制约。然而，在智能时代，机器学习和人工智能系统可以为创作者提供巨大的支持。这些系统可以分析大量的数据和信息，发现潜在的创意模式，并提供灵感和建议。与机器合作，创作者可以更容易地探索新的创意领域，拓宽创作的可能性。

(3) 交互与反馈。除了自动化生成，智能系统还可以通过与创作者的交互和反馈来改进创意设计。它们可以根据创作者的需求和偏好提供个性化的建议。例如，在数字绘画中，智能系统可以根据用户的绘画风格和技巧提供实时的绘画建议；在写作中，智能系统可以检查语法错误，提供文体建议或建议更好的表达方式。这种交互和反馈有助于提高创作者的创作效率和创作质量。

(4) 创新与共创。智能时代的数字内容生成既包括个体创作，也包括共同创作。多个创作者可以与智能系统合作，共同创作数字内容。例如，在影片制作中，导演、编剧和视觉艺术家可以与智能系统合作，生成场景、特效或音乐。这种合作推动了创新的可能性，使创作者能够探索新的创作领域和表现形式。

(5) 伦理与隐私考虑。尽管人机协同在创意设计中具有巨大潜力，但也引发了一些伦理和隐私考虑。例如，智能系统可能会收集和分析用户的个人数据，以提供个性化的建议，这涉及数据隐私和安全的问题。此外，智能系统生成的内容可能被滥用或用于欺诈活动。因此，我们需要建立伦理和法律框架，以确保人机协同创作的合法性和道德使用。

1.1.5 文化与社会影响

智能时代对文化和社会产生了深刻的影响。数字内容生成不仅改变了创意设计和媒体产业，还涉及伦理、隐私和版权等方面的社会问题。智能时代的文化影响也在不断演化，人们对创造性和原创性的看法可能会发生变化。

1. 文化的转变

数字内容生成技术的普及已经改变了文化的面貌。以前，文化创意作品通常是由独立的人类创作者创作的，他们依靠自己的想象力和技能来创作。然而，随着智能算法的崛起，人工智能开始参与到文化创作中。这引发了一系列有关原创性和创作权的讨论。

2. 原创性的重新定义

在智能时代，原创性的定义可能会发生变化。以前，原创作品通常是指完全由人类创作者创作的作品，没有借鉴他人的内容。但现在，数字内容生成工具可以生成大量的内容，其中一些可能与以前的作品相似。这引发了一个问题：由机器生成的内容是否也可以被认为是原创的？

3. 创作权与版权问题

数字内容生成还引发了版权与知识产权方面的问题。由于生成的内容通常基于大量的训练数据，很难追踪其来源和原创性。这可能导致知识产权争议和版权侵权问题。社会需要制定新的法律和政策来适应数字内容生成时代，以保护创作者的权益并促进创新。

4. 文化演变与认知改变

智能时代还可能改变文化与认知。随着数字内容生成的普及，人们对创造性的定义和对原创性的评价标准可能会发生变化。传统的创作者角色可能会受到挑战，因为机器算法也可以生成具有艺术性和创造性的作品。这可能引发对创作者身份和价值的重新思考。

5. 社会伦理与隐私问题

随着数字内容生成技术的普及，出现了一系列社会伦理和隐私问题。例如，在生成虚假信息方面，技术可能被滥用，导致虚假新闻和欺诈行为的增加。此外，生成内容的隐私问题也备受关注。当个人数据被用于生成内容时，隐私泄露和滥用的风险变得更加严重。因此，如何在数字内容生成和隐私保护之间找到平衡成为一个重要的挑战。

1.2　智能时代对数字内容生成的影响

　　智能时代对数字内容生成领域产生了深远的影响。随着计算机视觉、自然语言处理和音频处理等领域的突破，数字内容生成的能力得到了显著提高。人工智能技术已经成为数字内容生成的强大工具，它可以自动生成文本、图像、音频和视频等多媒体内容。

　　这一影响不仅体现在内容的自动化生成上，还体现在内容的个性化、情感化和多模态整合上。智能时代使得数字内容生成不再局限于传统媒体，还包括虚拟现实、增强现实和交互式媒体等新兴领域。此外，智能时代还催生了用户生成内容(User Generation Content, UGC)和社交媒体内容的涌现，加速了内容的传播和创新。

1.2.1　技术的飞速进步

　　智能时代的兴起与计算机科学和人工智能领域的快速进步密切相关。随着计算机视觉、自然语言处理、音频处理等领域的突破，数字内容生成的能力得到了显著提升。机器学习和深度学习等技术使得计算机能够更好地理解和模仿人类创造的内容，从而实现更高水平的内容生成。

1. 计算机视觉的进步

　　计算机视觉领域的快速发展使计算机能够更好地理解和处理图像与视频。卷积神经网络(Convolutional Neural Network，CNN)和循环神经网络(Recurrent Neural Network，RNN)等深度学习模型在图像识别、对象检测和图像生成方面取得了巨大成功。这些技术不仅提高了图像生成的质量，还使计算机能够从大量图像中学习并生成新的视觉内容。

2. 自然语言处理的突破

　　自然语言处理领域的进步使计算机能够更好地理解和生成文本内容。预训练的语言模型(如 GPT 系列)已经在文本生成、机器翻译和对话生成方面取得了显著的成就。这些模型不仅可以生成高质量的文本，还能够理解语境、风格和语气等方面的要求，实现更加自然和流畅的文本生成。

3. 音频处理的发展

　　音频处理技术的进步使计算机能够更好地处理音频内容。语音合成和音乐生成等应用得到了改进，音频生成的质量大幅提高。这些技术为音频内容的自动生成和个性化提供了支持，拓宽了数字内容生成的领域。

4. 机器学习与深度学习的崛起

机器学习与深度学习成为智能时代的核心引擎。这些算法和模型可以从大规模数据中学习，不断优化和改进自身的性能。深度神经网络已经在图像生成、语言模型和音频处理等任务中取得了令人瞩目的成就。这些技术使计算机能够模仿人类的创造力，生成更具创意和多样性的内容。

5. 应用领域的拓展

技术的飞速进步不仅提高了数字内容生成的质量，还拓展了其应用领域。从虚拟现实和增强现实到医疗保健与教育，数字内容生成已经在各个领域发挥了积极作用。例如，医疗领域的可视化工具可以帮助医生更好地理解病情，教育领域的智能教育工具可以实现个性化教学内容，这些都是技术进步的产物。

综上所述，智能时代的技术飞速进步为数字内容生成带来了前所未有的机遇和挑战。计算机视觉、自然语言处理和音频处理等领域的突破使计算机能够更好地理解和生成多媒体内容，而机器学习与深度学习则为提高内容的创意性和内容质量提供了强大的工具。在智能时代，数字内容生成将继续受益于技术的不断演进，为各个领域的创新和发展提供支持。

1.2.2　内容的自动化生成

在智能时代，内容的自动化生成已经成为数字内容生成领域的重要发展趋势。这种自动化生成过程依赖于先进的算法和机器学习技术，使系统能够自动地创建、编辑和优化各种形式的内容，如文本、图像、视频等。

自动化生成的核心在于算法和模型的应用。通过训练大量的数据，这些算法和模型能够学习到内容生成的规律与模式。例如，在文本生成方面，基于循环神经网络或变换器的模型能够学习语言的上下文关系，并生成流畅、连贯的文本内容；在图像和视频生成方面，深度学习技术如卷积神经网络和生成对抗网络被用于创建逼真的图像和动态视频。

自动化生成的内容具有高效性和可扩展性。相比传统的手动内容创建方式，自动化内容生成方式大大提高了内容的生产效率，降低了成本。同时，随着数据量的不断增加和技术的不断进步，自动化生成的内容质量和多样性也在不断提升。

自动化生成的内容也面临着一些挑战和限制。由于算法和模型的局限性，生成的内容可能存在一定的偏差或错误。此外，自动化生成的内容往往缺乏人类创作者的独特性和创造性，难以完全替代人类创作。

为了克服这些挑战，研究者们正在不断探索新的技术和方法。例如，通过引入更多的上下文信息、优化算法模型，引入人类审核和反馈机制等方式，来提高自动化生成内容的准确性和创造性。

总之，内容的自动化生成是智能时代数字内容生成领域的重要发展趋势。虽然目前仍存在一些挑战和限制，但随着技术的不断进步和完善，自动化生成的内容将在未来发挥更加重要的作用，为用户提供更加丰富、多样和个性化的内容体验。

1.2.3　内容的个性化与情感化

智能时代的数字内容生成不再是一劳永逸的模板化产物，而是能够根据用户的需求和情感状态生成个性化与情感化的内容。例如，智能系统可以根据用户的兴趣与情感生成定制化的新闻报道、广告推荐和娱乐内容。这种个性化与情感化的生成方式提高了用户的参与度和满意度。这一变革对于提高用户的参与度和满意度具有重要意义。以下是关于内容个性化与情感化的深入探讨。

(1) 个性化内容生成。智能时代的数字内容生成技术可以根据用户的个人偏好、历史行为和兴趣领域来生成定制化的内容。例如，个性化新闻推荐系统可以分析用户过去的阅读记录，推荐与其兴趣相关的新闻文章。这种个性化内容推荐方法不仅提高了用户获取信息的效率，还增强了内容对用户的吸引力。个性化新闻推荐系统如图 1-2 所示。

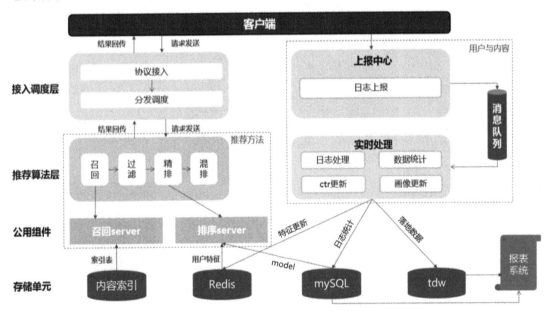

图 1-2　个性化新闻推荐系统

(2) 情感化内容生成。情感分析技术允许智能系统理解和识别用户的情感状态。这种技术使得数字内容生成工具能够根据用户的情感生成内容，如情感化的广告、音乐或视频。情感化内容能够更好地与用户建立情感连接，增强用户的参与度和共鸣。

(3) 个性化广告与推荐系统。在数字广告与内容推荐领域，个性化是一个重要趋势。智能算法可以分析用户的浏览历史、搜索记录和社交媒体行为，以生成个性化的广告和推荐内容。这些内容更有可能引起用户的兴趣，提高广告点击率和转化率，从而为广告主和内容提供者创造更大的价值。淘宝和小红书的推荐系统如图 1-3 所示。

图 1-3 淘宝和小红书的推荐系统

（4）娱乐产业的情感化。在娱乐产业中，情感化的内容生成变得越来越普遍。音乐流媒体平台使用情感分析来根据用户的情感状态创建音乐播放列表。电影和电视节目制作公司也使用情感化的内容如通过音乐、配乐和剧情情感走向来引导观众的情感体验。

（5）用户参与度与满意度的提高。个性化和情感化的内容生成方式有助于提高用户的参与度与满意度。用户更容易与内容产生共鸣，感到内容与自己的需求和情感状态相关。这不仅提高了用户的黏性，还增加了用户的忠诚度，有助于品牌建设和用户关系的维护。

智能系统可以分析用户的情感状态，识别他们的情感倾向，并生成相应情感色彩的新闻报道。如果一个用户正在寻找积极的新闻，系统可以生成一份充满希望和正能量的新闻摘要。如果另一个用户对社会问题感到愤怒，系统可以生成涉及社会问题的新闻报道，以引发共鸣和讨论。

这种个性化与情感化的内容生成方式不仅提高了用户的参与度和满意度，还增强了内容的影响力。用户更有可能与相关内容互动，分享和评论，从而增加了内容的传播和影响力。

总的来说，智能时代的数字内容生成已经实现了内容的个性化和情感化。这一趋势使得内容能够更好地满足用户的需求和情感状态，提高了用户的参与度和满意度。个性化与情感化的内容生成方式将继续在新闻、广告、娱乐和社交媒体等领域发挥重要作用，为用户提供更具吸引力和个性化的数字体验。

1.2.4　多模态整合

智能时代将数字内容生成提升到了多模态整合的水平，不仅可以生成文本和图像，还可以将文本、图像、音频和视频等多种媒体形式整合在一起，创造更丰富和多样化的内容。这为虚拟现实、增强现实和交互式媒体等新兴领域带来了巨大机会。

首先，**虚拟现实与多模态的关系分享**。在虚拟现实中，多模态整合可以将视觉、听觉和触觉等多种感官融合在一起，创造身临其境的虚拟体验。增强现实则可以通过叠加虚拟元素到现实世界中，丰富用户与周围环境的互动。交互式媒体领域，多模态整合使得用户可以通过语音、手势、触摸等多种方式与媒体内容互动，提高了用户参与度。

其次，**多模态整合促进了创新的内容形式和表现方式的出现**。例如，虚拟现实电影不再局限于传统的线性叙事，观众可以自由探索虚拟环境，影片的剧情和结局可以因观众的选择而不同。音乐和艺术作品也可以通过多模态整合呈现出更富创意的形式，打破了传统艺术和媒体的界限。

最后，**多模态整合为其他领域带来机会和挑战**。智能时代的多模态整合使得数字内容生成不再受限于单一媒体形式，拓展了创意设计与媒体产业的边界，为各种新兴领域带来了巨大的机会和挑战。随着技术的不断发展，我们可以期待看到更多创新的内容形式和更丰富的用户体验。

1.2.5　UGC 与社交媒体

智能时代催生了 UGC 与社交媒体内容的潮流。用户可以通过智能工具生成自己的内容，分享到社交媒体平台上，与其他用户互动和交流。UGC 与社交媒体内容的大量产生和传播加速了内容的创新与传播，推动了数字内容生成领域的发展。

当谈到智能时代对数字内容生成领域的影响时，我们不得不深入研究 UGC 与社交媒体的崛起，它们已经成为数字内容生成领域的一个重要方面。智能时代催生了 UGC 与社交媒体内容的大量涌现，这些内容不仅改变了传统的内容创作模式，还加速了内容的创新和传播，推动了整个领域的发展。

1. UGC 的概念及意义

UGC，即用户生成内容，指的是由普通用户创建、发布和分享的各种媒体内容，包括文本、图像、视频、音频等。与传统媒体内容不同，UGC 是由大众自发创作和分享的，而不是由专业媒体机构或内容创作者制作的。其兴起标志着媒体生态系统的变革，将内容创作的权力从少数精英转移到了广大用户手中。

UGC 的重要性在于它反映了用户的需求、兴趣和观点。用户可以通过 UGC 表达自己的声音，分享自己的经验，参与社交和讨论。UGC 具有多样性和真实性，因为它代表了广大用户的多元化视角。这使得 UGC 成为一种有价值的信息和娱乐来源，吸引了大量的受众和参与者。

2. 社交媒体的崛起与影响

社交媒体是 UGC 兴起的重要平台之一。社交媒体平台，如微信、微博、今日头条、小红书、抖音等，现已成为用户分享 UGC 的主要渠道，如图 1-4 所示。这些平台提供了用户创建和分享内容的便捷方式，同时也鼓励用户之间的互动和社交。

社交媒体的兴起改变了内容的传播模式。传统上，内容是由专业媒体机构创建和发布的，受众被动消费。而在社交媒体上，内容的传播是通过用户之间的分享和互动实现的。当一个用户发布了有趣或有价值的内容时，它可以在社交媒体上迅速传播，被其他用户转发、评论和点赞。这种内容的快速传播使得 UGC 能够迅速吸引大量受众，产生广泛的影响。

图 1-4　社交媒体平台已成为用户分享 UGC 的主要渠道

此外，社交媒体还鼓励用户生成情感化的内容。用户可以分享自己的情感、喜怒哀乐，表达对事件和话题的看法。这种情感化的内容能够引发共鸣，加强用户之间的情感联系，增强社交媒体的黏性。情感化的内容也更容易引起讨论和争议，进一步推动内容的传播。

3. UGC 与社交媒体对数字内容生成的影响

UGC 与社交媒体的大量产生和传播为内容创新及传播带来了新的动力。用户的创意和观点在社交媒体上得以迅速传播，引发了话题的热议和讨论。这种社交传播的机制使得有价值的内容能够更快地走向大众，影响更广泛的受众。

首先，**UGC 与社交媒体扩大了内容创作的范围**。这种新的媒体产生与传播机制使创作者不再局限于专业媒体机构，任何人都可以成为内容创作者，为 UGC 与社交媒体贡献内容。这为内容的多样性和多元化提供了更大的空间。

其次，**UGC 与社交媒体改变了内容的传播模式**。新的传播机制中内容不再是被动地推送给受众，而是通过用户之间的分享和互动传播。这种传播模式更加快速和有机，使得内容能够更迅速地走进人们的生活。

再次，**UGC 与社交媒体推动了数字内容生成技术的发展**。为了满足用户生成大量内容的需求，数字内容生成技术不断创新，以提高生成的效率和质量。这也包括了个性化和情感化内容的生成，以适应用户的需求。

最后，**UGC 与社交媒体改变了内容的互动性**。用户可以在社交媒体上对内容进行评论、点赞、分享和讨论，形成了一个内容生态系统。这种互动性使得内容更加有趣和具有吸引力，吸引了更多的用户参与。

4. 内容创新与传播面临的挑战和机会

UGC 与社交媒体为新时代数字内容的创作带来很大优势及影响之外，也为我们国家的快速崛起和人类社会发展带来了挑战及新的发展机遇。

挑战之一是**信息的真实性和可信度**。由于社交媒体上内容的快速传播，虚假信息和谣言也很容易传播开来。这对内容消费者和社会带来了一定的风险，需要更好地验证信息和对信息接收者与传播者进行教育与正确引导。

挑战之二则是**内容的隐私和版权问题**。用户生成的内容可能涉及他人的隐私和知识产权，因此需要更多的法律和伦理规范来保护相关权益。

尽管在现在的 UGC 内容创新下存在诸多挑战，但 UGC 与社交媒体确实为数字内容生成领域带来了巨大的机遇。特别是用户参与的增加扩大了内容的多样性和新颖性，社交媒体的互动性质推动了内容的传播和创新。这一趋势将继续影响数字内容生成的未来发展，为更多创作者和受众提供更广泛的可能性。

总之，UGC 与社交媒体的崛起在智能时代对数字内容生成领域产生了深刻的影响。它们扩大了内容创作的范围，改变了传播模式，推动了技术的创新，增强了内容的互动性。这些趋势为数字内容生成领域带来了更广阔的应用前景，也为用户提供了更丰富和多样化的内容体验。

综上所述，智能时代对数字内容生成领域带来了巨大的影响，不仅在技术水平上取得了显著进步，还在内容的多样性、个性化、情感化、多模态整合和新兴领域的拓展等方面带来了深刻的变革。这些影响将继续推动数字内容生成的发展，为未来的创意设计与媒体产业带来新的机遇和挑战。

1.3　智能时代对创意设计的影响

智能时代给创意设计带来了许多新的机遇和挑战。一方面,人工智能技术可以辅助创意设计师更高效地生成内容和提高生产力。另一方面,智能时代也引发了关于原创性、版权和算法创意的伦理与法律问题。

当我们考虑智能时代对创意设计的影响时,不可避免地涉及许多新的机遇和挑战。智能技术的崛起在创意设计领域引发了深刻的变革,这些变革既提高了创意设计的效率,又引发了一系列伦理和法律问题。

1.3.1　智能技术的协助与效率提升

智能时代不仅引领了数字内容生成领域的革命,同时也对创意设计产生了深刻影响。

1. 自然语言处理技术的应用

我们先来探讨自然语言处理技术是如何影响创意设计的。自然语言处理技术是人工智能领域的一个重要分支,它使计算机能够理解和生成人类语言,NLP(自然语言处理)的强大功能如图 1-5 所示。在创意设计中,自然语言处理技术已经取得了显著的进展。设计师可以利用这些技术来自动生成文本内容,这对于广告、市场营销和媒体制作等领域尤其有用。

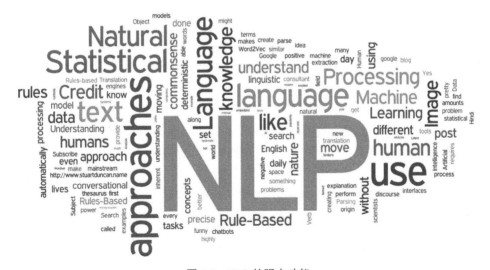

图 1-5　NLP 的强大功能

在智能时代，广告设计师可以使用自然语言处理技术生成产品介绍和销售词汇，而无需手动编写每一句话。这不仅节省了时间，还确保了文案的质量和一致性。此外，智能系统可以根据目标受众的特点和需求，定制不同版本的文案，以提高广告的个性化程度。

自然语言处理技术还可以用于自动生成新闻报道、文章和博客内容。这对新闻机构和内容生产者来说是一个重大的突破，因为它可以大大提高内容的产出速度，并帮助他们更好地满足受众的信息需求。然而，需要注意的是，虽然自然语言处理技术可以生成文本，但它仍然需要人类的审查和编辑来确保内容的准确性和流畅性。

2. 计算机视觉技术的应用

除了自然语言处理技术，计算机视觉技术也在创意设计领域发挥着关键作用。计算机视觉技术使计算机能够理解和处理图像与视觉信息。在数字内容生成方面，这项技术提供了令人兴奋的机会。

设计师可以利用计算机视觉技术来自动生成图像、图表和设计元素，从而加速设计过程。例如，一个平面设计师可能需要为一份报告创建一组图表，用于数据的可视化呈现。在智能时代，他可以使用计算机视觉技术，将原始数据输入系统，然后系统会自动生成美观的图表和图形。这不仅节省了设计师的时间，同时也降低了错误的风险。

计算机视觉技术的另一个应用领域是虚拟现实和增强现实。计算机视觉技术使得虚拟世界与现实世界之间的交互更加智能化和自然。这对游戏开发、虚拟演绎和数字艺术创作等领域具有巨大的潜力。设计师可以使用计算机视觉技术来创建逼真的虚拟环境和交互元素，为用户提供沉浸式的体验。

3. 音频处理技术的创意应用

音频处理技术也是创意设计领域的重要组成部分。在智能时代，音频处理技术可以用于生成音乐、声音效果和语音内容。这对音乐制作人、电影制片人和广告创意人员来说都是一项重要的创新。

例如，一位音乐制作人可以使用音频处理技术来生成背景音乐或声音效果，以增强电影、广告或游戏的氛围。智能系统可以根据情节和情感要求，自动生成适合的音乐和声音。这使得音频制作变得更加高效，同时也拓宽了创作的可能性。

此外，语音合成技术的进步也使得创意设计领域有了新的应用。设计师可以使用语音合成技术来创建虚拟主持人、语音助手或自动化客户服务系统。这些系统可以与用户进行实时互动，提供信息和解决问题，从而提高了用户体验。

4. 效率提升与创意创造的平衡

尽管智能技术为内容的创意设计带来了众多益处，但设计师们仍然需要在效率提升与创意创造之间取得平衡。过度依赖智能工具可能会导致创意的机械化和缺乏创新性。因此，创意设计师需要谨慎使用智能技术，确保它们成为创意的有力辅助而不是取代人的创意。

此外，智能时代还引发了一系列伦理和法律问题，如知识产权、数据隐私和算法偏见等问题。在使用智能技术的同时，创意设计师需要深入了解这些问题，并采取适当的措施来确保合法合规的创意生成过程。

总之，智能技术的广泛使用已经深刻地改变了内容生成与创意设计领域。自然语言处理、计算机视觉和音频处理技术的应用使设计师能够更高效地生成内容、收集灵感和提高生产力。这些技术不仅节省了时间，还拓宽了创作的可能性，使设计师能够更专注于创意的方向。然而，尽管智能技术带来了许多机会，但我们也需要密切关注伦理和隐私问题，以确保数字内容生成和创意设计的可持续发展。

1.3.2　原创性与版权的伦理问题

虽然智能时代为创意设计带来了巨大机遇，但同时也引发了一系列关于原创性与版权的伦理问题。当计算机能够生成内容时，如何定义和保护内容的原创性变得更加复杂。有时创意生成的过程涉及算法和模型的使用，这引发了一些重要问题，如生成的内容是否真正具有原创性，以及是否应该受到版权保护。

1. 原创性的定义与挑战

在智能时代，内容生成的过程不再完全由人类进行，而是涉及机器学习和深度学习算法的使用。这引发了一个关键问题，即生成的内容是否真正具有原创性。原创性通常被定义为独特和独立于他人的创造性成果。然而，当计算机生成内容时，它们可能会受到训练数据的影响，从而导致生成的内容在某种程度上与已存在的内容相似。这使得原创性的界定变得模糊，需要重新审视和定义。

2. 版权保护的挑战

另一个伦理问题涉及版权保护。当内容由计算机生成时，谁应该享有版权？传统上，版权通常归属于人类作者，但在智能生成的情况下，这一问题变得更加复杂。一些生成的内容可能受到算法和模型的创造性贡献，但仍需要人类设计师的指导和监督。这引发了关于版权归属的争议，以及如何确保合法的版权保护。

3. 模仿与侵权的界定

随着智能生成的内容与已存在的内容的相似度增加，模仿和侵权的争议也不断增加。如何界定某个计算机所生成的内容属于模仿而非侵权，成为一个具有挑战性的问题。有时候，计算机生成的内容可能会与现有的作品相似到足以引发法律纠纷，但同时也可能难以判断生成的内容是否有意模仿或仅仅是巧合相似。

4. 法律框架的调整与适应

智能生成内容引发的这些伦理问题不仅涉及创意设计师和内容创作者，还关系到法律和知识产权领域。为了解决这些问题，我们需要重新审视和调整现有的法律框架，以适应智能时代的创意设计。这可能包括修改版权法，明确定义智能生成内容的版权归属和保护范围。此外，我们也需要制定更明确的法律标准，以界定模仿和侵权的界限，以确保公平的法律程序和判决。

5. 伦理教育与创意设计

伦理问题也应该成为创意设计教育的一部分。培养新一代创意设计师的伦理意识和法律知识至关重要，以确保他们能够在智能时代中创作和分享内容，同时遵守法律和道德准则。

总结而言，智能时代引发的伦理问题涉及原创性和版权的界定、模仿与侵权的判定以及法律框架的调整与适应。解决这些问题需要多方面综合的努力，包括法律改革、伦理教育和行业共识的建立。在智能时代，创意设计领域需要更加深入的思考和讨论，以确保创意生成和知识产权的平衡与公平。

1.3.3　算法创意与人类创意的交汇

除了原创性和版权的伦理问题，另一个重要的伦理问题涉及算法生成的创意与人类创意的关系。随着智能技术的不断发展，计算机可以生成具有艺术价值的作品，如绘画、音乐和文学作品。这引发了关于创意的本质和价值的讨论，以及算法生成的作品是否应该被认为是真正的创意。

1. 创意的本质与文化认同

创意通常被视为人类思维和情感的产物，反映了创作者的独特视角和文化认同。人类创作者的作品通常受到情感、经验和社会背景的影响，这些因素赋予了作品深刻的内涵和情感共鸣。因此，一些人认为，算法生成的作品可能会缺乏人类情感和体验，从而难以与人类创意相媲美。

2. 算法生成作品的美学价值

我们需要重新思考算法生成的作品也具有独特的美学价值。计算机程序可以分析大量数据和模式，创作出超越人类能力的视觉、声音和文字作品。这些作品可能具有出人意料的创意性和复杂性，开辟了新的艺术领域和创作可能性。一些人认为，算法生成的作品不应被简单地视为机械生成，而应被视为一种新的创意形式，有着自己独特的美学和文化价值。

3. 艺术与科技的融合

算法创意也代表了艺术与科技的融合。这种交汇为创作者提供了新的工具和媒介，以表达和探索创意。计算机可以生成不同于人类的创意，其独特性和复杂性可能会引发观众的好奇心和审美体验。因此，算法创意不仅拓展了创作领域，还激发了艺术与技术交流的可能性。

4. 文化认同与多元性

创意也受到文化认同和多元性的影响。不同文化背景和经验的人们可能对创意有不同的理解和定义。因此，评价某算法生成的作品是否具有创意也可能因人的文化和社会因素而结果迥异。

5. 伦理问题与未来展望

算法生成的创意与人类创意的交汇引发了深刻的伦理问题和讨论。在智能时代，我们需要重新思考创意的本质和价值，以及如何评估算法生成的作品。这涉及文化认同、美学价值和科技发展的平衡。未来，我们可能需要制定新的标准和伦理指导，以更好地理解和欣赏算法创意，同时保护人类创作者的权益。智能时代为创意设计领域带来了前所未有的挑战和机遇，我们需要在伦理和创新之间找到平衡，以推动创意领域的持续发展。

1.3.4 实现创意设计的平衡

在智能时代，实现创意设计的平衡变得尤为重要。我们需要找到合适的方法来充分利用智能技术的优势，同时保护内容的原创性、尊重版权和维护伦理原则。这需要创意设计师、法律专家、伦理学家和技术专家之间的密切合作与讨论。

(1) 智能技术的协助与提高效率。我们要认识到智能技术的协助在创意设计领域的重要性。自然语言处理、计算机视觉和音频处理等技术可以大幅提高创意设计的效率。它们使创意设计师能够更快速地生成内容、收集灵感和提高生产力。然而，创意设计师需要谨慎使用这些技术，以确保创意的独特性和创新性。

(2) 原创性与版权的伦理问题。原创性与版权问题和伦理问题也需要被认真对待。智能生成的内容是否真正具有原创性，以及如何保护版权，是需要深入探讨的问题。法律框架需要不断调整以适应智能时代的创意设计，同时也需要建立更清晰的伦理指导，以平衡创作者的权益和公共利益。

(3) 算法创意与人类创意的交汇。算法生成的创意和人类创意的交汇也是一个复杂而有趣的领域。虽然算法生成的作品缺乏人类创作者的情感和体验，但它们可能具有独特的美学价值。这个问题涉及创意的本质、文化认同和创意的定义，需要进一步的讨论和研究。

(4) 从业者的教育与意识提升。教育与意识提升也是实现平衡的关键。创意设计师和内容创作者需要更好地了解智能技术的工作原理，以及它们如何影响原创性和版权。他们需要学习如何正确使用智能工具，以避免侵犯版权或违背伦理原则。培训和教育可以帮助他们更好地应对伦理挑战，并做出明智的决策。

(5) 跨学科合作。要实现创意设计的多方平衡需要跨学科的合作。这里包括创意设计师、法律专家、伦理学家和技术专家的共同努力，共同探讨伦理问题、法律问题和技术问题。他们需要共同制定指导方针，以确保创意设计在智能时代中能够蓬勃发展，并同时遵循伦理和法律原则。

综上所述，实现创意设计的平衡是智能时代创意领域的一个重要挑战。通过建立明确的伦理和法律框架、教育和意识提升、伦理与效率的平衡以及跨学科的合作，我们可以更好地应对这一挑战。最终，我们的目标是为创意设计师和内容创作者提供一个清晰的指导，以适应不断发展的数字时代，同时保护原创性、尊重版权和维护伦理原则，确保创意设计的可持续性和公平性。

第2章
AIGC 理论与创意设计融合

在数字时代的浪潮中，AIGC(生成式人工智能)理论与创意设计之间的融合已成为推动艺术与文化创新的重要力量。这种融合不仅为我们带来了前所未有的创作可能性和表达方式，更为艺术创意的未来发展指明了方向。

本章将深入探讨 AIGC 理论与创意设计之间的核心原则与关联，旨在揭示这种融合如何推动艺术创意的革新与进步。我们将从数据驱动的创意、跨学科合作与知识融合、自动化与智能化的创意工具等方面，分析 AIGC 理论如何为创意设计提供新的思维框架和技术支持。同时，我们也将探讨 AIGC 理论与艺术创意实践的关联，关注艺术作品的创新与实验性、艺术创作的深度和复杂性等方面，以揭示这种融合如何激发艺术创作的无限可能。

更重要的是，本章将探讨 AIGC 如何引领创意设计的新方向。通过重新定义数字创意、突破传统媒介与技术界限、推动深度融合与创新性产出等方式，AIGC 正在重塑我们对艺术创意的认知和理解。这种融合不仅催生了新一代创作者，也推动了艺术与科技的协同发展，为艺术创意的本质变革和智能互动提供了新的可能。

此外，本章还将关注创意的可持续性与社会责任。在追求创新的同时，我们必须思考如何确保创意的持续性，以适应不断变化的社会环境和市场需求。同时，我们也应关注创意的社会责任，思考如何通过艺术创意来影响和改变社会，为社会的进步和发展贡献力量。

2.1　人工智能与创意融合的核心原则

AIGC 理论的核心原则是将人工智能技术与创意设计相结合，以实现更高水平的创造性和创新性。这一理论的核心原则包括以下几个重要观点：

首先，**AIGC 理论认为人工智能技术可以成为创意的有力助手**。机器学习、深度学习和自然语言处理等人工智能技术可以用来分析大量的数据和信息，从中提取潜在的创意元素和灵感。这为设计师提供了更广泛的创作资源和启发，有助于他们更好地发挥创意潜能。

其次，**AIGC 理论强调跨学科合作的重要性**。创意设计常常涉及多个领域，包括艺术、工程、科学等。AIGC 理论鼓励不同领域的专业人士之间的合作与交流，以促进跨学科思维的碰撞。这种合作有助于创意的多样性和创新性，为创意设计带来新的视角和机会。

再次，**AIGC 理论倡导了创意工具的自动化和智能化**。通过将人工智能技术集成到创意工具中，设计师可以更高效地生成、修改和评估创意作品。这不仅可以提高创作的速度和质量，还可以释放设计师的创意能力，让他们更专注于创意的本质。

最后，**AIGC 理论强调了创意的可持续性**。在不断变化的世界中，创新和创造力是持续发展的关键。AIGC 理论鼓励设计师与工程师不断更新自己的知识和技能，以适应新的挑战和机遇。这有助于确保创意设计在不断变化的环境中保持活力和竞争力。

2.1.1 数据驱动的创意

AIGC 理论的首要原则之一是数据驱动的创意。在今天的数字时代，数据成为一个无可争议的宝贵资源。人工智能技术，尤其是机器学习和深度学习，已经在数据分析和处理方面取得了巨大的进展。这种进展为创意设计提供了前所未有的机会。

通过分析大量数据，设计师可以更深入地了解受众的需求和趋势。例如，一家电影制作公司可以利用人工智能技术来分析观众的观影偏好和反应，从而更好地定位电影的题材和风格。这种数据驱动的创意设计不仅可以提高创意作品的吸引力，还可以增加其市场竞争力。

此外，数据还可以用来发掘潜在的灵感和创意元素。人工智能系统可以通过分析各种形式的数据，如文本、图像、音频等，帮助设计师发现新的创意方向。例如，一个艺术家可以使用自然语言处理技术分析大量文学作品，以寻找主题和情感的共鸣，从而启发新的艺术创作。

2.1.2 跨学科合作与知识融合

AIGC 理论的另一个关键原则是跨学科合作与知识融合。创意设计通常涉及多个领域，包括艺术、工程、科学、文化等。跨学科合作可以丰富创意设计的内涵，带来更多的创新和多样性。

艺术家和工程师之间的合作是 AIGC 理论的核心之一。他们可以共同探索创新的艺术形式和技术实现方式。例如，虚拟现实项目可能需要艺术家的创意视觉设计和工程师的技术实现，通过合作可以创造出引人入胜的虚拟体验。

知识融合也是跨学科合作的一部分。不同领域的知识可以相互交汇，创造出新的理念和方法。一个生物学家和一个音乐家可以共同探索生物体和音乐之间的联系，创作出独特的音乐作品。这种知识融合为创意设计带来了无限的可能性。

2.1.3　自动化与智能化的创意工具

AIGC 理论的第三个核心原则是自动化与智能化的创意工具的开发。人工智能技术已经被广泛应用于创意工具的设计和开发，使设计师能够更高效地生成、修改和评估创意作品。

自动化工具可以协助设计师完成一些烦琐的创作任务，从而节省时间和精力。例如，Photoshop 的自动化功能允许用户批量处理图像，而 Illustrator 则可以通过预设的参数自动生成图案和图形。这些自动化的特性不仅大大节省了设计师在重复任务上的时间，还提高了工作的准确性和效率，如图 2-1 所示。

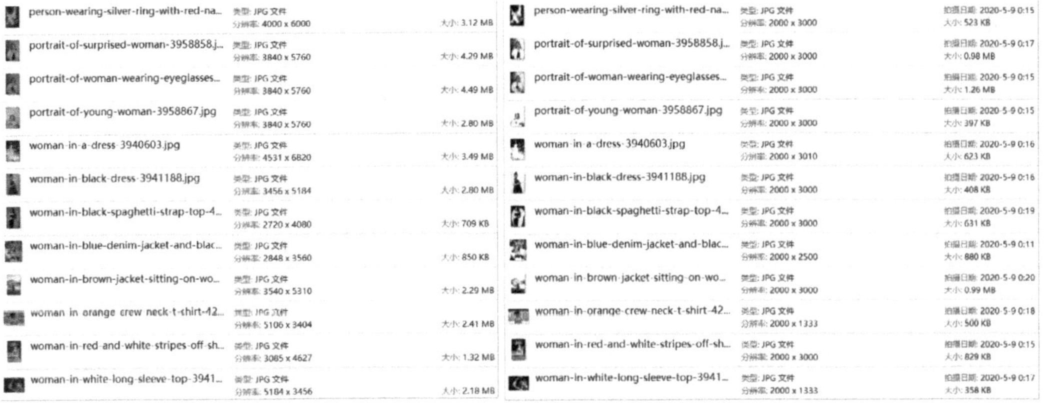

图 2-1　Photoshop 批量处理图像

智能化工具则可以提供实时建议和反馈，帮助设计师不断改进作品。文心一言作为自然语言处理领域的一项重要突破，能够通过接收用户的文本提示(Text Prompts)，自动生成符合用户需求的创意文本，如故事、歌词、广告语等。这一功能的实现，得益于文心一言对海量数据的深度学习和强大的生成能力，如图 2-2 所示。它可以根据用户的输入，迅速生成与之相关的创意内容，为设计师提供丰富的灵感来源和创作素材。

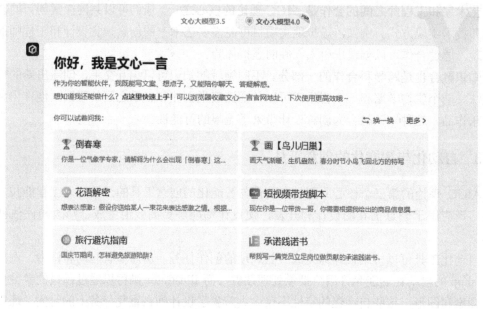

图 2-2　文心一言的相关功能

2.1.4　创意的可持续性与适应性

AIGC 理论的第四个核心原则是创意的可持续性与适应性。在不断变化和发展的世界中，创意设计需要能够适应新的挑战和机遇，保持持久的活力和竞争力。

创意的可持续性意味着设计师和创意工作者需要注重长期价值与影响。他们应该致力于创作具有持久吸引力的作品，而不仅仅是追求短期的流行或趋势。通过考虑环境、社会和经济因素，设计师可以设计出更加可持续和有意义的创意解决方案。

适应性则是创意可持续性的关键要素之一。设计师需要保持灵活和开放的心态，不断学习和适应新的技术、方法与趋势。他们应该愿意尝试新的创意途径，与不同领域的人进行合作，以应对不断变化的市场需求和受众期望。

为了实现创意的可持续性与适应性，设计师需要持续更新自己的知识和技能。他们可以参加专业培训、参与行业交流活动、关注最新的研究和发展动态等。此外，建立一个积极的学习和创新的文化氛围也是至关重要的，这可以鼓励团队成员不断追求卓越，并共同应对未来的挑战。

2.2   AIGC 理论与艺术创意实践的关联

AIGC 理论与艺术创意之间存在紧密的关联，这一关联为创意设计领域注入了新的活力和可能性。通过将创意设计与智能科技相结合，可以创作出具有实际应用价值的作品，如智能城市规划、可持续建筑设计等。这为艺术家提供了更多的机会，将他们的创意和艺术作品与社会发展及创新相结合。

2.2.1   艺术作品的创新与实验性

AIGC 理论鼓励艺术家探索创新和实验性的艺术表达方式。通过与人工智能技术的结合，艺术家可以超越传统的创作界限，挖掘新的艺术领域和媒介。例如，一位艺术家可以利用自然语言处理技术分析诗歌、小说和历史文本，以获取文学方面的灵感。同时，他可以使用图像生成算法创作出与文学作品相关的视觉艺术品。这种多样性的创意过程不仅丰富了艺术创作，还打破了传统艺术形式的界限，为自由表达提供了更广阔的空间。文心一言生成的图片如图 2-3 所示。

图 2-3   文心一言生成的图片

　　此外，AIGC 理论强调跨学科合作的重要性，艺术家可以与工程师、科学家和数据分析师等专业人士合作，借助他们的知识和技能来开拓新的艺术领域。例如，艺术家和工程师可以共同研究虚拟现实和增强现实技术的应用，创造出令人惊叹的虚拟艺术体验。这种跨学科合作为艺术创新提供了广阔的空间。

2.2.2　艺术创作的深度与复杂性

　　AIGC 理论有助于提升艺术作品的深度与复杂性。人工智能技术可以用来分析和处理大规模的数据，帮助艺术家深入探索复杂的主题和概念。例如，艺术家可以使用自然语言处理技术来分析大量文本数据，探索文学作品中的情感和主题，从而创作出深刻的艺术作品。

　　此外，人工智能技术还可以用来生成复杂的音乐作品、影视作品和文学作品。通过利用生成模型，艺术家可以自动生成大规模的音乐曲目、电影剧本和小说章节，从而拓宽了创作的广度和深度。这种技术的应用使艺术创作更具挑战性和探索性。

2.3　AIGC 引领创意设计的新方向

　　AIGC 理论和相关技术的引入将推动创意设计进入新的发展方向，并为艺术精品创作与新的智能科学技术的深度融合提供了新的机遇。

2.3.1　重新定义数字创意——开创新领域

　　AIGC 理论的引入重新定义了艺术创作的范围和可能性，为艺术家带来了更广泛的创作视野。传统上，艺术创作受限于人类创作者的能力和创意。然而，现在，人工智能技术可以扩展这一范围，创作出以前无法想象的艺术作品。

　　艺术创作不再受制于传统的媒介和工具，而是可以包括使用人工智能算法生成的艺术作品。这些作品可能涉及视觉艺术、音乐、文学、戏剧等多个领域，呈现出与人类创作者不同的审美和风格。这种重新定义的艺术创意范畴拓展了创意设计的领域，激发了更多对创新性艺术创作的兴趣。图 2-4 为文心一言生成的一首藏头诗。

图 2-4　文心一言生成的一首藏头诗

2.3.2　创新的媒介与技术——突破传统界限

AIGC 理论的引入带来了创新的媒介和技术，为艺术创作提供了全新的工具和表现形式。传统的艺术媒介如绘画、雕塑和音乐仍然存在，但现在艺术家还可以借助虚拟现实、增强现实、自然语言处理、机器学习等新技术来创作。

虚拟现实技术使观众能够沉浸在艺术作品中，与之互动，创造出身临其境的艺术体验。增强现实技术则将虚拟元素与现实世界相结合，创造出全新的艺术形式，打破了传统艺术的界限。自然语言处理和生成对抗网络技术让艺术家能够探索文学、音乐和视觉艺术的新领域。这些新媒介和技术为艺术创作提供了无限的可能性，鼓励艺术家突破传统媒介的限制，尝试新的创作方式。

2.3.3　深度融合与创新性产出——合作的力量

AIGC 理论强调深度融合，即将人工智能技术与创意设计深度结合，以产生创新性的作品。这种深度融合要求艺术家和工程师之间的密切合作，以充分发挥人工智能在创意设计中的潜力。

艺术家和工程师可以共同研究与开发智能生成模型，用于创作音乐、绘画、电影和文学作品。这种跨领域的合作激发了双方的创新能力，推动了艺术与工程的深度融合。深度融合还涉及数据的收集和分析，以便更好地理解观众的需求和反馈。通过分析观众的反馈数据，艺术家和设计师可以调整、改进他们的作品，以更好地满足观众的期望。这种循环反馈过程有助于创意设计的不断优化和创新，为观众带来更具吸引力的艺术作品。

2.3.4　艺术与科技的协同发展——新一代创作者

AIGC 理论引领创意设计的新方向也反映在艺术与科技的协同发展上。艺术和科技不再被视为独立的领域，而是相互关联、相互支持的领域。

越来越多的教育机构开始将人工智能和技术集成到艺术课程中，培养具备艺术创意和技术能力的新一代创作者。这些新兴艺术家和设计师将能够更好地应对未来的挑战，推动创意设计领域的进一步发展。他们将具备跨学科的能力，能够融合艺术与工程，创作出既具有艺术性又具有实用性的作品，推动社会的进步和发展。

2.3.5　艺术创意的本质变革——创作新范式

AIGC 理论的引入标志着艺术创意的本质变革。以前，艺术创作主要依赖于艺术家的创意和技巧，但现在，人工智能算法可以参与到创作过程中。这意味着创意不再局限于人类的思维和感知，而可以超越这些界限。

艺术家可以将人工智能视为合作伙伴，一起探索艺术的可能性。他们可以使用生成对抗网络来生成新颖的艺术品，或者利用自然语言处理来创作文学作品。这种协作方式将艺术创意推向前所未有的高度，挖掘出新的审美体验和情感连接。

2.3.6　艺术作品的智能互动——共创新时代

AIGC 理论引领创意设计的新方向还体现在艺术作品的智能互动方面。通过整合人工智能技术，艺术作品可以变得更加智能化和互动化。观众不再是被动作品的接受者，而是积极参与到创作过程中的主体。虚拟现实艺术作品可以根据观众的行为和反馈调整自身内容，创造出个性化的艺术体验。智能音乐生成软件可以根据用户的情感和喜好创作音乐，打破了传统音乐创作的局限性。这种智能互动为观众带来了更深层次的参与感和沉浸感，同时也为艺术家提供了更多的反馈和灵感。

2.3.7　艺术与科技的融合推动社会进步——创意的社会价值

AIGC 理论的应用不仅在艺术领域产生影响，还在社会层面推动着进步。艺术与科技的融合创造了新的就业机会和经济增长点。人工智能技术的发展促进了智能艺术品市场的崛起，艺术家和技术公司合作创造出创新性的产品和服务，为社会创造了价值。

　　AIGC 理论还强调了艺术的社会影响力。通过艺术作品，艺术家可以表达社会问题、情感和思考，引发观众的共鸣和讨论。艺术与科技的融合使得这种表达变得更加强大和有影响力。智能艺术可以通过数据分析和情感识别来理解观众的需求和情感，创作出更有针对性的作品，有助于推动社会的积极变革和认知。

　　AIGC 理论引领创意设计的新方向，不仅重新定义了艺术创意的本质，还为艺术作品的智能互动、社会影响力和艺术与科技的融合提供了新的机遇。这些机遇将引导艺术家、设计师与工程师朝着更具创新性和深度的方向发展，推动创意设计领域迎接未来的挑战和机遇。无论是从创意的角度看，还是从社会发展的角度看，AIGC 理论都为我们开启了一个充满活力和可能性的新时代。

　　总结而言，AIGC 理论与艺术创意实践之间存在着密切的关联，为创意设计领域注入了新的活力和可能性。通过鼓励实验性创作、提升作品的复杂性和深度、推动艺术与科技的融合以及强调艺术的社会影响力，AIGC 理论为艺术家提供了丰富的创作机会和新的思维方式，推动了艺术与工程的深度融合，引领创意设计的新方向。

2.4　创意的可持续性与社会责任

　　当我们深入研究 AIGC 理论与创意设计的融合时，不得不注意其中的第四个核心原则：创意的可持续性与社会责任。这一原则在当今不断变化的世界中显得尤为重要，因为它关注着创新和创造力的持续发展。我们在强调理论的终身学习和不断进化的重要性，鼓励设计师和工程师不断更新自己的知识和技能，以适应新的挑战和机遇。

2.4.1　创新的持续性——适应变革的能力

　　在 AIGC 理论中，创新被视为创意设计的关键要素之一。然而，与传统的创新观念不同，AIGC 理论强调创新的可持续性。这意味着创新不再被看作是一次性的闪光灵感，而是一个持续不断的过程。设计师和工程师需要具备适应变革的能力，迅速调整自己的思维和方法，以适应新的挑战。

　　过去，创新通常被视为某种神秘的过程，一种只有少数人能够掌握的能力。然而，AIGC 理论强调，创新是可以被培养和发展的能力，而不仅仅是个别人的专属领域。这意味着任何人都可以学习如何创新，只要他们具备适应变革的能力。

适应变革的能力是指设计师和工程师需要不断更新自己的知识和技能，以适应新的技术、新的市场趋势以及新的社会需求。这要求他们保持开放的思维，愿意接受不同领域的知识和观点，积极参与跨学科合作。

此外，创新的持续性还需要建立一种鼓励创新的文化。组织和团队应该营造一个支持员工提出新想法的环境，提供资源和支持，鼓励创新的实践。这种文化将有助于创新的持续性，从而使组织能够更好地应对变革和挑战。

总之，AIGC 理论中的创新的持续性强调了创意设计的长期发展，要求设计师和工程师具备适应变革的能力，并积极参与跨学科合作。这一原则将有助于创意设计领域更好地应对未来的挑战，为社会的可持续发展做出积极的贡献。

2.4.2　创意的社会责任——影响与变革

AIGC 理论强调创意的社会责任，这意味着设计师和工程师应该思考他们的作品如何对社会产生积极影响。他们不仅仅是艺术家或技术专家，还是社会变革的参与者。这一观点鼓励他们积极参与解决社会问题，提高生活质量，促进社会的可持续发展。在数字创意领域，创意的社会责任可以通过多种方式体现。

首先，**创意设计中更加关注重点**。设计师和工程师可以选择关注那些具有社会价值的项目，如医疗保健、环境保护、教育等领域。他们可以通过创意设计来解决现实世界中存在的问题，为社会带来实际的好处。

其次，**创意的社会责任包括对作品的道德考虑**。在设计和开发过程中，设计师和工程师应该谨慎地处理敏感话题，避免创作有害的作品。他们应该始终将社会利益放在首位，确保他们的作品不会对社会造成负面影响。

再次，**创意的社会责任涉及激发社会变革的能力**。设计师和工程师的作品可以引发人们的思考，激发社会变革的动力。通过艺术和技术的结合，他们可以传达重要的信息，引起社会对于重大问题的关注，并推动社会改善的进程。

最后，**鼓励思考创意的社会责任**。在教学实践中，我们应鼓励学生思考创意的社会责任，教导他们不仅仅要追求技术和美感上的创新，还要思考他们的作品如何对社会产生影响；鼓励他们选择与社会问题相关的项目，并通过创意设计来提出解决方案。

总之，AIGC 理论中创意的社会责任强调了创意设计的重要性，不仅仅是为了追求艺术或技术上的创新，还应该积极参与社会问题的解决和社会变革的推动。这一原则在数字创意领域具有重要的指导意义，促使设计师和工程师思考他们的作品如何影响社会，并以积极的方式参与社会进步的过程中。

第 3 章
图像与文本的跨模态整合——创意设计的视觉表达

本章将深入探讨 AIGC 理论在图像与文本之间的跨模态整合中的理论支持，以及其在创意设计领域中的重要应用，特别是在视觉表达和多模态整合方面。AIGC 理论作为人工智能的一项重要研究领域，已经在多个领域引起了广泛的兴趣，其能够将图像和文本相互融合，为创意设计提供了全新的可能性。

3.1　AIGC 理论的基本原理

AIGC 是一种利用人工智能技术自动或半自动地创建新内容的方法。这种方法涵盖了从文本、图像、音乐到视频等多种媒体形式的内容创造。AIGC 的核心在于其能够理解和模仿人类的创造性思维过程，从而生成具有创造性和吸引力的内容。在 AIGC 的核心思想中，机器学习和自然语言处理等技术被用来分析与理解文本内容，同时计算机视觉技术则被用来处理图像信息。这两个领域的交叉应用使得计算机系统能够更好地理解和生成多模态内容，从而为创意设计提供了新的工具和方法。

AIGC 理论的基础建立包括但不限于自然语言处理、计算机视觉、机器学习(特别是深度学习)和大数据分析等关键技术。自然语言处理使得 AI 能够理解和生成人类语言，计算机视觉赋予机器解读和生成图像的能力，而深度学习则提供了这些技术背后的算法基础。

在 AIGC 的应用过程中，一个关键的步骤是数据的处理和分析。通过分析大量的文本、图像和其他形式的数据，AI 可以学习到各种模式和风格，从而在生成内容时能够模仿这些特点。例如，在文本生成中，AI 可能会分析成千上万本书籍和文章，学习不同的叙述风格、词汇使用和语法结构。

3.1.1　文本与图像的语义关联

在 AIGC 和多模态处理领域，文本与图像的语义关联不仅是基础，而且是推动各种高级应用发展的关键。这种关联要求机器能够深入理解文本和图像中的信息，并发现它们之间的深层、非直观的联系。这种联系远远超出了简单的文本与图像对应，而是深入语义的层面，使机器能够执行诸如跨模态检索、内容生成和复杂推理等任务。

1. 表示学习的重要性

表示学习是实现文本与图像语义关联的第一步。在这一阶段，文本与图像被转换为高维向量，这些向量捕捉了原始数据中的关键信息和结构。对于文本，现代语言模型如 BERT 和 GPT 利用大规模的语料库进行预训练，学习到了词汇间的上下文关系和语义信息。对于图像，深度卷积神经网络能够从像素级的输入中提取出层次化的特征，这些特征对应于图像中的边缘、纹理、对象等。

2. 共同表示空间的构建

一旦文本与图像被转换为向量，下一步就是将这些向量映射到一个共同的表示空间中。这个空间允许不同模态的数据进行直接比较和关联。跨模态嵌入方法利用配对的文本与图像数据来学习一个共享的嵌入空间，其中语义上相似的项在空间中相互靠近。典型相关分析(CCA)及其变体进一步探索了文本和图像特征之间的相关性，以找到最佳的映射方向。

3. 对齐与匹配的精细化

在共同表示空间的基础上，对齐与匹配技术进一步提高了文本与图像关联的精确性。这包括使用注意力机制来关注文本与图像中最相关的部分，以及使用更复杂的匹配函数来评估文本与图像之间的相似性。此外，对抗性学习方法，如生成对抗网络，也被用于增强跨模态表示的对齐，通过生成与给定文本或图像相匹配的新样本来提高模型的泛化能力。

总之，文本与图像的语义关联是 AIGC 和多模态处理领域的一个核心挑战，它涉及多个复杂的技术组件和前沿的研究方向。通过不断推动这一领域的发展，我们可以期待在未来看到更加智能、更加直观的多模态应用和服务。

3.1.2　多模态数据融合

多模态数据融合是人工智能领域中一个至关重要的研究方向，尤其在 AIGC 和多模态处理中扮演着举足轻重的角色。它旨在将来自不同模态的数据(如文本、图像、音频、视频等)进行高效整合，以形成全面、统一的信息表示，进而提升机器对复杂场景的理解与决策能力。这一过程涉及多个核心环节，包括数据预处理、特征提取、融合策略以及模型优化等，每个环节都对最终的融合效果产生深远影响。

1. 数据预处理

数据预处理是多模态数据融合的首要步骤，其重要性不言而喻。原始数据往往包含大量噪声、冗余信息和不一致性，这些问题会严重影响后续特征提取和融合的准确性。因此，预处理的目标在于通过一系列技术手段，如去噪、标准化、归一化、对齐等，消除这些不利因素，为后续处理提供高质量、一致性的数据输入。针对不同模态的数据，预处理的方法也会有所差异，我们需要根据数据的具体特点和需求进行定制化设计。

2. 特征提取

特征提取是多模态数据融合中的关键环节，它直接影响到融合结果的表示能力和判别性。特征提取的目标是从每个模态的数据中挖掘出最具代表性的信息，这些信息能够准确刻画数据的本质特征和内在结构。对于文本数据，我们可以利用词嵌入、语义角色标注等技术提取深层次的语义特征；对于图像数据，卷积神经网络等深度学习模型可以捕捉图像的层次化特征；对于音频和视频数据，也有相应的特征提取方法，如梅尔频率倒谱系数(MFCC)和光流法等。这些提取出的特征需要被进一步转换为高维向量表示，以便在统一的向量空间中进行融合操作。

3. 融合策略

融合策略是多模态数据融合中的核心问题之一，它决定了如何将来自不同模态的特征进行有效整合。根据融合发生的阶段和方式的不同，融合策略可以分为特征级融合、决策级融合和模型级融合三种类型。特征级融合是将不同模态的特征进行直接拼接或加权组合，形成统一的特征表示；决策级融合则是在每个模态上分别做出决策后，再将这些决策结果进行融合，形成最终的决策输出；模型级融合则是通过设计一个统一的模型来同时处理不同模态的数据，并学习它们之间的共享表示和交互作用。在实际应用中，我们需要根据具体任务需求和数据特点选择合适的融合策略，以实现最佳的性能表现。

4. 模型优化

模型优化是多模态数据融合中不可或缺的一环，它旨在通过一系列技术手段提升融合模型的性能表现。优化方法可能包括调整模型参数、引入正则化项、使用更复杂的网络结构等。此外，我们还可以借助集成学习等方法将多个融合模型的预测结果进行集成，以进一步提高预测精度和鲁棒性。在模型优化过程中，我们需要充分考虑不同模态数据之间的互补性和相关性，以实现更有效的融合。同时，我们还需要关注模型的泛化能力和计算效率等方面的问题，以确保模型在实际应用中的可行性和实用性。

随着深度学习技术的不断发展和更多模态数据的引入，多模态数据融合将面临更多的挑战和机遇。一方面，我们需要设计更加高效、灵活的融合方法和模型以适应不同场景与任务的需求；另一方面，我们也需要探索更加深入、全面的多模态交互和理解机制以实现更加智能、全面的多模态应用与服务。相信在不久的将来，多模态数据融合将在人工智能领域中发挥更加重要的作用，推动人工智能技术的不断创新与发展。

3.1.3　创意生成与创新

创意生成与创新是推动知识经济时代社会持续进步的关键引擎，它们不仅涉及表层的灵感闪现，更涵盖了一系列深层次、相互交织的认知、思维、方法论、环境与应用要素。以下是对这些方面的更为深入和专业的探讨。

1. 创意的灵感来源与深层认知机制

创意的灵感往往源于多元化的外部刺激和内部心智活动的交融。从认知科学的深层视角出发，创意实际上是大脑对已有知识、经验与情感进行非线性重组和突破性联结的产物。这种重组和联结过程受到个体认知结构、情感状态以及外部环境因素的共同影响。因此，要深入洞察创意的生成机制，就必须深入探索大脑的认知加工过程、情感反应模式以及个体与环境的互动方式。

2. 创意的思维方式与策略性应用

创意的思维方式超越了传统的线性逻辑框架，更多地依赖于非线性、直觉性和多元性的思维方法。发散性思维使我们能够从一个触发点出发，探索出无数可能的新思路和新方案；逆向思维则鼓励我们打破常规，从问题的对立面或全新角度寻求突破；类比思维则通过在不同领域间建立隐喻性联系，激发出新颖且富有启发性的创意点子。这些思维方式的有效运用需要借助一系列策略性工具和方法，如头脑风暴、思维导图、六顶思考帽等，它们能够帮助我们更加系统、高效地激发和整理创意。

3. 创新的方法论与实践性转化

创新不仅仅是创意的简单生成，更是一个将创意转化为具有实际价值的产品、服务或解决方案的复杂过程。创新方法论，如设计思维、敏捷开发、精益创业等，提供了一套系统的理念、原则和方法，指导我们如何将创意从概念阶段逐步推进到原型测试、市场验证和规模化应用等后续阶段。同时，实践性技巧，如用户研究、原型制作、快速迭代等，则确保我们能够在创新过程中不断收集反馈、优化方案并降低风险。

4. 创新的环境与生态系统构建

创新的环境与生态系统对于创意的生成和创新的实施具有至关重要的影响。一个开放、多元且充满活力的创新环境能够吸引和聚集各类创新要素，促进不同思想和资源的跨界融合与碰撞。因此，我们需要积极营造一种鼓励尝试、宽容失败、持续学习的创新文化，同时推动建立跨领域、跨行业的创新生态网络，以实现创新资源的优化配置和高效利用。

5. 创新的市场应用与社会价值实现

创新的最终目标是满足市场需求、创造经济价值并推动社会进步。因此，我们需要密切关注创新成果的市场应用前景和商业模式创新，以确保它们能够真正解决用户痛点、提供卓越体验并创造可持续的商业价值。同时，我们还需要全面评估创新对社会、环境、伦理等方面的影响，积极承担社会责任，推动创新成果在更广泛领域的应用和共享，以实现更大的社会价值。

总之，创意生成与创新是一个涉及多个层面和要素的复杂系统过程。要全面理解和推动这一过程的发展，我们需要从认知科学、思维科学、方法论、环境生态以及市场应用等多个角度进行深入研究和实践探索，不断挖掘新的创新潜力和路径。

3.2　跨模态整合的理论支持

跨模态整合是指在一个系统中结合多种感知模式的信息处理。在 AIGC 领域，这通常意味着将文本、图像、声音等不同类型的内容结合起来，以创作出新的、多维度的作品。这种整合不仅仅是简单的组合，而是要求系统能够理解和转换不同模态之间的信息。

理论上，跨模态整合的支持来自认知科学、语言学、计算机科学等多个领域。从认知科学的角度来看，人类在理解世界时常常会综合使用多种感官信息，比如同时使用视觉和听觉。在语言学中，研究表明语言和视觉信息的结合可以增强信息的理解与记忆。计算机科学中的跨模态学习则致力于模拟这一过程，通过算法让机器能够理解和处理不同模态的数据。

3.2.1　多模态特征提取

多模态特征提取是跨模态整合流程中的首要步骤，它要求从异构的模态数据中提取出有意义且可比较的特征表示。由于文本、图像和音频等模态在数据结构、信息编码和表达方式上存在本质差异，因此需要采用特定的技术和方法来处理每种模态数据。

对于文本数据，特征提取的核心在于将离散的词语或符号转换为连续且富含语义的向量表示。词嵌入技术，如 Word2Vec、GloVe(Global Vectors for Word Representation，全局词向量表示)和 BERT(Bidirectional Encoder Representations from Transformers，基于 Transformer 的双向编码器表示)等，通过在大规模语料库上的无监督学习，将每个词语映射到一个高维向量空间，其中相似的词语在向量空间中的位置相近。这些词向量不仅捕获了词语的语义信息，还编码了词语间的上下文关系和共现统计信息，为跨模态语义对齐提供了基础。

在图像领域，特征提取的目标是从原始像素数据中提取出对视觉任务有用的信息。卷积神经网络凭借其强大的特征学习能力，已成为图像特征提取的主流方法。通过多层的卷积和池化操作，卷积神经网络能够逐层抽象出图像的边缘、角点、纹理等低级特征，以及对象、场景等高级特征。这些特征在图像分类、目标检测、场景理解等任务中表现出色，也为跨模态整合提供了丰富的视觉信息。

对于音频数据，特征提取主要关注于从声波信号中提取出反映声音特性的关键参数。传统的音频特征包括短时能量、短时过零率、梅尔频率倒谱系数等，它们通过信号处理技术从音频信号中提取出时域、频域或倒谱域的特征表示。这些特征在语音识别、音乐信息检索等领域有广泛应用，也为跨模态音频处理提供了有力支持。

随着深度学习技术的不断进步，多模态特征提取正朝着更加自动化和高效的方向发展。自编码器、变分自编码器(VAE)、生成对抗网络等深度学习模型能够从无标签数据中学习到更加抽象和表征能力强的特征表示。这些模型通过最小化重构误差或最大化生成样本的多样性来学习数据的内在结构和分布规律，从而提取出更加有用的特征信息。此外，基于自监督学习的方法也显示出在多模态特征提取方面的巨大潜力，它们通过设计巧妙的预训练任务来利用无标签数据中的丰富信息，进一步提升特征提取的性能和效率。

总之，多模态特征提取是跨模态整合中不可或缺的一环。通过针对性地应用和发展各种特征提取技术，我们能够更好地从多模态数据中捕获和表示有意义的信息，为后续的多模态关联建模和生成提供坚实的数据基础。随着技术的不断发展和创新，我们有理由相信多模态特征提取将在未来跨模态整合中发挥更加重要的作用。

3.2.2　跨模态关联建模

跨模态关联建模是跨模态整合中的关键环节，它旨在建立不同模态数据之间的内在联系和对应关系。跨模态关联建模通常包括以下几个方面：

1. 跨模态表示学习

跨模态表示学习是跨模态整合研究中的核心领域，旨在探索如何有效地表示和比较来自不同模态的数据。其核心思想在于构建一个共享的特征空间，这个空间能够准确捕捉不同模态数据间的内在关联和语义相似性。

1) 共享特征空间的重要性

在单模态学习中，每种模态通常拥有其独有的特征表示方式。但在跨模态场景中，这种独特性成为一个挑战，因为我们需要一个统一的框架来比较和关联不同模态的信息。共享特征空间的概念应运而生，它作为一个共同的语义空间，使得不同模态的数据可以在其中进行对齐、比较和交互。这个空间不仅简化了跨模态数据的处理，还提高了数据间的可比性和可解释性。

2) 深度学习在跨模态表示学习中的应用

深度学习，特别是神经网络(经典神经网络见表 3-1)，已成为跨模态表示学习的首选方法。这些模型具有强大的表示学习能力，能够通过复杂的非线性映射将原始模态数据转换为共享特征空间中的高维向量。在这个过程中，深度学习模型能够自动提取每种模态数据中的关键信息，并将其编码为向量表示，从而捕捉到数据间的内在关联和语义相似性。

表 3-1　经典神经网络

名　称	用　处	特　点
全连接神经网络 (FNN)	用于分类和数值预测，经常用于各种神经网络的最后几层	每一层是全连接层，即每个神经元与上一层所有神经元连接；可从不同角度提取特征；权重多，计算量大
卷积神经网络 (CNN)	主要用于图像处理，如人脸识别、图片识别等	卷积层用于特征提取；池化层用于降维；全连接层用于分类或回归；对图像的平移、缩放和旋转具有一定的不变性
循环神经网络 (RNN)	主要用于处理序列数据，如文本、时间序列、语音识别等	中间层的输出作为下一个时间步的输入；具有记忆能力，能捕捉序列中的时间依赖性；可能出现梯度消失或梯度爆炸问题
长短时记忆网络 (LSTM)	是 RNN 的一种变体，用于处理长期依赖问题	通过引入门控机制(输入门、遗忘门、输出门)来控制信息的流动；能够有效地缓解梯度消失或梯度爆炸问题；更适合处理长序列数据
生成对抗网络 (GAN)	用于生成新的数据样本，如图像、文本等	由生成器和判别器两个网络组成，进行对抗性训练；能够生成与真实数据分布相似的新数据；训练过程可能不稳定，需要精心调整参数
自编码器 (Autoencoder)	用于数据降维、特征学习和去噪等任务	由编码器和解码器两部分组成；编码器将输入数据压缩成低维表示；解码器将低维表示还原为原始数据或近似数据；可用于无监督学习场景

3) 学习过程与优化

跨模态表示学习模型的学习过程通常依赖于大量的无标签或有标签数据。无标签数据用于学习模型间的共性和关联，而有标签数据则用于监督学习过程，确保模型学习到的表示具有语义上的区分性和准确性。通过精心设计的目标函数(如对比损失、重构损失等)，模型能够不断优化其参数，以更好地将不同模态的数据映射到共享特征空间中。此外，随着自监督学习等技术的发展，模型还可以利用无标签数据进行预训练，进一步提升其表示学习能力。

4) 语义相似性的保持与评估

在共享特征空间中，保持语义相似性是跨模态表示学习的关键目标。通过优化模型，相似的概念或实体(无论来自哪种模态)会被映射到相近的位置。这种语义相似性的保持使得我们能够在这个空间中执行诸如跨模态检索、跨模态生成等高级任务。为了评估模型的性能，研究者通常会使用各种指标(如准确率、召回率、F1 分数等)来衡量模型在跨模态任务上的表现。

2. 模态间对齐

模态间对齐是确保不同模态数据在语义上保持一致的过程。这可以通过无监督的方法(如典型相关分析、最大互信息)或有监督的方法(如基于标签的对齐)来实现。对齐可以发生在特征层面，也可以发生在更抽象的语义层面，表 3-2 对其进行了详细说明。

表 3-2　特征层面与语义层面的模态间对齐对比

层　面	概　念	监督方法	标签需求
特征层面	在特征层面进行模态间对齐，主要是将不同模态的特征映射到一个共享的特征空间，使得这些特征在数值或结构上能够相互对应和比较。这种对齐更注重特征的相似性和相关性	1. 典型相关分析； 2. 最大互信息； 3. 其他无监督学习方法，如流形学习、自编码器等	无须标签，主要通过特征间的统计关系或结构关系进行对齐
语义层面	在语义层面进行模态间对齐，旨在将不同模态的数据关联到相同的语义概念或实体上。这种对齐更注重数据的高级语义含义和概念一致性	1. 基于标签的对齐； 2. 多模态嵌入学习； 3. 注意力机制； 4. 图模型对齐等	需要标签或额外的语义信息来指导对齐过程，以确保不同模态的数据在语义上保持一致

除了上述方法外，还有许多其他的模态间对齐技术，包括基于注意力机制的对齐、基于图模型的对齐等。这些方法都旨在利用不同模态数据之间的互补性和相关性，学习它们之间的对齐关系，从而实现跨模态的数据融合和联合学习。

模态间对齐是多模态学习中的一个重要挑战，因为不同模态的数据往往具有不同的表示形式和语义空间。通过有效地对齐这些模态，我们可以更好地利用它们进行联合学习和推理，从而实现更准确、更全面的多模态理解和应用。

3. 跨模态检索

跨模态检索确实是多模态信息处理领域的核心研究方向，其意义在于突破了单一数据类型检索的限制，实现了更为丰富和多元的信息访问。跨模态检索的本质在于不同模态数据之间的"语义桥梁"的建立。考虑到文本、图像、视频等每种模态数据都有其独特的表示方式和内在结构，它们所蕴含的语义信息也存在天然的差异。为了实现高效的跨模态检索，我们需要将这些不同模态的数据映射到一个共同的高维语义空间中，并在这个空间内度量它们之间的相似性或关联性。

1) 神经网络在跨模态检索中的应用

为了达到这一目的，现代研究通常采用基于深度学习的方法，特别是神经网络，如前文提及的卷积神经网络用于图像处理，循环神经网络及其变体用于文本处理等。在这些网络中，通过大量的数据训练，模型可以自动学习如何从原始模态数据中提取关键信息，并转换为共享特征空间中的表示，从而实现不同模态间的有效对齐和比较。

2) 基于 Transformer 的模型在跨模态检索中的应用

近年来，基于 Transformer 的模型在多模态领域也取得了显著的成果。通过引入自注意力机制，Transformer 能够有效地捕捉序列内的长距离依赖关系，从而更加精准地建模文本、语音等序列数据的语义信息。同时，结合跨模态注意力机制，Transformer 还可以实现图像区域与文本词汇之间的细粒度对齐，进一步提升了跨模态检索的准确性。

3) 对抗性学习在跨模态检索中的应用

对抗性学习也在跨模态检索中发挥着越来越重要的作用。通过对抗性训练，模型可以学习生成模态不变的特征表示，从而缓解不同模态间的异构性问题。具体来说，这种方法通过引入一个判别器网络来区分特征的来源模态，并同时训练特征提取器以欺骗判别器。在这样的对抗过程中，模型可以逐渐学习到与模态无关的特征表示，从而提高跨模态检索的鲁棒性。

4) 跨模态检索面临的挑战

尽管取得了诸多进展，跨模态检索仍面临着诸多挑战。例如，如何处理不同模态间的异构性、如何度量它们之间的语义相似性、如何有效地进行大规模跨模态检索等问题都需要进一步研究。同时，随着新型模态数据(如 3D 模型、脑电波信号等)的不断涌现，如何将这些新型模态数据融入跨模态检索框架也是一个具有挑战性的问题。

4. 模态融合

模态融合是多模态信息处理中的核心环节，它涉及将来自不同感知模态(如视觉、听觉、文本等)的信息进行有效整合，以构建出更全面、更具表达力的数据表示。这种融合过程不仅提升了信息的丰富度，还通过捕捉模态间的互补性来增强模型对复杂场景的理解能力。

1) 简单的特征拼接在模态融合中的应用

在模态融合的方法论中，简单的特征拼接是一种基础且直观的策略。它将来自不同模态的特征向量直接串联起来，形成一个扩展的特征向量。然而，这种方法虽然实现简单，但往往无法深入挖掘模态间的内在联系和相互作用。

2) 加权平均方法在模态融合中的应用

为了克服简单的特征拼接的局限，加权平均方法被引入，其中每个模态根据其信息的重要性或可靠性被赋予不同的权重。这种策略允许模型在融合过程中对不同模态进行差异化处理，从而更好地利用各模态的独特信息。然而，权重的确定往往依赖于先验知识或额外的学习步骤，这增加了方法的复杂性和实施难度。

3) 多模态注意力机制在模态融合中的应用

近年来，更为先进的模态融合方法不断涌现，其中多模态注意力机制尤为引人注目。这种方法通过动态地调整不同模态间的注意力权重，实现了对信息的自适应融合。例如，在处理图像和文本的多模态任务时，模型可以根据任务需求自动地关注图像中的关键区域和文本中的重要词汇，从而生成更具针对性的融合表示。这种灵活性使得多模态注意力机制在处理复杂多变的实际场景时具有显著优势。

融合后的多模态表示在下游任务中发挥着至关重要的作用。无论是分类、回归还是生成任务，全面的信息表示都有助于模型更准确地捕捉数据的内在结构和模式。以情感分析为例，通过融合文本和语音模态的信息，模型可以同时感知到文本中的语义内容和语音中的情感韵律，从而更全面地理解说话者的情感状态。

然而，模态融合并非易事。由于不同模态的数据在表示形式和语义空间上存在天然差异，直接进行融合可能导致信息的扭曲或损失。因此，在进行模态融合之前，必须对不同模态的数据进行细致的预处理和特征提取工作，以确保它们在同一语义空间内进行有效的对齐和融合。

4) 模态融合的前景

展望未来，随着深度学习技术的不断发展和创新，模态融合将迎来更多的可能性。例如，基于图神经网络的模态融合方法有望通过捕捉模态间的复杂关系来进一步提升融合效果；而基于自监督学习的模态融合方法则有望通过利用无标签数据来增强模型的泛化能力。这些新兴技术将为多模态信息处理领域注入新的活力，推动其向更高水平发展。

5. 跨模态生成

跨模态生成是多模态信息处理领域中的一个核心挑战，旨在实现不同模态数据间的有效转换，同时保持信息的完整性和一致性。这一任务要求模型不仅具备深入理解源模态信息的能力，还需掌握将其精准映射到目标模态的技巧。在跨模态生成的研究中，文本到图像的生成和图像到文本的标注是两个主要方向。

1) 跨模态生成的两个研究方向

(1) 文本到图像的生成。文本到图像的生成，模型需要准确捕捉文本中的细微语义差别，如物体的形状、颜色、纹理，以及场景的氛围和布局等，进而生成与之相对应的视觉细节。为实现这一目标，研究人员借助了诸如生成对抗网络和变分自编码器等高级深度学习架构。这些模型通过精巧的对抗训练机制或概率隐变量模型，学习到了从文本语义空间到图像像素空间的复杂映射。

(2) 图像到文本的标注。图像到文本的标注，要求模型能够细致分析图像中的视觉元素及其相互关系，并以自然流畅的语言进行描述。这一过程中，模型需要有效融合来自不同图像区域的信息，同时确保生成的文本在语法和语义上的连贯性。为此，研究者们结合了卷积神经网络强大的图像特征提取能力和循环神经网络或 Transformer 等序列模型的文本生成能力。通过这些模型的联合训练和优化，图像中的丰富视觉信息得以被精准地转化为富有表达力的语言文字。

2) 跨模态生成技术的前景与面临的挑战

跨模态生成技术的应用前景广阔，可广泛应用于创意设计、智能教育、辅助沟通等多个领域。然而，该领域仍面临诸多挑战，如模态间信息的有效对齐、生成过程中的不确定性和多样性处理、模型的泛化能力和鲁棒性提升等。为应对这些挑战，研究者正在探索一系列新的方法和技术，包括更先进的生成模型架构、多模态预训练策略、强化学习引导的生成过程优化等。这些创新性的研究不仅有望推动跨模态生成技术的进一步发展，还将为多模态信息处理领域带来更为深远的影响。

6. 关系建模

关系建模在跨模态场景中的重要性不容忽视。由于不同模态的数据，如文本、图像和音频，各自蕴含着独特且常常互补的信息，它们之间的关系可能异常复杂，涵盖互补性、冗余性甚至冲突性。因此，关系建模的核心目标在于明确捕捉这些跨模态关系，进而利用这些关系深化模型对多模态数据的理解。

1) 图模型在关系建模中的应用

在跨模态关系建模的实践中，图模型已成为一种强有力的表示工具。通过将不同模态的数据映射为图中的节点，并将模态间的关系编码为节点间的边，图模型为我们提供了一种直观且灵活的方式来表达跨模态的复杂关系。例如，在图文关系建模中，文本和图像可以分别被表示为图中的节点，而它们之间的边则可以通过计算文本和图像特征之间的相似度或相关性来定义。这样的图结构不仅有助于捕捉文本和图像之间的互补性，还能有效识别和处理冗余信息。

2) 关系网络在关系建模中的应用

关系网络也展现了在跨模态关系建模中的巨大潜力。通过引入专门设计的关系层，关系网络能够学习并执行模态间的对齐、转换和融合等操作，从而实现跨模态信息的有效整合。以视觉问答任务为例，关系网络可以学习将图像中的相关区域与问题中的关键词进行对齐，进而准确理解并回答问题。

3) 张量分解在关系建模中的应用

其他结构化表示方法，如张量分解，也在跨模态关系建模中发挥了重要作用。通过将多模态数据表示为一个高阶张量，并利用张量分解技术来捕捉模态间的关系，这种方法能够有效处理多模态数据中的高阶交互和非线性关系，进一步丰富了我们对跨模态关系的理解。

4) 跨模态关系建模的前景与面临的挑战

跨模态关系建模的广泛应用前景不言而喻。在推荐系统中，通过结合用户的历史行为和物品的多模态描述，我们可以构建更加精细的用户与物品之间的关系模型，从而实现更加个性化的推荐。在智能问答系统中，利用问题和答案的多模态表示来建立关系模型，可以显著提高答案检索和生成的准确性。此外，在视频理解、情感分析以及多模态机器翻译等领域，跨模态关系建模同样具有巨大的应用潜力。

然而，跨模态关系建模也面临着诸多挑战。首先，如何有效地进行模态间的对齐和融合是一个关键问题，因为不同模态的数据往往具有不同的表示形式和语义空间。其次，模态间的关系可能是复杂且动态的，如何准确捕捉这些关系并进行有效建模是一个具有挑战性的任务。最后，还需要解决如何处理模态间的冗余和冲突信息的问题。

为了应对这些挑战，研究人员正在积极探索新的方法和技术。例如，利用深度学习技术来学习模态间的非线性关系；利用自监督学习和无监督学习技术来挖掘无标签数据中的潜在关系；利用图神经网络、注意力机制等先进技术来处理复杂的图结构和动态关系。这些研究方向不仅有望为跨模态关系建模带来新的突破，还将进一步推动多模态信息处理领域的发展。

7. 跨模态预训练

跨模态预训练已成为当前多模态信息处理领域的研究热点，其核心思想是利用大规模无标签数据来学习不同模态间的共享表示，从而为后续的跨模态任务提供强大的基础模型。这种方法通过设计自监督学习任务，让模型自动从未标注的数据中捕获模态间的关联性和互补性，进而实现跨模态信息的有效整合与利用。

1) 跨模态预训练中的对比学习

在跨模态预训练中，对比学习作为一种无监督学习方法，被广泛应用于捕捉不同模态数据间的相似性。具体来说，通过构建匹配与不匹配的跨模态数据对，对比学习鼓励模型将匹配的数据对映射到相近的表示空间中，而将不匹配的数据对推远。这一过程不仅使得模型学习到如何区分不同模态间的相关性，还能够捕捉到模态内的本质特征。

在实际操作中，对比学习通常通过计算表示向量之间的余弦相似度或欧氏距离来实现。同时，为了防止模型过度拟合于负样本(不匹配的数据对)，通常会采用一系列策略，如负采样、温度参数的引入以及损失函数的设计等。这些技巧不仅提高了对比学习的效果，也使得模型更具鲁棒性和泛化能力。

2) 掩码语言建模在跨模态预训练中的应用

除了对比学习外，掩码语言建模(Masked Language Modeling，MLM)也被成功引入跨模态预训练中。传统的 MLM 任务通常只关注单一模态(如文本)内的上下文信息预测。然而在跨模态场景下，MLM 被扩展为同时处理文本和图像等多模态数据。例如，模型可以根据部分掩盖的文本和完整图像来预测被掩盖的文本内容，或根据文本信息来预测图像中某些区域的特征。

这种扩展不仅使得模型能够学习到跨模态间的对齐关系，还能够捕捉到更丰富的上下文信息。此外，通过将图像区域与文本词汇进行对齐预测，模型还可以进一步学习到细粒度的跨模态交互模式。这些交互模式对于后续的图像描述生成、视觉问答等任务具有重要价值。

3) 跨模态预训练面临的挑战与前景

尽管跨模态预训练在多模态信息处理领域取得了显著进展，但仍面临诸多挑战。首先，如何设计更加有效且普适的自监督学习任务仍是一个关键问题。当前的任务设计往往针对特定领域或任务进行优化，如何实现跨领域、跨任务的通用预训练仍是一个开放性问题。其次，处理不同模态间的异构性和语义鸿沟也是一个重要研究方向。不同模态的数据在表示形式和语义空间上存在较大差异，如何有效融合这些异构信息并实现跨模态理解是一个具有挑战性的问题。

随着深度学习技术的不断发展以及大规模多模态数据集的涌现，我们有理由相信跨模态预训练将在更多领域发挥重要作用。例如，在推荐系统中，利用跨模态预训练模型来捕捉用户对于不同模态内容(如文本、图像、视频等)的兴趣偏好；在智能问答系统中，利用跨模态预训练模型来理解并回答涉及多模态信息的复杂问题；在多媒体内容生成和理解等领域实现更加智能化的应用。总之，跨模态预训练为多模态信息处理领域的发展带来了新的契机和挑战，值得我们深入研究和探索。

3.2.3　多模态生成模型

在跨模态整合的领域中，多模态生成模型是一个至关重要的研究方向。这些模型能够基于一种模态的信息，生成另一种模态的内容，从而实现不同模态之间的转换与融合。其中，Transformer 模型作为一种基于迁移学习的生成模型，为多模态生成任务提供了强大的支持。

1. Transformer 架构

Transformer 架构是目前语言大模型采用的主流架构，其基于自注意力机制(Self-Attention)模型。其主要思想是通过自注意力机制获取输入序列的全局信息，并将这些信息通过网络层进行传递。标准的 Transformer 架构如图 3-1 所示，是一个编码器-解码器架构，其编码器和解码器均由一个编码层和若干相同的 Transformer 模块层堆叠组成，编码器的 Transformer 模块层包括多头注意力层和前置反馈层，这两部分通过层归一化操作连接起来。与编码器模块相比，解码器由于需要考虑解码器输出作为背景信息进行生成，其中每个 Transformer 层多了一个交叉注意力层。相比于传统循环神经网络和长短时记忆神经网络，Transformer 架构的优势在于它的并行计算能力，即不需要按照时间步骤顺序地进行计算。

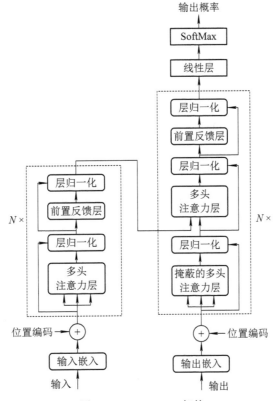

图 3-1　Transformer 架构

Transformer 架构包含编码层与 Transformer 模块两个核心组件。

1) 编码层

编码层，主要是将输入词序列映射到连续值向量空间进行编码，每个词编码由词嵌入和位置编码构成，由二者加和得到。

(1) 词嵌入。

在 Transformer 架构中，词嵌入是输入数据的第一步处理过程，它将词映射到高维空间中的向量，可以捕获词汇的语义信息，如词义和语法关系。每个词都被转化为一个固定长度的向量，然后被送入模型进行处理。

(2) 位置编码。

由于注意力机制本身对位置信息不敏感，为了让模型能够理解序列中的顺序信息，引入了位置编码。标准 Transformer 架构的位置编码方式是使用正弦和余弦函数的方法。对于每个位置 i，对应的位置编码是一个长度为 d 的向量，其中 d 是模型的嵌入维度。

2) Transformer 模块

Transformer 模块，通过注意力机制获取输入序列的全局信息，并将这些信息通过网络层进行传递，包括多头注意力层和前置反馈层，这两部分通过层归一化操作连接起来。Transformer 模块由多头注意力层、前置反馈层和层归一化操作等基本单元组成。

(1) 多头注意力层。

多头注意力层作为 Transformer 模块的核心，通过计算输入序列中任意两个位置之间的相关性得分，生成一个注意力权重矩阵。这一机制使得模型能够动态地关注输入序列中的关键信息，从而有效地捕捉长距离依赖关系。此外，多头注意力机制的设计进一步增强了模型的表示能力，允许模型从多个不同的子空间提取特征信息。

(2) 前置反馈层。

前置反馈层在 Transformer 模块中起到了对多头注意力层输出进行进一步处理的作用。该层通过引入非线性激活函数，使得模型能够学习并表达更复杂的模式。全连接前馈网络的设计不仅提高了模型的表达能力，还有助于模型更好地适应各种复杂的 NLP 任务。

(3) 层归一化。

层归一化操作在 Transformer 模块中同样扮演着不可或缺的角色。层归一化通过对每一层的输出进行规范化处理，确保了模型的稳定性和收敛速度，使得 Transformer 能够在各种NLP 任务中表现出色。

Transformer 模块通过结合多头注意力层、前置反馈层和层归一化操作等关键组件，实现了对输入序列全局信息的有效捕获和处理。这一设计不仅提高了模型的性能，还为后续的 NLP 研究提供了重要的思路和方法。在学术领域，Transformer 模块已经成为自然语言处理领域的研究热点之一，为相关领域的发展注入了新的活力。

Transformer 模型作为多模态生成模型中的重要组成部分，为跨模态整合提供了强大的支持。通过充分利用迁移学习的优势，Transformer 模型可以帮助我们更好地实现不同模态之间的转换与融合。未来，随着技术的不断发展和优化，相信 Transformer 模型将在创意设计等领域发挥更加重要的作用。

2. 语言大模型架构

现有的语言大模型几乎全部是以 Transformer 模型作为基础架构来构建的，不过它们在所采用的具体结构上通常存在差异，如只使用 Transformer 编码器或解码器，或者同时使用两者。从建模策略的角度，语言大模型架构大致可以分为三类，如图 3-2 所示。

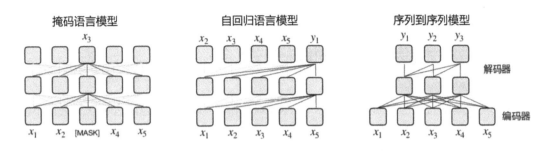

图 3-2　语言大模型的三种典型架构

1) 掩码语言模型

掩码语言模型是基于 Transformer 编码器的双向模型，其中 BERT 和 RoBERTa 是其中的典型代表。这类模型通过掩码语言建模任务进行预训练，BERT 中还加入了下一句预测 (Next Sentence Prediction，NSP)任务。在预训练时，模型的输入是自然语言序列。首先在原始输入中添加特殊标记[CLS]和[SEP]，并且随机用[MASK]标记替换原始序列中的字符。掩码语言建模旨在根据上下文来最大化[MASK]位置的标签字符的条件概率，即让模型执行"完形填空"任务。[CLS]的最终表示被用于预测两个句子是否连贯。RoBERTa 与 BERT 基本相同，但是它删去了下一句预测任务，采用了更具鲁棒性的动态掩码机制，并使用更大的批次、更长的时间和更多的数据进行训练。

2) 自回归语言模型

自回归语言模型在训练时通过学习预测序列中的下一个词来建模语言，其主要是通过 Transformer 解码器来实现。自回归语言模型的优化目标为最大化对序列中每个位置的下一个词的条件概率的预测。代表性模型，包括 OpenAI 的 GPT 系列模型、Meta 的 LLaMA 系列模型和 Google 的 PaLM 系列模型。其中，GPT-3 是首个将模型参数扩增到千亿参数规模的预训练模型。自回归语言模型更加适用于生成任务，同时也更适用于对模型进行规模扩增。

3) 序列到序列模型

序列到序列模型是建立在完整 Transformer 架构上的模型，即同时使用编码器-解码器结构，代表性模型包括 T5(Text-to-Text Transfer Transformer，文本到文本转换框架)和 BART。这两个模型都采用文本片段级别的掩码语言模型作为主要的预训练任务，即随机用单个[MASK]特殊标记替换文本中任意长度的一段字符序列，并要求模型生成填充原始的字符。序列到序列模型可以形式化地表示为最大化在给定掩码的字符序列的情况下目标字符序列的概率。

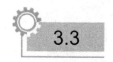

3.3   图像与文本的跨模态整合

图像与文本的跨模态整合是当前人工智能领域中的一个热门话题，它旨在将来自不同模态的数据(如图像和文本)有效地结合起来，以创造出更加丰富和多样化的内容。这种整合在多个方面都具有广泛的应用前景，包括自动图像标注、文本到图像的生成、图像到文本的生成等。

3.3.1   自动图像标注

自动图像标注是利用人工智能技术，尤其是深度学习，将文本描述与图像相关联的过程。这项技术能够自动为图像生成描述性的文本，极大地便利了图像检索、分类和搜索等应用。自动图像标注的核心在于理解和表达图像内容，使得计算机能够像人类一样理解图像并生成相应描述。

1. 基本原理

自动图像标注的基本原理可以概括为两个主要步骤：图像特征提取和自然语言描述。

1) 图像特征提取

图像特征提取是自动图像标注的关键步骤之一。在这一阶段，CNN 发挥着核心作用。CNN通过卷积层、池化层和激活函数等操作，能够有效地从图像中提取出丰富的视觉特征。这些特征不仅包括颜色、纹理、形状等低层次信息，还包括对象的位置、相互关系以及场景的高层次语义信息。为了提取更具代表性的特征，研究者们不断探索和改进 CNN 的结构与训练方法，如引入更深的网络结构、使用残差连接等技巧来增强模型的表达能力。

图 3-3 展示了 CNN 的基本结构。将图像作为输入，首先经过卷积层，在卷积层中包含

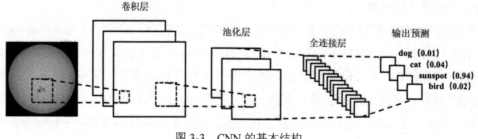

图 3-3   CNN 的基本结构

用于提取特定特征的卷积核；之后经过激活函数，激活函数是用来加入非线性因素，提高网络表达能力，卷积神经网络中最常用的是 ReLU，Sigmod 使用较少，因为 Sigmod 会出现梯度消失的问题；池化层的作用在于降低网络模型中的参数量，从而遏制过拟合，并且能够提高网络对输入图像的移动、变形、扭曲的处理能力；全连接层的作用在于对卷积层和池化层输出的特征图(二维)进行降维，将学到的特征表示映射到样本标记空间。对于不同的问题，输出会使用不同的函数，softmax 函数用于分类问题，线性函数用于回归问题。

(1) 卷积层。在计算机视觉任务中，卷积神经网络之所以能够展现出如此优异的性能，主要归功于卷积神经网络中的卷积层，卷积过程如图 3-4 所示。卷积层具有强大的特征提取能力，通过从输入图像中捕获的特征信息进而识别图像中的内容。输入图像的空间结构具有高度(Height，H)、宽度(Width，W)、通道数(Chanel，C)三个维度。特征提取是通过卷积层中的卷积核(滤波器)实现的，这些卷积核在高度和宽度维度上都远小于输入图像，但是在通道维度上与输入图像相同。特征提取的过程是通过卷积核在输入图像上滑动并做卷积运算完成的。因此，卷积层具有"参数共享"的特性，可以降低参数量，从而防止因参数过多引起过拟合，也减少了计算开销。

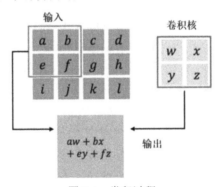

图 3-4　卷积过程

(2) 激活函数。在卷积层之后会加入一个激活函数，通过引入非线性元素来提高网络的表达能力。因为卷积运算本质上是一种加权求和的线性运算。线性运算为基础的网络模型表达能力有限，通过激活函数来引入非线性因素，从而提高网络模型的表达能力。

(3) 池化层。池化操作是将某一位置相邻输出的总体统计特征作为此位置的输出。常见的池化操作有最大池化(Max-Pooling)和均值池化(Mean-Pooling)。池化层没有可训练的参数，但是需要指定池化核的大小、滑动步长以及池化类型。池化核的大小一般为 2×2，滑动步长为 2，两种池化方式的结果如图 3-5 所示。池化的过程本质上是一个对特征图采样的过程，在保留特征的同时应减少参数计算量，防止过拟合。

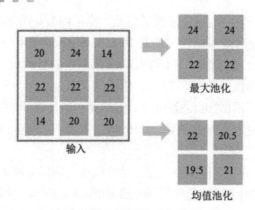

图 3-5　最大池化与均值池化

(4) 全连接层。全连接层是卷积神经网络的最后一层，它的作用是对上一层输出的特征图进行降维。卷积层、池化层包括激活函数是将原始数据映射到隐层特征空间，而全连接层中的每个节点与上一层的所有节点连接，将学习到的特征表示映射到样本标记空间用于分类或者回归。因此全连接层的参数非常庞大。

2) 自然语言描述

在提取出图像特征后，下一步是将这些特征转化为自然语言描述。这一任务通常由 RNN 或 Transformer 模型来完成。RNN 通过循环地处理输入序列，能够捕捉到序列中的时间依赖关系，从而生成与图像内容相符的文本描述。然而，RNN 在处理长序列时可能会出现梯度消失或梯度爆炸的问题。为了解决这个问题，研究者提出了 LSTM 和 GRU 等改进模型，通过引入门控机制和记忆单元来更有效地处理长序列数据。

图 3-6 是 RNN 的基本结构。RNN 的吸引力之一是它们能够将以前的信息连接到当前的任务，有时只需要查看最近的信息即可执行当前任务。RNN 很难进行长距离的连接信息，因此 Hochreiter 等人提出了长短时记忆网络 LSTM，解决了信息跨度大小不一致时的信息理解问题，用于避免长期依赖问题。

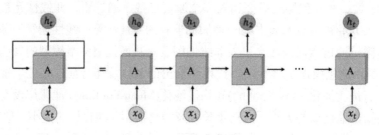

图 3-6　RNN 的基本结构

　　RNN 和 LSTM 的网络结构对比如图 3-7 所示，所有循环神经网络都具有神经网络重复模块链的形式。在标准 RNN 中，这个重复模块将具有非常简单的结构，如单个 tanh 层。LSTM 也有这种链状结构，但重复模块有不同的结构。不是只有一个神经网络层，而是有四个，以一种非常特殊的方式进行交互。在图 3-7 中，每条线都带有一个完整的向量，从一个节点的输出到其他节点的输入。LSTM 的关键是细胞状态，即贯穿图表顶部的水平线。细胞状态有点像传送带，它直接沿着整个链条运行，只有一些次要的线性交互。信息很容易原封不动地沿着它流动。LSTM 确实有能力删除或添加信息到细胞状态，由称为门的结构仔细调节。门是一种有选择地让信息通过的方式。它们由一个 sigmoid 神经网络层和一个逐点乘法运算组成。sigmoid 层输出介于 0 和 1 之间的数字，描述应该让多少成分通过。值为零表示"不让任何东西通过"，而值为 1 表示"让一切都通过"。LSTM 具有三个这样的门，以保护和控制单元状态。

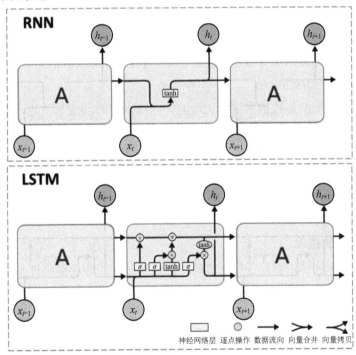

图 3-7　RNN 和 LSTM 的网络结构对比

2. 最新研究进展

　　近年来，自动图像标注领域的研究取得了显著的进展。这些进展主要体现在提高标注的准确性和自然性、改进模型的泛化能力以及探索更高效的训练方法等方面。

1) 提高标注的准确性和自然性

为了提高标注的准确性和自然性，研究者提出了更先进的模型结构和方法。例如，基于深度学习的多模态融合模型能够同时考虑图像和文本的信息，通过共享表示空间或引入注意力机制等方式实现跨模态交互。这些方法能够更准确地捕捉图像与文本之间的关联，生成更符合人类理解的文本描述。此外，研究者还通过引入更大和更多样化的数据集来训练模型，以提高其对不同类型图像的理解能力。这些数据集涵盖了各种场景、对象和属性，为模型提供了更丰富的训练样本和更广泛的应用场景。

2) 改进模型的泛化能力

为了提高模型的泛化能力，使其能够处理更多样化的图像和场景，研究者采用了多种方法。首先，迁移学习技术被广泛应用于自动图像标注中。通过将在大型数据集上预训练的模型迁移到目标任务上，可以有效地利用预训练模型中的知识来提高目标任务的性能。其次，强化学习也被引入自动图像标注中，用于优化模型的生成策略。通过定义合适的奖励函数并使用强化学习算法进行训练，可以使模型生成更准确、更自然的文本描述。此外，研究者还通过数据增强、正则化等技术来提高模型的鲁棒性和泛化能力。

3) 探索更高效的训练方法

自动图像标注模型的训练通常需要大量的计算资源和时间成本。为了降低训练成本并提高模型的实用性，研究者不断探索更高效的训练方法。例如，分布式训练技术可以利用多个计算节点并行地进行模型训练，从而加快训练速度并提高模型的性能。此外，模型压缩和剪枝技术也被应用于自动图像标注中，通过去除模型中的冗余参数和连接来减小模型的大小和计算复杂度，同时保持模型的性能不变或略有下降。这些技术可以显著降低模型的存储和计算需求，使其更适用于实际应用场景。

3. 实际应用中的挑战

尽管自动图像标注技术取得了显著进展，但在实际应用中仍面临许多挑战。

首先，自动图像标注技术对于复杂场景中的多对象识别和描述。在处理这类图像时，模型需要能够准确地识别和区分每个对象及其属性，并生成相应的描述。然而，在拥挤或细节丰富的场景中，对象的识别和描述变得尤为困难。为了解决这个问题，研究者可以尝试引入更先进的对象检测技术和注意力机制来改进模型的性能。

其次，自动图像标注技术对于不常见或抽象图像的处理。由于这些图像缺乏足够的训练数据，模型往往难以进行有效的学习。为了解决这个问题，研究者可以尝试利用无监督学习或半监督学习方法来利用未标注数据中的信息，或者通过数据增强技术来扩充训练数据集。此外，引入领域适应技术也可以帮助模型更好地处理不同领域的图像数据。

最后，自动图像标注技术还需要考虑隐私和版权等伦理问题。在处理包含个人隐私信息的图像时，需要确保这些图像的使用符合相关法律法规的要求；同时，在生成文本描述时也需要尊重原创内容的版权问题。为了解决这个问题，研究者需要制定严格的隐私保护政策和版权管理机制，并在技术开发和应用中始终遵循这些原则。

4. 社会和伦理层面的影响

自动图像标注技术不仅在技术领域取得了显著进展，还在社会和伦理层面产生了一系列影响。

其一，隐私保护是一个重要议题。随着自动图像标注技术的广泛应用，越来越多的个人图像被处理和存储。这些图像可能包含个人隐私信息，如面部特征、身份信息等。因此，在开发和应用自动图像标注技术时，必须严格遵守隐私保护法律法规，确保个人隐私不被泄露和滥用。同时，还需要采取加密、匿名化等技术手段来保护个人隐私安全。

其二，版权问题也同样重要。自动图像标注技术生成的文本描述可能涉及原创内容的版权问题。如果未经授权就使用了他人的作品进行标注和描述，就可能构成侵权行为。因此，在开发和应用自动图像标注技术时，必须尊重原创内容的版权权益，采取合理的授权和许可机制来确保合法使用。此外，还需要建立完善的版权管理机制和维权机制来打击侵权行为并维护创作者的合法权益。

总之，自动图像标注作为一种将图像与文本相结合的技术为图像的理解和管理提供了一种高效的方法，并在图像检索、分类和搜索等领域展现出巨大的应用潜力。随着技术的不断进步，未来这一技术有望在更多领域发挥作用，同时也将面临更多的挑战和社会伦理问题。因此，在开发和应用自动图像标注技术时需要综合考虑技术性能、实际需求以及社会和伦理因素等多方面因素来推动其可持续发展并造福于人类社会。

3.3.2　文本到图像的生成

文本到图像的生成，作为计算机视觉与自然语言处理的交叉研究领域，正逐步成为人工智能领域的一颗璀璨明珠。它不仅要求机器能够理解并解析复杂的文本信息，还要将这些信息转化为具有视觉吸引力的图像，这一过程的复杂性超乎想象。随着深度学习技术的飞速发展，特别是生成对抗网络的广泛应用，文本到图像的生成技术已经取得了令人瞩目的成果。

1. 基本原理

在文本到图像的生成过程中，首先需要对输入的文本进行深度解析。这一步骤至关重要，因为它决定了后续图像生成的质量和准确性。通过自然语言处理技术，我们可以提取文本中的关键信息，如实体、属性、关系等，并形成结构化的表述。这种结构化表达使得机器能够更好地理解文本内容，为后续的图像生成提供有力的支持。

接下来，基于这些解析出的信息，利用计算机视觉技术生成相应的图像。这一步骤同样充满挑战，因为机器需要学习如何将提取的文本特征与图像的视觉元素对应起来。为了实现这一点，研究人员通常使用深度学习模型进行训练，其中 GAN 模型因其强大的生成能力而备受青睐。图 3-8 是 GAN 的基本结构。

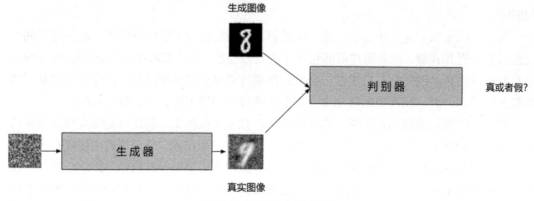

图 3-8　GAN 的基本结构

GAN 模型由生成器和判别器两部分组成，它们在对抗中共同进化。生成器的任务是根据文本描述生成图像，而判别器的任务则是判断生成的图像是否真实且与文本描述相符。这种对抗式的学习过程使得模型能够生成高质量、与文本描述相符的图像。通过不断的迭代训练，生成器逐渐学会捕捉文本描述的细节，并将其反映在生成的图像中，而判别器则变得更擅长于区分真实图像和生成图像。

2. 算法和模型架构的创新与优化

在文本到图像的生成领域，算法和模型架构的创新与优化是推动技术发展的关键。针对传统 GAN 模型在处理复杂文本描述时的局限性，研究人员提出了一系列改进的算法和模型架构。

1) 注意力机制的引入

注意力机制的引入为文本到图像的生成带来了革命性的变化。这种机制使模型能够在生成图像的过程中关注文本中的关键信息，如特定的实体、属性或关系。通过为不同的文本特征分配不同的注意力权重，模型能够更准确地捕捉文本描述的细节，并将其反映在生成的图像中。这种改进不仅提高了生成图像的准确性，还使得模型能够更好地处理复杂和多样的文本描述。

2) 多阶段生成技术和多尺度生成策略的探索

为了提高生成图像的质量和分辨率，研究人员探索了多阶段生成技术和多尺度生成策略。这些技术允许模型在生成图像的过程中逐步增加细节和复杂性，从而生成更清晰、更逼真的图像。通过分阶段生成图像，模型可以更好地控制生成过程中的细节和整体结构，从而提高生成图像的质量和视觉效果。

3) 风格迁移技术的引入

风格迁移技术的引入为文本到图像的生成增添了新的创意元素。通过结合风格迁移技术，模型可以在保持与文本描述相符的同时，为生成的图像赋予特定的艺术风格或视觉效果。这种技术不仅丰富了生成图像的多样性，还为艺术创作和广告设计等领域提供了更多的创意可能性。

4) 预训练语言模型的利用

针对模糊或抽象的文本描述，一些模型利用预训练的语言模型来增强对文本的理解能力。这些语言模型在大量文本数据上进行了训练，学会了捕捉语言的深层含义和上下文信息。通过与生成模型的结合，它们能够帮助生成更符合文本原意的图像，即使面对模糊或抽象的描述也能表现出色。这种结合不仅提高了模型对文本的理解能力，还使得生成的图像更具准确性和表现力。

3. 技术挑战与未来展望

尽管文本到图像的生成技术取得了显著进展，但仍面临许多技术挑战。其中之一是如何处理模糊或抽象的文本描述。这些描述往往缺乏具体的视觉细节，使得模型难以直接生成相应的图像。为了解决这个问题，研究人员可以尝试结合常识推理、外部知识库或用户交互等方法来补充缺失的信息。通过引入外部知识和用户反馈，模型可以更好地理解文本描述的深层含义和上下文信息，从而提高生成图像的准确性和质量。

另一个挑战是在保持图像真实性的同时增加创造性。现有的模型往往倾向于生成与训练数据相似的图像，缺乏新颖性和多样性。为了激发模型的创造性，研究人员可以探索新的损失函数、训练策略或模型架构。例如，可以尝试引入对抗性损失函数来鼓励模型生成更具创意和独特性的图像；或者采用基于生成对抗网络的变体架构来增强模型的生成能力。这些探索将为文本到图像的生成技术带来更多的创新机会和发展空间。

展望未来，随着人工智能技术的不断发展和进步，文本到图像的生成技术有望在更多领域发挥巨大的潜力。在教育领域，它可以帮助学生将抽象的文本知识转化为直观的视觉表达，提高学习效果和兴趣；在游戏设计领域，它可以为游戏开发者提供快速原型制作和角色概念设计的工具，缩短游戏开发周期并提高游戏质量；在虚拟现实领域，它可以为用户创建逼真的虚拟环境和角色，增强虚拟现实体验的真实感和沉浸感。这些应用前景使得文本到图像的生成技术成为当前研究的热点和未来的重要发展方向。

总之，文本到图像的生成技术作为计算机视觉与自然语言处理的交叉研究领域，正逐步展现出其巨大的潜力和应用价值。通过深入解析基本原理、创新与优化算法和模型架构以及应对技术挑战并展望未来发展方向，我们可以更好地理解和把握这一技术的前沿动态和发展趋势。

3.3.3　图像到文本的生成

图像到文本的生成是人工智能领域中一个复杂且引人注目的任务，它结合了计算机视觉和自然语言处理的先进技术。此过程旨在将图像中的视觉信息解码为自然语言的文本描述，从而为图像提供语义上的解释。这一技术的核心在于对图像内容的深层次理解和将其映射到语言表述上的能力。

1. 基础技术框架

在图像到文本的生成过程中，首先需通过深度卷积神经网络对图像进行深度解析，捕捉其中的关键特征。这些特征涵盖了图像中的对象、色彩组合、纹理细节以及整体布局，它们相互交织，共同描绘了图像的基础信息。

仅仅依靠深度卷积神经网络提取的特征并不足以生成精确且富有信息量的文本描述。为此，我们引入了注意力机制。这一机制模拟了人类视觉系统的选择性注意过程，使得模型在生成文本时能够聚焦于图像中最为显著和重要的区域。通过为不同区域分配不同的注意力权重，模型能够动态地调整其关注焦点，从而确保生成的文本描述与图像内容的高度一致性。

具体来说，注意力机制的实现通常包括两个步骤：计算注意力权重和应用权重到特征图。第一步，模型会根据当前生成的文本和已提取的图像特征，计算出一个注意力权重图。这个权重图反映了图像中不同区域对于生成下一个文本单词的重要性。第二步，模型会将这个权重图应用到原始的特征图上，进行加权求和，得到一个新的、融合了注意力信息的特征表示。这个新的特征表示将被用于生成下一个文本单词。

通过这种方式，注意力机制不仅提高了图像到文本生成的准确性，还增强了模型的解释性。通过可视化注意力权重图，我们可以直观地了解模型在生成文本时关注了图像的哪些区域，这对于理解模型的决策过程以及优化模型性能都具有重要意义。

深度卷积神经网络和注意力机制的结合，构成了图像到文本生成的基础技术框架。这一框架不仅能够有效提取图像中的关键特征，还能够通过注意力机制实现精准的特征映射，为生成高质量、富有信息量的文本描述提供了有力保障。

2. 技术挑战与解决方案

在图像到文本的生成任务中，研究者面临着多项技术挑战，并针对这些挑战提出了相应的解决方案。

(1) 数据对齐问题是一个核心难题。由于图像与文本之间的对应关系通常呈现出复杂的非一对一特性，这为模型的训练带来了显著挑战。为了有效应对这一问题，研究者采用了多种方法，如引入结构化损失函数和多模态嵌入策略等，以优化数据对齐过程。这些方法的应用有助于模型更准确地捕捉图像与文本之间的对应关系，从而提升生成文本的质量。

(2) 模型的泛化能力也是一项关键挑战。鉴于现实世界中图像的多样性极高，模型必须具备出色的泛化能力以适应各种场景。为了提升模型的泛化性能，研究者通常在大规模数据集上进行预训练，并借助迁移学习技术将所学知识迁移至新任务中。这种方法不仅加速了模型的训练过程，还有助于模型更好地适应新场景并生成高质量的文本描述。

(3) 评估标准的制定也是一个重要议题。由于生成文本的质量难以直接量化评估，目前常用的自动评估指标如 BLEU、METEOR 和 CIDEr 等虽然提供了一定的参考，但往往无法全面反映生成文本的实际质量。因此，人工评估仍然被视为一个重要的补充手段。通过结合自动评估和人工评估，我们可以更全面地评估模型的性能，并为后续研究提供有价值的反馈和指导。

3. 前沿技术进展

在图像到文本的生成领域，研究者不断探索新的技术方法以优化生成过程。

(1) 多模态融合成为一个热门的研究方向。为了更好地捕捉图像与文本之间的深层次关联，研究者提出了多种多模态融合方法，如视觉和语言模型的联合训练技术，以及共享嵌入空间的构建策略。这些方法旨在将不同模态的信息进行有效融合，从而提升生成文本的质量和准确性。

(2) 对抗性网络在图像生成领域的成功应用也为图像到文本的生成任务提供了新的思路。近年来，研究者们开始尝试将对抗性训练引入图像到文本的生成中，以期生成更加真实、多样的文本描述。通过对抗性训练，模型可以更好地学习图像与文本之间的复杂映射关系，从而生成更符合人类语言习惯的文本描述。

(3) 为了提高模型的效率和性能，知识蒸馏和迁移学习技术也被广泛应用于图像到文本的生成任务中。这些技术可以将大型预训练模型的知识迁移到小型模型中，从而实现更高效的推断和更好的性能表现。通过知识蒸馏，小型模型可以继承大型模型的强大表征能力，同时减少计算资源和存储空间的消耗。而迁移学习则可以利用在其他任务上学到的知识来辅助当前任务的训练，从而加速模型的收敛和提高生成文本的质量。这些技术的应用为图像到文本的生成任务带来了显著的性能提升和效率优化。

4. 未来展望

随着技术的不断进步和数据资源的日益丰富，图像到文本的生成将在未来发挥更加重要的作用。我们可以预见，这一技术将在智能图像标注、辅助视觉障碍者、图像搜索引擎优化以及多媒体内容自动生成等领域展现出巨大的应用潜力。同时，随着多模态智能的深入发展，图像到文本的生成有望与其他模态(如音频、视频等)实现更加紧密的结合，为多媒体内容的理解和生成提供更加强大的支持。

3.4　跨模态整合与创意设计

在创意设计领域，视觉表达是至关重要的。设计师需要能够将他们的想法和概念转化为视觉形式，以便与客户或观众沟通。AIGC 理论的跨模态整合技术为创意设计师提供了全新的工具和方法，可以帮助他们实现更具创造性和独特性的视觉表达。

由于 AIGC 系统训练了大量不同类型和风格的图像，它们能够生成从传统到现代，从实际到超现实的各种设计元素。这为设计师提供了一个广泛的视觉语言库，他们可以从中选择最适合项目需求的元素。

3.4.1　跨模态灵感触发与设计创意生成

在创意设计的过程中，设计师常常需要从多种不同的信息源中汲取灵感，形成独特且富有创新性的设计概念。跨模态整合作为一种有效的信息融合方法，为设计师提供了从多种模态信息中触发灵感并生成创意设计的途径。

1. 跨模态整合与灵感触发

跨模态整合的核心在于将来自不同感知通道的信息(如视觉、听觉、触觉等)进行有效融合。在创意设计领域，这意味着设计师可以将图像、文本、音频等不同模态的信息结合起来，共同作用于创意的生成过程。例如，一幅美丽的风景画可能激发设计师对色彩和布局的灵感，而一段优美的音乐则可能引导设计师对节奏和动感的把握。当这些不同模态的信息在设计师的头脑中相互碰撞、融合时，就有可能产生全新的创意火花。

2. 不同模态信息的相互作用

不同模态的信息在创意设计中具有独特的价值和作用。图像信息直观且富有表现力，能够迅速传达设计的整体风格和氛围；文本信息则具有精确的描述性和解释性，能够帮助设计师深入理解设计需求和用户期望；音频信息则通过声音的刺激和情感的传递，为设计注入更多的情感色彩和动态元素。当这些不同模态的信息相互作用时，它们可以相互补充、相互强化，共同推动创意设计的生成和发展。

在跨模态整合的过程中，设计师需要运用专业的知识和技能，将不同模态的信息进行有效的筛选、组合和转化。例如，通过运用图像处理技术，设计师可以从复杂的图像中提取出关键的视觉元素和色彩搭配；通过运用文本分析技术，设计师可以从大量的文本信息中提炼出核心的设计理念和用户需求；通过运用音频处理技术，设计师可以从音乐或声音中提取出特定的节奏、旋律或情感元素。这些经过处理的信息元素可以被进一步整合到创意设计中，形成独特且富有创新性的设计概念。

3. 促进新颖设计想法的形成

跨模态整合不仅为设计师提供了更丰富的灵感来源，还通过不同模态信息之间的相互作用，促进了新颖设计想法的形成。这种促进作用主要体现在以下几个方面：一是拓宽了设计师的思维边界，使其能够从不同的角度和层面审视设计问题；二是激发了设计师的联想和想象能力，使其能够在不同模态信息之间建立新的联系和组合；三是提高了设计师的创新意识和能力，使其能够在跨模态整合的过程中不断尝试、探索和创新。

总之，跨模态灵感触发与设计创意生成是创意设计中不可或缺的重要环节。通过跨模态整合的方法，设计师可以从多种不同的信息源中汲取灵感，形成独特且富有创新性的设计概念。同时，不同模态信息之间的相互作用也促进了新颖设计想法的形成和发展。在未来的创意设计实践中，我们应该进一步探索和研究跨模态整合的方法和技术，以推动创意设计的不断发展和创新。

3.4.2　多模态数据融合与设计方案优化

在当今信息爆炸的时代，设计师在面临复杂多变的设计问题时，需要综合考虑多种来源的信息，以确保设计方案既符合市场需求，又能满足用户的期望。多模态数据融合为设计师提供了这样一个机会，通过整合不同模态的信息，如用户反馈、市场分析、技术趋势等，来优化设计方案，并提高设计的市场适应性和用户满意度。

1. 多模态数据融合的价值

多模态数据融合是将来自不同来源、不同模态的信息进行有效整合的过程。在创意设计领域，这意味着将用户的声音、市场的动态、技术的进展等多种信息融为一体，共同作用于设计方案的优化。这种融合的价值在于，它打破了传统设计中单一信息来源的局限性，使得设计师能够在更广阔的视野下审视设计问题，从而找到更加全面、更加精准的解决方案。

用户反馈是设计优化中不可或缺的一环。通过收集和分析用户的意见和建议，设计师可以了解用户对当前设计的满意度和改进需求，从而针对性地进行调整和优化。市场分析则帮助设计师把握市场的整体趋势和竞争对手的动态，确保设计方案能够紧跟市场步伐，甚至引领市场潮流。技术趋势的分析则让设计师了解到最新的技术进展和创新方向，为设计方案的实现提供有力的技术支撑。

2. 跨模态整合在设计迭代中的作用

设计是一个不断迭代和改进的过程。在这个过程中，跨模态整合发挥着至关重要的作用。通过将不同模态的信息进行整合和分析，设计师可以在每一次迭代中发现新的问题和机会，进而对设计方案进行持续的优化和完善。例如，在产品的设计过程中，初期可能更注重功能和外观的设计，但随着用户反馈的收集和市场分析的深入，设计师可能会发现用户对产品的某些细节或使用体验有更高的期望。这时，通过跨模态整合这些信息，设计师可以对产品进行针对性的改进，如优化界面设计、提升产品性能等，以满足用户的更高需求。

同时，跨模态整合还有助于设计师在设计迭代中发现潜在的创新点。通过将不同模态的信息进行碰撞和融合，设计师可能会产生新的创意和想法，这些创意和想法有可能成为设计方案的亮点和创新点，从而提升设计的整体竞争力和吸引力。

多模态数据融合与设计方案优化是紧密相连的。通过有效地整合不同模态的信息资源，设计师可以更加全面、深入地了解用户需求和市场动态，从而制定出更加精准、有竞争力的设计方案。同时，跨模态整合在设计迭代和改进过程中也发挥着不可或缺的作用，它帮助设计师发现问题、挖掘机会、持续创新，推动设计方案的不断优化和完善。在未来的创意设计实践中，我们应该进一步探索和研究多模态数据融合的方法和技术，以更好地服务于设计方案的优化和创新。

3.4.3　跨模态交互与用户体验增强

随着技术的不断进步，用户对于与设计作品之间的交互体验要求越来越高。跨模态交互，作为一种结合了多种感知通道(如视觉、听觉、触觉等)的交互方式，为用户提供了更加丰富、自然的交互体验。通过语音控制、手势识别等多模态交互技术，用户可以更加便捷、直观地与设计作品进行沟通和互动。

1. 跨模态交互在提升用户体验中的应用

跨模态交互技术的引入，使得用户不再局限于传统的键盘、鼠标等输入设备，而是可以通过语音、手势等自然方式与设计作品进行交互。这种交互方式的转变，不仅提高了用户的操作效率，还降低了用户的学习成本，使得用户能够更加轻松、自然地掌握设计作品的使用方法。在智能家居设计中，用户可以通过语音控制家中的灯、电器等设备，无须手动操作，即可实现家居环境的智能化控制。这种跨模态的交互方式不仅提升了用户的使用体验，还增强了用户对智能家居系统的接受度和满意度。

2. 跨模态整合在多媒体设计中的应用

在多媒体设计领域，跨模态整合技术为用户提供了更加生动、形象的交互体验。通过将图像、文本、音频等不同模态的信息进行有效融合，多媒体设计作品可以呈现出更加丰富、立体的内容形式，吸引用户的注意力并引导用户进行深入探索。在教育类多媒体产品中，通过结合图像、动画、音频等多种模态信息，可以创造出寓教于乐的学习环境，激发学生的学习兴趣和积极性。同时，通过引入交互式的问答、测试等环节，还可以实现学生与多媒体产品之间的实时互动，提高学习效果和用户满意度。

3. 跨模态整合在产品设计中的应用

在产品设计领域，跨模态整合技术同样发挥着重要作用。通过将不同模态的信息进行整合和优化，产品设计师可以创造出更加符合用户期望和使用习惯的产品界面和交互流程。这种以用户为中心的设计理念，有助于提高产品的易用性和用户体验。在智能手机设计中，通过整合用户的操作习惯、使用场景等因素，设计师可以优化手机的界面布局和交互方式，使得用户能够更加便捷地完成各种操作任务。同时，通过引入手势识别、面部识别等跨模态交互技术，我们还可以实现更加智能、个性化的手机使用体验。

跨模态交互与增强用户体验是紧密相联的。通过引入跨模态交互技术，可以为用户提供更加丰富、自然的交互体验；而通过跨模态整合技术，则可以创造出更加生动、形象、易用的设计作品。在未来的设计实践中，我们应该进一步探索和研究跨模态交互与整合的技术与方法，以推动用户体验设计的不断创新和发展。同时，我们还需要关注用户的实际需求和期望，坚持以用户为中心的设计理念，创作出真正符合用户需求的设计作品。

3.4.4　文化跨模态融合与创新设计表达

在全球化的今天，设计作品不再仅仅是满足功能需求或审美追求的产物，它们更多地成为文化交流和传承的媒介。文化跨模态融合，即将来自不同文化背景的模态信息(如传统图案、民族色彩、音乐节奏等)与现代设计手法相结合，创作出既具有文化深度又独具魅力的设计作品。这种融合不仅丰富了设计的内涵，也为传统文化的传承和创新提供了新的路径。

1. 文化跨模态融合的价值与意义

文化是一个民族、一个社会的灵魂，它包含着丰富的历史信息和深厚的精神内涵。传统图案、民族色彩、音乐节奏等模态信息，是文化的重要载体和表现形式。将这些模态信息融入现代设计中，不仅可以为设计作品注入独特的文化韵味，还可以帮助用户更好地理解和接受设计作品所传达的信息与情感。

文化跨模态融合的价值在于，它打破了文化之间的隔阂和界限，促进了不同文化之间的交流和融合。这种交流和融合不仅可以推动设计的创新与发展，还可以促进文化的传承和弘扬。通过设计作品，人们可以更加直观地感受到不同文化的魅力和特色，从而增进对不同文化的理解和尊重。

2. 创新设计表达中的文化跨模态融合

在创新设计表达中，文化跨模态融合发挥着至关重要的作用。设计师需要深入挖掘不同文化背景下的模态信息，将其与现代设计手法相结合，创作出既符合现代审美需求又具有文化特色的设计作品。在服装设计中，设计师可以将传统的民族图案与现代的剪裁手法相结合，打造出既时尚又富有民族特色的服装款式。在产品设计中，设计师可以将传统的色彩搭配与现代的材质和工艺相结合，创作出既实用又具有文化韵味的产品。在环境设计中，设计师可以将传统的建筑元素与现代的空间布局和照明手法相结合，营造出既舒适又富有历史感的空间环境。

3. 平衡传统与现代、本土与全球的关系

在跨文化设计中，平衡传统与现代、本土与全球的关系是至关重要的。设计师需要在保持设计作品文化特色的同时，也要考虑到现代审美需求和全球市场的接受度。过于强调传统或本土元素而忽视现代审美和全球趋势，可能会导致设计作品的局限性和难以推广；而过于追求现代和全球化而忽视传统和本土特色，则可能导致设计作品的同质化和缺乏个性。

因此，设计师需要在深入了解和尊重不同文化的基础上，运用现代设计手法和技术手段，将传统与现代、本土与全球进行有机融合。这种融合不仅可以提升设计作品的文化内涵和市场竞争力，还可以为传统文化的传承和创新开辟新的道路。

文化跨模态融合与创新设计表达是当代设计领域的重要课题。通过将不同文化背景下的模态信息与现代设计手法相结合，设计师可以创作出既具有文化深度又独具魅力的设计作品。然而，在跨文化设计中平衡传统与现代、本土与全球的关系是一个复杂而微妙的过程，需要设计师具备深厚的文化素养和敏锐的设计洞察力。

展望未来，随着全球化进程的加速和科技的不断发展，文化跨模态融合将在设计领域

发挥更加重要的作用。设计师需要不断学习和探索新的设计理念与技术手段，以更加开放和包容的心态面对不同文化的碰撞与融合。同时，社会各界也应加强对传统文化的保护和传承工作，为设计师提供更多的文化资源和灵感来源。

3.4.5　跨模态整合技术的挑战与发展趋势

随着人工智能技术的不断革新，AIGC 已逐渐成为创意设计领域的新星。而跨模态整合技术，作为 AIGC 的重要支撑，旨在将视觉、听觉、文本等不同模态的信息进行有效融合，以产生更加丰富、多样的创意内容。然而，在实际应用中，跨模态整合技术仍面临着一系列挑战。同时，其未来发展趋势也值得我们深入探讨。

1. 跨模态整合技术面临的技术挑战

跨模态整合技术需要处理的数据量呈指数级增长，这使得数据对齐问题变得尤为突出。不同模态的数据具有各自的特性和结构，如何实现它们之间的精确对齐，是跨模态整合技术面临的首要挑战。此外，模态间的语义鸿沟也是一个不容忽视的问题。不同模态的信息在语义表述上存在较大差异，如何弥补这种差异，实现语义层面上的深度融合，是跨模态整合技术需要解决的关键问题之一。

针对这些挑战，研究者正在尝试引入更先进的算法和模型。例如，他们利用深度学习技术构建复杂的神经网络模型，以实现不同模态信息在更深层次上的融合和理解；同时他们也在探索如何利用知识图谱等语义表示方法，缩小模态间的语义鸿沟。

2. 跨模态整合技术的未来发展趋势及潜在影响

(1) 多模态预训练模型的发展：随着预训练模型在自然语言处理和计算机视觉等领域的成功应用，未来跨模态整合技术将更加注重多模态预训练模型的研究和发展。通过在大规模多模态数据集上进行预训练，模型可以学习到不同模态之间的共享表示和交互模式，从而提高跨模态任务的性能。这将为 AIGC 提供更加强大和灵活的创意内容生成能力。

(2) 实时性与交互性的提升：为了满足 AIGC 在实时性和交互性方面的需求，跨模态整合技术需要不断优化其处理流程和算法效率。通过引入更高效的计算设备和并行处理技术，可以实现跨模态信息的实时处理和响应。这将使得 AIGC 在创意设计、虚拟现实、增强现实等领域的应用更加广泛和深入。

(3) 可解释性与可信度的增强：随着跨模态整合技术的不断发展，其生成的创意内容将越来越丰富和多样。然而，这也带来了可解释性和可信度的问题。为了增强跨模态整合技术的可解释性和可信度，未来研究将更加注重模型的透明度和可解释性设计，以及引入人类评估和反馈机制来优化生成结果的质量和准确性。这将有助于提高 AIGC 在创意设计领域的可信度和应用价值。

(4) 伦理与隐私的关注：随着跨模态整合技术在 AIGC 中的应用越来越广泛，其涉及的伦理和隐私问题也日益凸显。如何在保护用户隐私和权益的前提下，合理、合法地利用跨模态信息进行创意内容生成，是未来研究需要关注的重要问题之一。这将促使跨模态整合技术在发展过程中更加注重伦理规范和法律法规的遵守，以确保其在创意设计领域的健康、可持续发展。

总之，跨模态整合技术在 AIGC 中具有重要的应用价值和发展潜力。尽管目前仍面临着一些技术挑战和伦理隐私问题，但随着相关研究的不断深入和技术的不断进步，相信这些问题将得到有效解决。未来，我们期待看到更多具有创新性、实用性和可信度的跨模态整合技术在 AIGC 领域的应用成果。

3.4.6　案例研究——跨模态整合在创意设计中的成功实践

跨模态整合作为一种创新的设计理念和方法，已经在不同设计领域得到了广泛的应用和验证。以下将通过几个具体的案例，来展示跨模态整合在创意设计中的成功实践，并总结其共性和创新点，为其他设计师提供借鉴和启示。

【案例一】　平面设计中的跨模态整合——宜家家居 AR 海报的实践

在平面设计的演进中，跨模态整合已成为一种引领潮流的创新方法。宜家家居，作为全球家居零售的佼佼者，成功地将传统平面海报与 AR 技术相结合，为顾客提供了一种全新的购物体验。宜家家居 APP 如图 3-9 所示。

图 3-9　宜家家居 AR 海报

宜家家居推出的这款 AR 海报，在视觉上与常规印刷海报无异，但内藏玄机。顾客只需使用手机上的宜家家居 APP 对准海报上的特定图案进行扫描，便可瞬间在手机屏幕上看到与海报中展示的家具相对应的 3D 模型。这一创新设计不仅允许顾客 360 度无死角地查看家具的细节，还能让他们将虚拟家具"放置"到自己家中的实际环境中，从而预览家具摆放后的真实效果。

技术实现方面，宜家家居的 AR 海报采用了图像识别技术，确保手机摄像头能准确捕捉并定位海报上的特定图案。这些图案经过精心设计，具有易于识别和跟踪的特点，保证了扫描的准确性和流畅性。同时，宜家家居 APP 利用 AR 技术，将精细建模和高效渲染的 3D 家具模型精确地叠加到现实图像上，实现了虚拟与现实的完美结合，为用户提供了前所未有的购物体验。此外，交互设计的考量也十分重要，用户界面设计简洁直观，支持旋转、缩放和移动等手势操作，使用户能轻松与虚拟家具互动，进一步提升了用户体验的愉悦度。

宜家家居的这款 AR 海报是平面设计领域跨模态整合的杰出代表。它不仅打破了传统平面海报在表现形式和互动性上的局限，还通过引入现代科技手段，为顾客提供了一种更加直观、全面且富有趣味性的购物体验。这一创新实践不仅提升了顾客的参与度和购买意愿，更为平面设计行业树立了新的标杆，展示了在现代科技助力下平面设计所能实现的无限可能。

【案例二】　产品设计中的跨模态整合典范——小米智能音箱

在智能家居与音频技术日益融合的今天，小米智能音箱凭借其出色的跨模态整合设计，成为市场上的明星产品。它不仅是一款高品质的音频播放设备，更是一个功能强大的智能家居控制中心。小米智能音箱如图 3-10 所示。

图 3-10　小米智能音箱

　　小米智能音箱在语音识别、智能家居控制、音频处理和无线连接技术等方面表现出色。它采用了先进的语音识别算法和麦克风阵列技术，即使在嘈杂环境中也能准确捕捉用户指令，确保交互流畅自然。同时，作为一款智能家居中心，音箱与多种智能家居设备连接，实现了对灯光、空调、窗帘等设备的全面控制，展示了小米在智能家居领域的实力。在音质上，小米智能音箱通过高品质的音频处理芯片、扬声器单元和精细调音，提供了清晰悦耳的音乐播放效果。此外，音箱支持蓝牙和 Wi-Fi 连接，实现了与手机、平板等设备的快速稳定连接和传输。这些卓越的技术应用使小米智能音箱成为市场上的杰出代表。

　　小米智能音箱的成功不仅仅在于其出色的技术表现，更在于其将多种功能和技术巧妙地整合在一起，打破了传统音箱的单一功能局限。这种跨模态整合的设计方式不仅提升了产品的实用性和便捷性，更赋予了产品更多的情感价值和个性化特征。同时，小米智能音箱的成功也为整个智能家居和音频行业树立了新的标杆，展示了在现代科技推动下产品设计所能实现的创新突破。它的出现不仅推动了智能家居的普及和发展，更引领了音频技术向更高品质、更多元化方向的迈进。

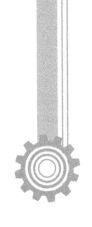

第4章
音频与图像的多模态创新
设计——声光的交融之美

在过去的几年里,多模态内容生成领域取得了显著的进展,这源于新兴的生成模型和技术研究成果的涌现。本章将深入探讨多模态生成技术的理论基础与框架,特别关注音频与图像数据的深入分析和特征融合。我们将介绍近几年的研究成果,包括典型的生成语言大模型,以及它们在多模态生成中的应用。

4.1　多模态生成技术的理论基础与框架

多模态内容生成是现代人工智能生成内容技术的一个关键分支,它通过融合不同的信息源,如音频和图像,创造出新的内容形式。这种技术的发展不仅改变了内容生成的方式,而且为艺术创作和信息传播开辟了新的路径。

多模态生成技术的理论基础建立在对不同感官信息的理解和整合上。在人类的感知系统中,视觉和听觉是两个主要的感官通道,它们在我们理解周围世界中起着至关重要的作用。在多模态内容生成中,视听信息的结合创造了一种全新的感官体验,这种体验超越了单一模态所能提供的内容感受。音频和图像的结合,不仅仅是简单的叠加,而是一种深层次的融合。这需要对音频的节奏、音色、情感和图像的色彩、形状、质感等要素进行细致的分析和匹配。通过高级的算法,如深度学习和神经网络,可以实现这些不同信息源的有效结合。

4.1.1　多模态内容生成的理论演进

多模态内容生成的理论源自人工智能领域的早期研究,特别是在模式识别和机器学习方面的探索。早期的多模态研究主要集中在如何让机器理解和处理来自不同传感器的数据。随着时间的推移，这一理论逐渐演化为更加复杂的内容生成技术。如今，新的内容生成技术不仅能处理和分析数据，还能创造出全新的内容。

1. 多模态内容生成的早期理论基础

多模态内容生成的理论基础植根于人工智能的早期研究，尤其是在模式识别和机器学习领域。在最初阶段，研究重点在于如何使机器理解和处理来自不同传感器的数据。例如，早期的研究涉及如何让计算机通过视觉传感器识别图像中的对象，或者通过音频传感器理解人类的语音。这一阶段的研究虽然相对基础，但它奠定了后续多模态技术发展的基石。

2. 从数据处理到复杂内容生成

随着技术的演进，多模态理论不再局限于简单的数据处理。研究者开始探索如何将这些不同的数据融合，以创造出更为复杂和丰富的内容。例如，将图像和文本数据结合，使得机器不仅能识别图像中的对象，还能生成描述这些对象的文字。这种融合不同模态的能力极大地拓展了人工智能的应用领域。

3. 近期的进展——生成模型的突破

近几年，多模态内容生成技术在生成模型领域取得了显著的进展，典型的例子包括像 OpenAI 的 GPT 系列、Google 的 BERT 和 T5，以及其他的变换器架构模型。这些模型不仅在文本生成方面取得了革命性的成果，还在图像和音频生成方面展示了巨大的潜力。例如，GPT-3 通过其强大的语言理解和生成能力，在文本到图像、文本到音频等多模态内容生成中展示了前所未有的效果。

4.1.2　音频与图像数据特征分析

在多模态内容生成技术中，对音频和图像数据的特征进行深入分析是至关重要的。音频数据特征包括频率、节奏、音色等，而图像数据特征则涵盖了颜色、形状、纹理等。近年来，生成模型在音频与图像数据特征分析方面取得了显著的进展。

生成对抗网络技术已经被广泛用于图像生成领域，如 StyleGAN2。近期研究表明，将 GAN 应用于音频数据特征分析也取得了一定的成功。通过训练生成器和判别器，GAN 可以生成高质量的音频数据，从而实现音频与图像之间的多模态融合。这一研究成果为多模态内容生成提供了新的思路和方法。

自然语言处理领域的生成模型也对音频与图像数据的特征分析产生了重要影响。例如，GPT-4 模型具有更强大的自然语言理解和生成能力，可以用于生成与音频和图像相关的文本描述,从而提高了多模态内容生成的质量和多样性。此外,BERT 等预训练语言模型的应用也使得对多模态数据的语义理解更加精确,有助于深入分析音频与图像数据的特征。

1. 音频数据特征分析

音频数据特征分析是多模态生成的基础,它有助于理解声音的特性以及与图像数据的关联。最近的研究表明,生成语言大模型,如 GPT-4,已经取得了显著的进展,可以用于音频数据的特征提取和分析。这些模型能够识别声音中的频率成分、声音的节奏模式以及音色特征,为多模态生成提供了更精确的信息。近期研究还探索了将生成模型与卷积神经网络相结合的方法,以更好地捕获音频数据的时域和频域特征。这种混合模型的应用可以进一步提高音频特征的抽取效率和准确性。音频数据特征详细分析见表 4-1。

表 4-1　音频数据特征分析

特征	定　义	优　点	缺　点	用　法
频率特征	音频数据中的频率信息,是音调和音高的关键指标	1. 提供了音频的基本属性,如音调和音高; 2. 深度学习技术如 CNN 与 RNN 能有效提取和分析	1. 可能无法完全描述音频的复杂性; 2. 对于非周期性或噪声成分,频率分析可能受限	1. 使用 CNN 或 RNN 提取频率信息; 2. 在多模态生成中与其他特征融合,如图像或文本
节奏特征	音频数据中的时间结构,对于音乐和语音都至关重要	1. 提供了音频的时间维度信息; 2. Transformer 等模型在节奏分析中表现出色	1. 节奏的表示和提取可能受到文化与风格的影响; 2. 对于复杂或不规则的节奏,模型可能难以捕捉	1. 使用时序数据处理模型如 Transformer 进行节奏特征提取; 2. 在音乐生成、语音识别等任务中利用节奏信息
音色特征	描述了声音的质地和特点,在音频数据中起着重要的作用	1. 提供了音频的独特性和辨识度; 2. 增强了多模态生成中音频和图像的融合效果	1. 音色的定义和感知可能因人而异; 2. 对于某些音色,模型可能难以准确表示和生成	1. 使用最新的生成模型捕捉音色信息; 2. 在音频合成、音乐创作等应用中利用音色特征

2. 图像数据特征分析

图像数据特征分析是多模态生成中的另一个关键领域。近年来,生成对抗网络等深度学习技术已经取得了重大突破,该项技术已广泛用于图像数据的特征提取和分析。这些模型可以捕获图像的颜色、形状、纹理等关键特征,为多模态生成提供了重要的输入。此外，使用预训练的视觉模型，如 ViT(Vision Transformer)和 CLIP(Contrastive Language-Image Pre-training)，可以更好地理解图像数据的语义信息。这些模型不仅可以提取图像的低级特征，还能够识别图像中的对象、场景和情感，为多模态生成引入了更多的语义信息。图像数据特征的详细分析见表 4-2。

表 4-2　图像数据特征分析

特征	定　义	优　点	缺　点	用　法
颜色特征	图像中的颜色信息，传达情感和内容的关键要素	1. 提供丰富的视觉信息； 2. 与音频数据融合可创造更具表现力的多模态内容	1. 颜色可能受到光照、阴影等外部因素的影响； 2. 不同设备或设置可能导致颜色差异	1. 使用 CNN 提取颜色特征； 2. 在图像分类、情感识别等任务中利用颜色信息
形状特征	图像中物体的轮廓和结构	1. 描述物体的基本形态； 2. 对于物体识别和场景理解至关重要	1. 形状识别可能受到遮挡、视角变化等因素的影响； 2. 复杂形状可能需要更高级的模型来处理	1. 使用 Vision-GPT、CLIP 等模型识别和理解形状特征； 2. 在目标检测、图像分割等任务中应用形状信息
纹理特征	图像的表面细节和质感	1. 提供图像的细节信息，增强逼真感； 2. 有助于区分不同材质和表面结构	1. 纹理特征可能受到图像分辨率和质量的限制； 2. 某些纹理可能难以用数学模型准确描述	1. 使用 GAN、VAE 等模型建模纹理特征； 2. 在图像生成、风格迁移等任务中利用纹理信息

理解这些特征如何在不同模态之间转换和融合，是多模态生成技术的关键挑战。近几年，研究人员已经提出了许多新颖的方法和模型来解决这一问题。例如，利用生成对抗网络的多模态生成模型可以实现音频到图像的转换，或图像到音频的转换，从而创造出令人惊叹的多模态内容。同时，注意力机制和跨模态嵌入技术也在不同特征之间的转换和融合中发挥了重要作用。

3. 多模态特征融合

在多模态生成中，将音频和图像数据的特征进行有效融合是一个具有挑战性的问题。近期研究表明，生成语言大模型在多模态特征融合方面表现出色。这些模型可以同时处理文本、音频和图像数据，将它们融合在一起以生成连贯的多模态内容。此外，元学习和迁移学习技术也在多模态特征融合中发挥了重要作用。通过在不同数据集和任务上进行预训练，模型可以更好地理解不同模态数据之间的关系，从而提高多模态内容生成的质量和多样性。

除了生成模型，最近的研究还关注了多模态数据的标注和数据集构建。随着越来越多的多模态数据可被使用，研究人员正在努力创建更丰富和多样化的数据集，以用于模型训练和评估。这些数据集包括音频、图像和文本数据的联合标注，为多模态生成研究提供了有力的支持。

总结来说，近年来，典型的生成语言大模型和计算机视觉模型已经为多模态生成提供了强大的工具和方法。深入分析音频和图像数据的特征，并将它们有效地转换和融合，将为多模态生成技术的未来发展打开新的可能性通道。最新的生成模型和技术研究成果使我们能够更好地理解和利用音频与图像数据之间的关联性通道，从而实现更丰富和多样化的多模态内容生成方式。这些成果为多模态内容生成提供了更多的可能性，将声音和图像的交融之美推向了新的高度。我们期待在不久的将来看到更多创新和突破，以实现声光的交融之美。

4.1.3　深度学习在多模态生成中的应用

深度学习技术在多模态生成中扮演了核心角色。通过利用神经网络，尤其是卷积神经网络和递归神经网络，可以有效地处理和融合来自不同源的数据。这些技术使得从音频到图像的转换，或者反之，成为可能。

深度学习，作为人工智能领域的一个分支，已经从早期的简单神经网络发展到现今的复杂架构。在多模态生成领域，深度学习技术的进步为音频与图像的融合提供了强大的支持。这一进步主要得益于神经网络架构的创新、大数据的利用和计算能力的提升。

在多模态生成中，深度学习技术的核心在于能够理解和融合来自不同模态的信息。具体来说，多模态关键技术分析见表 4-3。

表 4-3　多模态关键技术分析

关键技术	概　念	特　征	用　法	优　点	缺　点
跨模态特征提取	从不同模态数据中提取并融合特征	综合多源信息	在多模态任务中结合音频、图像等特征进行联合生成或理解	提高了信息丰富度和模型理解力	特征对齐和融合的挑战大
生成模型的应用	使用 GAN、VAE 等模型生成新数据	高质量的生成能力	从一种模态生成另一种模态的数据，如音频转图像、文本转图像等	强大的生成能力，能模拟复杂的数据分布	可能需要较高的计算资源和调优技巧
序列到序列模型	利用编码器-解码器结构实现数据序列转换	灵活的序列处理能力	应用于语音识别、机器翻译、音频与图像之间的转换等	能够处理变长序列，具有良好的扩展性	对于长序列可能存在性能和效率问题

近两年来，多模态生成领域有了显著的技术进展。例如，一些研究通过结合 GAN 和 seq2seq 模型，实现了从音频到图像的直接转换。这些模型能够从音乐中提取节奏、情感等信息，并将其转换为视觉元素，如颜色和形状的变化。

另一个值得关注的趋势是跨模态特征的学习和融合。深度学习技术已经取得了显著的进展，使得模型可以将音频和图像数据映射到共享的表示空间。这种共享表示空间使得模型能够更好地理解不同模态之间的信息交互，从而实现更好的多模态生成。这一方法不仅提高了生成的多模态内容的质量，还为跨领域的应用提供了更广泛的可能性。

此外，多模态数据的标注和数据集构建也是当前研究的重要方向之一。近年来，研究人员努力创建更丰富和多样化的数据集，以用于模型训练和评估。这些数据集包括音频、图像和文本数据的联合标注，为多模态生成研究提供了有力的支持。这些数据集的建立不仅有助于模型的性能提升，还为广大研究者提供了实验和创新的平台。

综上所述，深度学习技术在多模态生成中的应用已经取得了显著的进展，为音频与图像的多模态创新设计提供了强大的工具和方法。最新的生成模型、跨模态特征学习、GAN 的应用以及数据集的建立都推动着多模态生成技术的发展。未来，我们可以期待这一领域的持续发展，为声光的交融之美创造更多令人惊叹的可能性。

4.1.4　跨模态理解与生成的挑战

尽管技术上取得了重大进展，但跨模态理解和生成仍面临着许多挑战。这些挑战包括数据的不一致性、不同模态间信息的损失以及如何保持生成内容的真实性和创新性等。

1. 数据的不一致性

跨模态数据的不一致性问题在多模态生成技术中是一项复杂而关键的挑战，尤其是在涉及图像、音频和视频数据时。不同模态的数据具有不同的特点和表示方式，这使得数据的不一致性尤为显著。

图像数据通常是高维、密集的数据，由像素构成，每个像素包含颜色信息。与之相比，音频数据是一维的，由波形信号构成，包含声音的频率和振幅信息。视频数据则结合了图像和音频，包括连续的图像帧和相应的声音信号。这些不同的数据表示方式使得跨模态生成模型需要处理多维度和多模态的输入。

不同模态的数据通常来自不同的数据分布。例如，自然语言文本通常具有不同的分布特性，与图像和音频数据截然不同。这种数据分布的差异会导致模型在不同模态之间的泛化困难，因为模型必须能够适应这些不同分布的数据。

图像、音频和视频数据之间的关联性也是一个复杂的问题。模型需要能够捕捉不同模态数据之间的相关性和时空信息。例如，在视频生成任务中，模型需要理解声音和图像帧之间的对应关系，以便在生成视频时保持音频和图像的同步性。

2. 不同模态间信息的损失

在跨模态生成任务中，不同模态数据之间信息的损失问题是一个重要的考虑因素。特别是在处理图像、音频和视频数据时，由于数据的不同表示方式和特点，信息损失问题尤为复杂。

图像数据通常是高维的，包含了大量的细节和视觉信息。但当将文本描述转化为图像时，模型可能会丢失文本中的一些细节，导致生成的图像缺少一些关键特征，从而影响了生成内容的准确性。

音频数据通常包含了声音的频率和振幅信息，但在将文本描述转化为音频时，也会面临信息损失的问题。生成的音频可能无法完全还原文本中的语义和情感信息，导致生成结果在声音的真实性和清晰度方面存在问题。

在视频生成任务中，模型需要同时处理图像和音频数据。信息损失问题在这里变得尤为复杂，因为模型需要确保视频中的图像帧和音频的同步性。如果不同模态数据之间的信息损失太严重，生成的视频可能会出现不一致或不自然的情况，影响观感和体验。

3. 保持生成内容的真实性和创新性

在多模态生成任务中，保持生成内容的真实性和创新性之间的平衡是一个复杂的问题，特别是当涉及图像、音频和视频数据时。一方面，生成的内容需要在与文本描述的一致性方面表现得足够真实，以确保信息的准确传达。另一方面，生成的内容也需要具备一定的创新性，以使生成结果更具吸引力、多样性，符合人们的审美和需求。

当涉及图像生成时，保持生成内容的真实性涉及图像的质量和逼真度。模型需要能够生成具有清晰细节、自然光影和适当颜色的图像，以满足用户的期望。然而，过于强调真实性可能会导致生成的内容变得单调和缺乏创新性。

对于音频生成任务，真实性涉及声音的清晰度、音质和节奏等方面。生成的音频应该能够传达文本描述中的情感和语义信息，以满足用户的需求。但在追求真实性时，可能会忽视音频的多样性和创新性。

在视频生成中，真实性包括了图像与音频之间的同步性和连贯性。生成的视频需要确保图像帧和声音的协调，以保持真实感。然而，过于强调真实性可能会限制生成内容的多样性和创新性，导致生成的视频显得单调和乏味。

4. 新一代生成语言大模型

近年来，生成语言大模型的发展为多模态生成技术带来了新的动力。典型的代表是GPT-4，它不仅在语言理解方面取得了重大突破，还具备更多的参数和更高的性能，使其在多模态生成任务中得以广泛应用。GPT-4 的出现使得文本到图像或音频的生成任务更为可行，并提高了多模态数据之间关联性的建模能力。

除了 GPT-4 之外，近年内还涌现出其他令人印象深刻的生成语言大模型，这些模型为多模态生成技术的不断发展提供了更多可能性和创新性。表 4-4 是一些值得关注的新一代生成语言大模型。

表 4-4　新一代生成语言大模型

模型	概　念	特　点	优　点	缺　点	未来前景
CLIP	由 OpenAI 开发的多模态预训练方法，强调文本和图像之间的对比关系	1. 同时处理文本和图像数据，通过对比学习； 2. 进行预训练，适用于多种语言和领域	1. 在跨模态生成和检索任务中性能卓越； 2. 提高了多模态生成的精确性； 3. 为图像和文本之间的语义理解提供新视角	1. 需要大量的计算资源进行训练； 2. 对数据集的质量和多样性要求较高	1. 在多模态生成和检索领域有广泛应用潜力； 2. 可用于图像标注、视觉问答等任务； 3. 有望推动多模态生成技术的发展和创新
DALL·E	由 OpenAI 推出的专注于将文本描述映射到图像的模型	1. 实现惊人的图像生成任务； 2. 强大的文本到图像生成能力	1. 能够将文本中的抽象概念转化为视觉内容； 2. 展示了多模态生成在创意领域的无限可能性	1. 生成的图像可能缺乏细节和真实感； 2. 对输入文本的描述准确性要求较高	1. 在创意和设计领域有巨大潜力； 2. 可应用于广告设计、艺术创作等领域
TAPAS	专门用于处理表格数据的生成语言大模型	1. 具有处理结构化数据和文本的能力； 2. 适用于多种表格数据任务	1. 可用于生成表格、图表和报告等多模态数据； 2. 提供了处理复杂表格数据的解决方案	1. 对表格数据的格式和结构有一定要求； 2. 在实际应用中可能需要进一步的优化和调整	1. 在金融、医疗、数据分析等领域有广泛应用前景； 2. 有望推动表格数据自动化处理的发展
ViT	最初为图像分类设计的模型，现被探索用于多模态生成	1. 基于 Transformer 架构处理图像数据； 2. 可扩展性强，适用于不同规模和任务	1. 具有强大的图像特征提取能力； 2. 为多模态生成提供了新的视角和方法	1. 在多模态生成中的应用仍处于探索阶段； 2. 需要进一步研究和改进以适应多模态生成的需求	1. 有望在多模态生成领域发挥重要作用； 2. 可与其他模型结合，共同推动多模态生成技术的发展

多模态生成技术的深化研究将有助于实现音频与图像的多模态创新设计。近年的研究成果表明，尽管面临着复杂的挑战，如数据的不一致性、信息损失和真实性与创新性的平衡，但生成语言大模型和其他新一代生成模型的涌现为多模态生成领域注入了新的活力。未来的研究将继续深入探讨这些挑战，以更好地满足多模态生成在艺术、媒体和科学领域的不断增长的需求，促进声光多模态创新设计的持续进步。

5. 生成模型在音图融合中的作用

多模态生成技术中，音图融合是一个具有挑战性而又充满潜力的领域，而生成模型在这个领域中扮演着至关重要的角色。通过生成模型，我们可以实现音频和图像之间的融合，将声音转化为视觉表达，或者将图像元素转化为音频输出。这不仅拓宽了艺术创作的边界，还为信息传达提供了新的方式。在这一领域的发展中，近年涌现出了一些新的生成模型和技术，特别是典型的生成语言大模型，它们为音图融合的多模态生成提供了更多可能性。

1) 典型生成语言大模型的应用

近年来，生成语言大模型如 GPT-4、CLIP 和 DALL·E 等已经被广泛应用于音图融合领域。这些模型不仅在文本生成和图像生成任务中表现出色，还可用于文本描述与音频或图像数据的相互转化。例如，通过将音频信号输入到 GPT-4 中，可以生成与声音相关的文本描述，这为音频内容的自动生成和标注提供了新的途径。同时，CLIP 模型的出现使得文本和图像之间的关联性更加紧密，为音图融合任务提供了更准确的语义理解和内容匹配。

在 2021 年，Open AI 这个致力于做强人工智能的公司开辟了一条不同寻常的路径，颠覆了大众对于 CV 领域的常规认知。Alec Radford 等人提出 Contrastive Language-Image Pre-training(CLIP)，突破了文本-图像之间的限制。CLIP 使用大规模的文本-图像配对预训练，并且可以直接迁移到 Imagenet 上，完全不需要图像标签微调即可实现 Zero-Shot 分类。CLIP 模型或许会引领计算机视觉的发展走向大规模预训练，开启文本-图像融合发展的时代。

CLIP 的模型结构如图 4-1 所示，该模型包括两个部分：文本编码器(Text Encoder)和图像编码器(Image Encoder)。Text Encoder 选择的是 Text Transformer 模型；Image Encoder 选择了两种模型，一是基于 CNN 的 ResNet(对比了不同层数的 ResNet)，二是基于 Transformer 的 ViT。

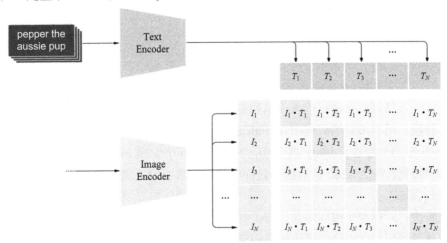

(a) CLIP 对比式无监督训练模型结构

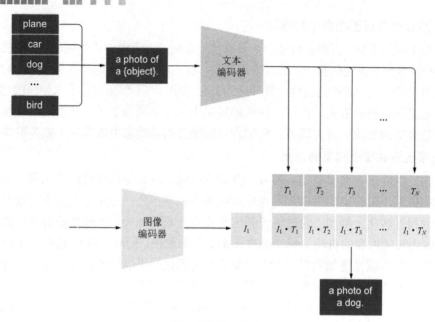

(b) 提取预测类别文本特征

图 4-1　CLIP 的模型结构

　　DALL·E 的模型结构如图 4-2 所示。DALL·E 的目标是把文本 token 和图像 token 当成一个数据序列，通过 Transformer 进行自回归。由于图片的分辨率很大，如果把单个 pixel 当成一个 token 处理，会导致计算量过于庞大，于是 DALL·E 引入了一个 dVAE 模型来降低图片的分辨率。

　　DALL·E 的提出是为了解决图像生成的问题，即通过文字描述生成对应的图像。其整体流程如下：

　　第一阶段：训练一个离散变分自编码器(dVAE)，其编码器会将输入图像从 256×256 压缩为 32×32 的图像 tokens，其中每个 token 都会映射到 $K = 8192$ 的编码簿(code book) 向量中。这一步骤将图片进行信息压缩和离散化，方便进行文本到图像的生成。

　　第二阶段：用字节对编码器(Byte Pair Encoder，BPE)对文本进行编码，得到 256 个文本 tokens(不满 256 的话 padding 到 256)，然后将 256 个文本 tokens 与 1024 个图像 tokens 进行拼接，得到长度为 1280 的数据，最终将拼接的数据输入训练好的 Transformer 模型中进行自回归训练。

　　第三阶段：对模型生成的图像进行采样，并使用同期发布的 CLIP 模型对采样结果进行排序，从而得到与文本最匹配的生成图像。

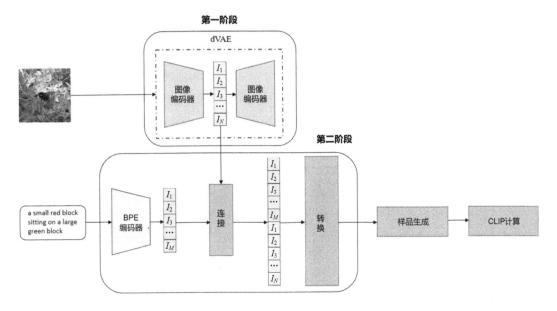

图 4-2　DALL·E 的模型结构

　　TAPAS 是一种用于表格解析的深度学习模型,通过联合训练文本和表格来实现自然语言查询到表格的映射。

　　TAPAS 的关键创新在于其能够同时处理自然语言查询和表格内容,以实现更高效的表格理解和信息提取。它可以执行多种任务,如表格问答、表格填充等,使得在表格中进行复杂查询和操作变得更加简单和直观。TAPAS 的出现极大地推动了自然语言处理领域在表格理解方面的进展,为自动化数据分析和知识提取提供了新的可能性。

　　TAPAS 模型是基于 BERT 的编码器。首先,添加额外的位置嵌入来编码表型结构;其次,将表格扁平化成一系列单词,再将单词分割成单词块(token),并将问题的 token 连接到表的 token 之前;最后,额外添加两个分类层用来选择表中的单元以及对这些单元格进行聚合的操作符。典型的 TAPAS 模型结构如图 4-3 所示。

　　Vision Transformer 是 Transformer 的视觉版本,Transformer 基本上已经成为自然语言处理的标配,但是在视觉中的运用还受到限制。Vision Transformer 打破了这种 NLP 与 CV 的隔离,将 Transformer 应用于图像图块(Patch)序列上,进一步完成图像分类任务。简单来理解,Vision Transformer 是在输入进来的图片上,每隔一定的区域划分出一个图片块,然后将划分后的图片块组合成序列,将组合后的结果传入 Transformer 特有的 Multi-head Self-attention 进行特征提取,最后利用 Cls Token 进行分类。

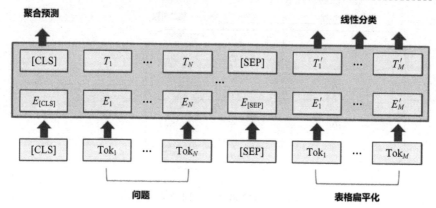

op	$P_a(\text{op})$	compute(op, P_s, T)
NONE	0	—
COUNT	0.1	$0.9 + 0.9 + 0.2 = 2$
SUM	0.8	$0.9 \times 37 + 0.9 \times 31 + 0.2 \times 15 = 64.2$
AVG	0.1	$64.2 \div 2 = 32.1$

Rank	...	Days	P_s
1	...	37	0.9
2	...	31	0.9
3	...	17	0
4	...	15	0.2
...	...	...	0

$s_{\text{pred}} = 0.1 \times 2 + 0.8 \times 64.2 + 0.1 \times 32.1 = 54.8$

图 4-3　TAPAS 的模型结构

　　整个 Vision Transformer 可以分为特征提取部分和分类部分。在特征提取部分，VIT 所做的工作是特征提取。特征提取部分在图片中的对应区域是 Patch + Position Embedding 和 Transformer Encoder。Patch + Position Embedding 的作用主要是对输入进来的图片进行分块处理，每隔一定的区域大小划分图片块，然后将划分后的图片块组合成序列。在获得序列信息后，传入 Transformer Encoder 进行特征提取，这是 Transformer 特有的 Multi-head Self-attention 结构，通过自注意力机制，关注每个图片块的重要程度。

　　在分类部分，VIT 模型如图 4-4 所示，VIT 所做的工作是利用提取到的特征进行分类。在进行特征提取的时候，我们会在图片序列中添加上 Cls Token，该 Token 会作为一个单位的序列信息一起进行特征提取。提取的过程中，该 Cls Token 会与其他的特征进行特征交互，融合其他图片序列的特征。最终，我们利用 Multi-head Self-attention 结构提取特征后的 Cls Token 进行全连接分类。

　　生成模型的自注意力机制被广泛用于跨模态信息融合。这些模型能够同时处理不同模态数据，并捕捉它们之间的关系，从而在生成多模态内容时表现出色。这种技术已经在艺术创作、虚拟现实和媒体制作等领域得到了广泛应用，为多模态创新设计带来了新的机会和可能性。

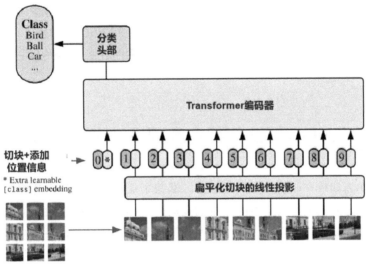

图 4-4　VIT 模型

2）音频到图像的转化

在音图融合中，将音频转化为图像是一个具有挑战性的任务。近几年的研究成果表明，生成模型可以通过学习音频特征与图像的关联性，实现将声音转化为视觉表达。这在音乐创作、音频可视化和虚拟现实领域具有广泛的应用。通过对音频数据进行编码和解码，生成模型可以生成与音频内容相关的图像，创造出视听上的奇妙体验。

3）跨模态信息融合

生成模型在音图融合中的另一个关键作用是跨模态信息融合。这涉及将音频和图像等多种模态的信息有机地结合，以创造出丰富多样的多模态内容。近几年内，典型的生成语言大模型如 GPT-4 和 CLIP 等开始应用于这一领域，通过学习多模态数据的关联性，实现了音频和图像的有机融合。

4）音图融合的应用领域

生成模型在音图融合中的应用已经渗透到了多个领域。从音乐生成到虚拟现实的创作，从数字艺术到音频可视化，这些技术正在改变着艺术和媒体的创新方式。同时，它们也为教育、娱乐和信息传达领域提供了全新的工具和方法。例如，在虚拟现实中，通过生成模型，可以将虚拟环境中的声音与视觉元素相匹配，提供更沉浸式的体验。在数字媒体中，图像和音频的互相转化可以为内容创作者提供更多创作的可能性。

综合而言，生成模型在音图融合的多模态生成中发挥着关键作用，为多领域的创作和应用提供了新的思路与方法。近几年的研究成果不仅加强了生成模型在音频到图像和图像到音频转换中的应用，还在跨模态信息融合方面取得了重要突破。这些成果将进一步推动音图融合领域的发展，为艺术、媒体、娱乐和教育等领域带来更多创新和可能性。未来的研究将继续关注如何进一步提高生成模型在音图融合中的性能和多模态生成的质量，以满足不断增长的多模态需求。

4.2　AIGC 算法框架在音频设计中的应用

音频设计作为创意产业的重要组成部分，涵盖了从音乐创作、声音效果制作到声音编辑和混音等多个方面。随着人工智能技术的发展，AIGC 算法已成为音频设计领域的一个重要工具。AIGC 算法的核心是通过学习大量音频数据，理解声音的结构、特性和情感表达，从而能够自动生成或改进音频内容。例如，AIGC 算法可以在音乐创作中应用，通过分析不同音乐风格和元素，生成新的音乐作品。在声音效果制作中，AIGC 算法能够基于现有的声音样本创造出新的声音效果，或是对现有的声音进行改进和变化。此外，AIGC 算法还可以用于声音编辑和混音，通过智能分析和处理，优化声音的清晰度和效果。

4.2.1　音频生成模型概述

音频生成模型作为深度学习技术的精髓之一，具备了令人信服的能力，能够深刻理解和模拟音频数据的多重关键特征，如节奏、调性和音色。这些模型不仅能够分析并学习现有的音频数据，更可以生成全新的音乐作品，甚至精确模拟特定声音环境。近年来，生成模型技术的急速进步，使得音频生成模型取得了突飞猛进的发展。

1. 音频生成模型背景及原理

音频生成模型的发展得益于深度学习技术的飞速发展，尤其是生成对抗网络的兴起。生成对抗网络的核心思想是通过让生成器和判别器相互博弈，使生成器能够不断提高生成样本的逼真度。在音频生成领域，这意味着生成器需要学会模仿各种音频数据的特征，包括乐器的音色、歌曲的节奏和音高等方面。

近年来，深度学习社区在音频生成方面取得了显著的进展。典型生成语言大模型，如GPT-4，不仅在自然语言生成领域表现出卓越的性能，还开始广泛应用于多模态生成任务，包括音频生成。这些模型通过大规模的预训练和微调，能够准确理解语言与声音之间的相互关系，为音频生成模型的发展提供了全新的思路和方法。

此外，除了典型的生成语言模型，值得一提的是其他杰出的音频生成模型，如 WaveGAN、

Magenta、DDSP(Differentiable Digital Signal Processing)等，如表 4-5 所示。这些模型采用了生成对抗网络等领先的生成技术，能够生成高质量的音频片段，包括音乐和语音。它们在音频设计领域的应用已引起了广泛关注，推动了音频创作的多样化和创新化。

表 4-5　常见音频模型简介

模型	特　点	优　点	缺　点	用　法	发展前景
WaveGAN	基于 GAN 的音频生成模型	能够生成高质量的音频数据，包括音乐、语音和音效	训练过程可能较为复杂和耗时	可用于音乐创作、语音合成、音效生成等领域	随着 GAN 技术的不断发展，WaveGAN 有望在音频生成领域取得更大的突破
	生成器使用卷积神经网络生成音频波形	生成器能够从随机噪声中学习并生成逼真的音频信号	对计算资源要求较高	可与其他深度学习技术结合，实现更多样化的音频生成任务	有望应用于更多实际场景，如虚拟角色语音生成、电影音效制作等
Magenta	由 Google 开发的音乐和艺术创作 AI 平台	提供了多种音频生成模型和工具，支持多样化的音乐作品生成	需要一定的编程和音乐知识才能充分利用	可用于音乐创作、音乐与机器交互等领域	随着音乐和艺术创作 AI 技术的不断发展，Magenta 有望提供更多创新性的工具和模型
	包括 Magenta Studio、Magenta.js、Per-formance RNN 等组件	支持与现实音乐的交互，提供了广泛的资源和工具	某些高级功能可能需要付费或专业版才能使用	可与其他音乐制作软件或平台集成，扩展其应用场景	有望在音乐产业、音乐教育等领域发挥更大作用
DDSP	引入可微分的数字信号处理技术	模型结构可在训练过程中优化，以更好地控制音频的各个方面	技术相对较新，可能需要更多研究和实验验证	可用于音频生成、音频处理、音乐信息检索等领域	DDSP 的创新性技术为音频生成和处理提供了新的思路和方法，有望在相关领域取得重要突破
	将音频信号分解为振动成分和非周期性噪声成分进行建模	能够生成高质量的音频，并允许实时调整音频参数，提高创作灵活性	对使用者的数字信号处理和深度学习知识要求较高	可与其他音频处理或生成技术结合，实现更多功能和应用场景	有望成为音频生成和处理领域的重要工具与方法之一

这些音频生成模型的结构各具特色，但它们都是在生成对抗网络等先进生成技术的基础上构建的。通过这些模型推动音频设计领域的创新不断前进，为音乐和声音的多样性与创新性提供了新的可能性。未来，这些模型的进一步发展将为音频与图像的多模态创新设计提供更多的机会和挑战。

2. 音图跨模态对齐方法

对于音频生成模型而言，除了要研究模型本身，近几年内的众多研究还聚焦于其改进训练技术上，以进一步提高音频生成模型的性能。这一领域的创新不仅侧重于模型架构的改进，还包括更高级的训练策略和技术，旨在使生成模型更加智能、更具创造性。其中一个重要的方向是通过跨模态学习方法来增强生成模型的性能，特别是通过音频与图像的跨模态对齐(这是深度学习中的专用名词，简单来讲此处取"关联"之意)来实现这一目标。

这种跨模态对齐方法的核心思想是将音频和图像数据集进行关联，使模型能够同时学习到两种不同媒体之间的隐含关系。通过共同训练音频和图像数据，模型能够更好地理解它们之间的语义和情感联系。这种方法的优势在于，它不仅提高了音频生成模型的性能，还增强了多模态内容生成的质量和多样性。

具体来说，研究人员提出了一种新的自监督学习方法，该方法将音频和图像数据进行嵌入式表示的对齐。在训练过程中，模型被要求生成音频和图像之间的一致性特征，这有助于模型更好地捕捉音频与图像之间的关联信息。例如，如果模型看到一张图像中的海滩画面，它应该能够生成与海浪声相关的音频，从而实现了图像和音频之间的语义对齐。

这种跨模态对齐方法在多模态生成领域具有潜在的广泛应用，如音乐视频生成、虚拟现实体验和电影制作。通过让模型理解不同媒体之间的关联，我们可以创作出更加丰富和生动的多模态作品，提高了用户体验和创作的多样性。这一领域的进展为音频与图像的多模态创新设计开辟了新的研究方向，并有望在未来为多领域的应用带来更多新的可能性。

应该说，改进训练技术和跨模态对齐方法的研究将为音频生成模型的性能提升和多模态创新设计提供更加强大的支持。这些创新将在音频处理、视觉与听觉融合以及多模态媒体创作领域产生深远影响，推动多媒体技术的不断发展和创新。

综上所述，音频生成模型作为音频与图像多模态创新设计的核心组成部分，得到了生成模型领域的广泛关注和深入研究。近几年内，典型生成语言大模型的崛起以及其他杰出的音频生成模型的涌现，为音频设计领域带来了前所未有的机遇和挑战。

4.2.2　音频特征提取技术

音频特征提取在音频设计中扮演着关键的角色，它是将原始音频数据转化为可供分析和处理的形式的关键步骤。这包括从音频信号中提取各种信息，如节奏、和弦、旋律线等，这些信息对于音频分析和生成至关重要。在过去的几年里，音频特征提取领域也取得了显著的进展，特别是在高级特征提取技术方面，如梅尔频率倒谱系数(Mel-scale Frequency Cepstral Coefficients，MFCC)和谐波感知特征，详见表 4-6。

表 4-6　高级特征提取技术

特征提取方法	概念介绍	算法步骤	优　点	缺　点
梅尔频率倒谱系数	是一种基于人耳听觉特性的音频特征提取方法，广泛应用于语音识别和音乐信息检索。它通过将音频信号的频谱映射到梅尔刻度上，提取出更符合人类听觉特性的特征	1. 预加重； 2. 分帧； 3. 加窗； 4. FFT； 5. 梅尔滤波器组； 6. 取对数； 7. DCT	有效地模拟了人耳对不同频率声音的感知敏感度，提供了紧凑且区分度高的特征表示，在语音识别和音乐信息检索中表现出色	对噪声和音频质量的变化可能较为敏感；主要针对语音信号设计，对于其他类型的音频可能不是最优选择
谐波感知特征	是一种旨在捕捉音频信号中谐波结构信息的特征提取方法，通过分析音频信号中的谐波成分，提取有意义的特征，如幅度、相位和频率等	1. 信号分解； 2. 谐波检测； 3. 特征提取； 4. 特征后处理	能够捕捉音频信号中的谐波结构和音色特性，提供了丰富的音频描述信息，在音乐信息检索和乐器识别中有潜在应用	计算复杂度可能较高，需要有效的算法实现，对谐波成分的准确性和稳定性要求较高

这些高级特征提取技术的不断发展和改进为音频设计与处理领域带来了新的机遇及挑战。它们不仅可以用于音频分析和音乐创作，还可以用于语音识别、情感分析和音频合成等多个领域。此外，随着深度学习技术的不断发展，研究人员还在探索如何结合深度学习和传统的特征提取方法，以进一步提高音频特征的表示和利用效率。

音频特征提取技术是音频设计和处理的重要环节，近年来的研究和创新使得我们能够更好地理解和利用音频数据。梅尔频率倒谱系数和谐波感知特征等高级特征提取技术为音频分析提供了更为精确和高效的工具，为音频与图像的多模态创新设计领域的发展奠定了坚实的基础。

4.2.3　音频生成的先进算法

在当前的音频技术发展趋势中，算法创新起着核心作用。音频生成领域的研究主要集中在提高音频生成算法的效率、质量和创新性上。这些研究成果不仅推动了音频生成算法本身的发展，还对音频编辑、音乐创作以及语音合成等应用产生了深远影响。

1. 基于深度学习的音频生成算法

生成对抗网络(GAN)是由两个神经网络构成的：生成器和判别器。它们之间展开一种零和游戏，即生成器的任务是生成尽可能接近真实数据的新数据，而判别器的任务是尽可能准确地区分输入数据是真实数据还是由生成器生成的数据。这种对抗训练的方式，使得生成器最终能够生成与真实数据非常相似的数据。在音频领域，GAN 可以被用于生成语音、音乐和各种声音效果。对于音乐创作来说，GAN 能够基于一定的条件或风格信息，生成具有相应风格的乐曲。而对于语音合成，GAN 则能模拟特定人的声音，生成高质量的语音片段。

改进的 GAN 模型包括条件 GAN(cGAN)和循环 GAN(CycleGAN)。cGAN 除了从随机噪声中生成样本，条件 GAN 还引入了额外的信息(如标签、类别或其他模态的数据)来指导生成过程。在音乐生成中，条件可以是特定的节奏、旋律或风格信息，这样生成的音乐会更加符合用户的需求。CycleGAN 用于实现两个不同数据域之间的转换。例如，在音频处理中，CycleGAN 可能被用来实现不同风格的音乐之间的转换，或实现语音到语音的转换(如模仿一个特定人的声音)。

变分自编码器(VAE)是一类生成模型，它通过学习数据的潜在表示来实现数据的生成。VAE 包括两部分：编码器和解码器。编码器负责将输入数据编码为潜在空间中的一个表示，而解码器则从这个潜在表示重构原始输入。与传统的自编码器不同的是，VAE 在潜在表示上施加了一个先验分布(如标准正态分布)，并通过优化一个结合了重构损失和 KL 散度的损失函数来学习这个分布。通过学习音频数据的潜在表示，VAE 可以生成与原始数据集类似的新音频样本。由于它们在潜在空间中进行了编码和解码，VAE 提供了一个相对平滑和连续的潜在空间，这意味着可以在潜在空间中进行插值或操作来生成具有新颖特性的音频。

2. 基于波形的音频生成算法

基于波形的音频生成算法直接处理音频信号的原始波形，逐点或逐块地合成音频。这些算法的核心在于捕捉并复制音频信号的细微结构和时序依赖性，从而生成高质量、连贯的音频波形。常见的基于波形的音频生成算法如表 4-7 所示。

表 4-7　常见的基于波形的音频生成算法

算　法	WaveNet	WaveRNN
原理	使用扩张卷积捕获长距离时间依赖性，逐点预测音频波形	使用 RNN 结构逐点生成音频波形，维护内部状态
感受野	通过扩张卷积逐渐扩大，捕获长时间范围内的依赖关系	受限于 RNN 的记忆能力
计算效率	相对较低，需要更多的计算资源和时间	相对较高，通过优化策略降低计算成本和提高生成速度
优化策略	权重共享、条件输入等	权重稀疏化、量化、条件批处理归一化等
概率建模	预测下一个波形点的概率分布，生成多样化和自然的音频	可以结合概率建模进行生成，但通常更注重生成速度
条件输入	可以接受额外的条件输入，如说话者身份、文本信息等	可以接受条件输入，但更侧重于生成速度的优化
门控机制	使用类似于 LSTM 和 GRU 的门控激活单元，通过卷积实现	RNN 本身具有门控机制
应用范围	文本到语音合成、语音转换、音乐生成等	语音合成、音乐生成等，更适用于实时生成场景
生成质量	高质量的音频生成能力	高质量的音频生成能力，但在某些情况下可能略逊于 WaveNet

3. 基于频谱的音频生成算法

音频生成是一个复杂的过程，它可以通过多种方法来实现。其中，基于频谱的方法因其直观性和可控性而受到广泛关注。这类方法首先将音频从时域转换到频域，即得到其频谱表示，然后在频谱上进行各种操作以生成或修改音频。常见的频谱生成算法如表 4-8 所示。

短时傅里叶变换(STFT)和梅尔频率倒谱系数都是音频处理中重要的工具，但它们在用途、频率表示、生成能力和应用范围等方面存在差异。短时傅里叶变换适用于直接的音频生成和分析任务，因为它提供了音频信号在时频域上的直观表示，允许直接修改频谱来创建新音频。梅尔频率倒谱系数主要用于音频特征提取，在语音识别和音频分类等任务中表现出色。它通过将音频频谱映射到梅尔刻度上，并提取倒谱系数，为音频提供了一个紧凑且有意义的表示，但本身不直接用于音频生成。

表 4-8　常见的频谱生成算法

算　法	短时傅里叶变换(STFT)	梅尔频率倒谱系数(MFCC)
定义	将音频信号分割为短段,每段进行傅里叶变换	将音频频谱映射到梅尔刻度上,并提取倒谱系数
用途	音频分析与处理,时频域表示	音频特征提取,主要用于语音识别和音频分类
频率表示	线性频率刻度	非线性梅尔频率刻度,更接近人耳感知
生成能力	可以直接修改频谱以生成新音频	本身不直接用于生成,但可指导生成过程
直观性与可控性	提供了时频域的直观表示,便于分析与编辑	提供紧凑的特征表示,便于匹配和比较音频特性
计算复杂性	变换和逆变换过程需要一定的计算资源	特征提取过程相对简单,计算量较小
应用范围	广泛的音频处理任务,如滤波、均衡、音效等	语音识别、说话人识别、音频分类等

在频谱域进行音频编辑和合成的主要优势在于其直观性和可控性。通过直接修改频谱,我们可以精确地控制音频中的各个频率成分,从而实现各种效果,如滤波、均衡、音调调整等。此外,频谱表示还允许我们更容易地分析和比较不同音频之间的相似性与差异,这对于音频风格迁移和混合等任务特别有用。

基于频谱的音频生成方法也面临一些挑战。第一,将音频从时域转换到频域是一个有损过程,可能会丢失一些细节信息。第二,直接在频谱上进行修改可能会导致生成的音频在时域上出现不连续或失真。因此,在使用这些方法时,需要仔细考虑如何平衡修改的程度和保持音频质量的问题。

总之,基于频谱的音频生成算法为我们提供了一种强大且灵活的工具来创建和修改音频。通过深入了解这些算法的原理和技术细节,我们可以更好地利用它们的优势来实现各种音频生成和处理任务。

4. 条件音频生成算法

条件音频生成是指根据给定的条件或约束来生成相应的音频内容。这些条件可以是文本描述、标签、其他音频片段或任何能够指导生成过程的信息。条件音频生成算法通过引入额外的条件信息,使得生成过程更加精确和可控,从而在各种应用中展现出巨大的潜力。常见的条件音频生成算法如表 4-9 所示。

表 4-9　常见的条件音频生成算法

模型	原理	应用场景	优势	挑战
条件 GAN	引入条件信息的生成对抗网络;生成器根据随机噪声和条件输入生成音频,判别器区分生成音频和真实音频并判断是否符合条件	音乐创作、语音合成、音效生成等	生成过程精确可控,能够生成高质量的音频	训练过程复杂,需要平衡生成器和判别器的性能;生成结果可能缺乏多样性
条件 VAE	引入条件信息的变分自编码器;将条件信息与输入数据编码到隐空间,然后使用条件信息解码生成音频	音乐创作、语音合成、音频风格转换等	灵活可控的生成过程,能够捕捉音频的潜在结构	模型的复杂性和训练难度较高;生成结果可能受到隐变量表示能力的限制
基于 Transformer 的模型	使用自注意力机制捕捉音频序列中的长期依赖关系,并引入条件信息指导生成过程	音乐创作、语音合成、音频生成等	能够捕捉长期依赖关系,生成连贯的音频序列,适用于处理长序列和复杂结构	模型参数量大,计算资源需求高;需要处理序列长度和计算效率之间的平衡

条件音频生成算法在音乐创作、语音合成等领域具有巨大的应用潜力。它们可以根据用户的需求和约束来生成定制化的音频内容,为创作者与用户提供更多的选择和灵活性。

条件音频生成算法也面临一些挑战。首先,生成高质量的音频需要大量的计算资源和时间。其次,对于复杂的音频内容,如音乐或语音,保持生成结果的连贯性和一致性是一个重要的问题。最后,引入条件信息也增加了模型的复杂性和训练难度。

为了克服这些挑战,研究者正在不断改进算法和模型结构,提高生成质量和效率。同时,他们也在探索更多的应用场景和可能性,以推动条件音频生成技术的发展和应用。

4.2.4　人工智能在音频创作中的应用

随着人工智能技术的快速发展,其在音频创作领域的应用已经日益广泛。通过深度学习、神经网络等算法,人工智能不仅能够模仿已有的音乐风格,还能创造出全新的音乐作品,为音频创作带来了革命性的变革。以下将分四个方面详细论述人工智能在音频创作中的典型和代表性实例。

1. 音乐生成与创作

人工智能在音乐生成方面的应用已经相当成熟。例如,使用循环神经网络(RNN)和长短期记忆网络(LSTM)等深度学习模型，可以训练出能够自动生成旋律、和弦甚至完整曲目的系统。这些系统可以根据用户提供的风格、节奏或情感标签等信息，创作出符合要求的音乐作品。此外，生成对抗网络也被应用于音乐生成中，通过生成器和判别器的对抗训练，可以生成更加真实、多样化的音乐片段。

Google 的 Magenta 项目开发了一种名为 Music Transformer 的模型，能够生成具有长时间连贯性的音乐。这种模型在训练时学习了大量音乐作品的结构和风格，可以生成具有复杂结构和丰富情感的音乐作品。

2. 音乐风格转换与迁移

人工智能在音乐风格转换与迁移方面也取得了显著成果。通过使用风格迁移技术，人工智能可以将一首歌曲的风格转换为另一种完全不同的风格，同时保持原曲的基本旋律和节奏不变。这种技术为音乐创作提供了更多的可能性和灵活性。

"DeepArt"结构利用神经网络将不同风格的音乐特征进行提取和融合，实现了音乐风格的转换。例如，它可以将一首古典音乐曲目转换为爵士乐风格，或者将一首流行歌曲转换为民谣风格等。这种转换不仅保留了原曲的基本元素，还赋予了新的风格和情感。

3. 自动编曲与伴奏生成

人工智能在自动编曲和伴奏生成方面的应用也为音乐创作带来了便利。通过训练大量的音乐数据，人工智能可以学习到不同风格、不同乐器的编曲规律和技巧，从而自动生成符合要求的伴奏或完整编曲。

Amper Music 平台提供了一种基于人工智能的自动编曲服务。用户只需输入简单的旋律或和弦，即可生成具有专业水准的完整编曲。这种服务不仅为业余音乐爱好者提供了创作支持，也为专业音乐人提供了更多的灵感和选择。

4. 音乐推荐与个性化定制

人工智能在音乐推荐与个性化定制方面的应用也日益广泛。通过分析用户的听歌历史、偏好以及音乐作品的特征等信息，人工智能可以为用户推荐符合其口味的音乐作品或艺术家。同时，用户还可以根据自己的喜好和需求定制个性化的音乐播放列表或专属的音乐作品。

一个代表性的实例是网易云的推荐系统(如图 4-5 所示)，它利用深度学习和协同过滤等技术为用户推荐相似的歌曲、艺术家或播放列表。这种推荐不仅基于用户的听歌历史和行为数据，还考虑了音乐作品的音频特征、元数据以及用户的社交网络信息等，从而实现了更加精准和个性化的推荐。

图 4-5　网易云的推荐系统

人工智能在音频创作领域的应用已经展现出巨大的潜力和价值。通过深度学习、神经网络等算法，人工智能不仅能够模仿和再现已有的音乐风格，还能创作出全新的音乐作品，为音频创作带来了前所未有的可能性。从音乐生成与创作、音乐风格转换与迁移、自动编曲与伴奏生成到音乐推荐与个性化定制，人工智能在各个方面都取得了显著的成果。这些实例不仅展示了人工智能技术的强大能力，也为音频创作领域的发展注入了新的活力。未来，随着技术的不断进步和创新，我们可以期待人工智能在音频创作中的应用将更加广泛和深入，为音乐产业与多媒体制作等领域带来更多的创新和变革。

4.2.5　音频数据的质量评估与优化

音频数据的质量评估与优化是确保音频内容清晰、准确并符合用户期望的关键步骤。随着人工智能技术的发展，深度学习模型在这一领域的应用日益广泛，为音频质量的控制和改进提供了强大的支持。

在音频质量评估方面，深度学习模型展现出了显著的优势。这些模型通过训练可以自动学习音频数据的复杂特征和模式，从而能够精确地检测音频中的各种问题，如噪声、失真、杂音等。其中，卷积神经网络和循环神经网络等深度学习架构在音频质量评估任务中表现尤为突出。它们可以对音频信号进行逐层抽象和特征提取，进而生成高度精确的质量评估结果。

除了质量评估，深度学习模型在音频优化方面也发挥着重要作用。通过对音频信号进行深度分析，这些模型可以识别出音频中的质量瓶颈，并提供相应的优化建议。例如，去噪算法可以利用深度学习模型来识别并去除音频中的背景噪声，提高音频的清晰度；音频增强技术则可以借助深度学习模型来改善音频的音质和听感，使音频内容更加生动和引人入胜。

总的来说，深度学习模型在音频数据的质量评估与优化中发挥着至关重要的作用。它们不仅能够提供精确的质量评估结果，还能为音频的优化提供有力的支持。随着技术的不断发展，我们有理由相信，深度学习将在音频处理领域发挥更大的潜力，为用户带来更加优质和个性化的音频体验。

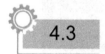

4.3　AIGC 算法框架在图像设计中的应用

图像生成模型是一类利用深度学习技术来创建新的图像或重建现有图像的算法，它们在多模态创新设计中扮演着重要的角色。这些模型不仅能够理解图像的复杂结构，如颜色、纹理和形状，还能够生成高度逼真的图像，为艺术、设计和科学领域带来了巨大的潜力。

4.3.1　图像生成模型概述

图像生成模型是一类利用深度学习技术构建的模型，旨在从输入数据中生成具有高度逼真性质的图像。这些模型的应用范围广泛，包括但不限于计算机图形学、医学影像处理、艺术创作等领域。它们的核心任务是理解输入数据的复杂结构，如颜色、纹理和形状，并通过学习数据分布的方式来生成新的图像，这些新图像可以与原始数据相媲美。

深度学习技术在图像生成模型中的应用已经取得了巨大的成功。传统的图像生成方法通常基于手工设计的特征提取器和生成器，但深度学习模型通过学习数据的表示，使得图像生成更加灵活和高效。这种方法的成功在于卷积神经网络等深度学习架构的引入，它们能够有效地捕捉图像的空间信息和层次结构。

近年来，图像生成模型的发展经历了许多重大突破。其中最值得注意的是生成对抗网络的出现。生成对抗网络由生成器和判别器两部分组成，它们在训练过程中相互对抗，生成器试图生成逼真的图像，而判别器则试图区分真实图像和生成图像。这种竞争性的训练方式使得生成器不断提高生成图像的质量，从而取得了惊人的成就。

除了生成对抗网络，变分自动编码器等模型也在图像生成中发挥了重要作用。VAE(变分自编码器)通过学习输入数据的潜在表示来实现图像的生成，这种方法有助于控制生成图像的属性，如颜色、风格等。此外，条件生成模型和自注意力机制等技术也为图像生成领域带来了新的思路和突破。

在现代图像生成模型中，深度学习架构的选择取决于具体的任务和数据类型。例如，在自然图像生成中，卷积神经网络和生成对抗网络通常表现出色。而在医学影像领域，一些特定的架构，如 U-Net 和 Pix2Pix，被广泛应用于图像的分割和重建任务。此外，图像生成模型还在艺术创作和风格转移等领域发挥了重要作用，如 Neural Style Transfer 和 CycleGAN 等算法。

除了经典的图像生成模型，近年来还出现了一些具有革命性意义的模型和技术。其中之一是大规模预训练模型，如 OpenAI 的 GPT 系列和 DeepMind 的 CLIP 模型(基于对比文本-图像对的预训练模型)。这些模型在图像生成中可以用于文本到图像的生成任务，实现了跨模态的信息融合。此外，生成模型的可解释性和控制性也成为研究的热点，研究人员正在不断探索如何使生成的图像更易理解和操控。

总结而言，图像生成模型是深度学习领域的一个重要分支，具有广泛的应用前景。通过深入理解图像的复杂结构，这些模型能够生成高度逼真的图像，它们已经在多个领域取得了显著的成就。未来，随着深度学习技术的不断发展和改进，我们可以期待图像生成模型在更多领域的应用和进一步的创新。

4.3.2　图像识别与重建技术

图像识别技术使得机器能够理解和解释图像内容，而图像重建技术则能够从损坏或不完整的图像中重建出完整的视觉信息。这些技术对于修复老照片、创建高分辨率艺术作品等领域至关重要。图像识别与重建技术在图像生成模型领域具有重要意义。

1. 图像识别技术

图像识别技术是图像生成模型中的一个重要组成部分。它使得计算机能够自动理解和解释图像的内容，识别其中的物体、场景、特征等信息。在图像生成中，图像识别技术可用于生成有关图像内容的语义信息，从而有助于生成更加逼真和语义一致的图像。

传统的图像识别方法通常基于手工设计的特征提取器，如 SIFT、HOG 等，以及经典的机器学习算法，如支持向量机(Support Vector Machine，SVM)和 K 近邻(K-Nearest Neighbors，K-NN)。然而，这些方法在处理复杂的图像内容时存在一定的局限性，因为它们难以捕捉高级语义和抽象特征。

　　传统的图像识别方法通常基于手工设计的特征提取器和分类器，但随着深度学习的兴起，卷积神经网络等模型已经取代了传统方法，成为图像识别的主流技术。卷积神经网络通过多层卷积和池化层(池化层的概念 3.3.1 小节有述)有效捕捉图像中的特征，同时通过全连接层实现分类或对象检测任务。近年来，基于深度学习的图像识别模型已经在大规模图像分类竞赛中取得了卓越成绩。

　　此外，迁移学习也在图像识别中发挥了重要作用。通过使用在大规模数据集上训练的预训练模型，如 ImageNet 上的模型，可以将这些模型迁移到特定领域的图像识别任务中，从而显著提高模型的性能。这种迁移学习策略在应用于图像生成模型时，可以提供更好的初始生成器，使其更容易生成语义丰富的图像。

　　图像识别技术的应用范围广泛，包括自动驾驶、医学影像分析、智能安防、自然语言处理等领域。例如，自动驾驶系统需要实时识别道路上的交通标志和行人，以做出安全决策；医学影像分析可以借助图像识别技术来自动检测疾病迹象，帮助医生提高诊断准确性；智能安防系统可以通过识别图像中的异常行为来提供安全监控；等等(如图 4-6 所示)。总之，图像识别技术在提升生活质量和工作效率方面发挥着关键作用。

图 4-6　图像识别的应用领域

2. 图像重建技术

图像重建技术在图像生成模型中同样具有重要地位。它们的主要任务是从损坏或不完整的图像中恢复出完整的视觉信息。这对于多个应用场景至关重要，包括老照片修复、图像超分辨率、医学图像重建等。

在图像生成模型中，图像重建技术的应用通常与生成对抗网络等模型密切相关。生成对抗网络中的生成器部分不仅可以生成逼真的图像，还可以用于图像的修复和重建任务。生成器被训练成从损坏的图像或者低分辨率的图像中生成高质量的重建图像。这对于修复老照片或增加图像的细节和清晰度非常有用。

近年来，生成模型的可解释性和控制性也在图像重建技术中得到了关注。研究人员正在探索如何通过调整生成模型的输入或中间表示，来实现对生成图像的精细操控。这种技术可以用于自定义图像生成，如改变图像的风格、颜色或内容。

除了生成对抗网络，一些特定的图像重建技术也在图像生成模型中发挥着关键作用。例如，超分辨率技术(Super-Resolution)可以将低分辨率图像升级到高分辨率，这对于创建高质量的艺术作品和电影特效非常重要。此外，图像去噪技术可以帮助消除图像中的噪声，提高图像的质量。

图像超分辨率重建技术是图像重建领域中的一项关键任务，广泛应用于各种实际场景。其主要目标是将低分辨率图像转换为高分辨率图像，从而显著提升图像的质量和细节表现。近年来，深度学习方法在这一领域取得了显著进展，尤其是超分辨率卷积神经网络(Super-Resolution Convolutional Neural Network，SRCNN)、高效子像素卷积神经网络(Efficient Sub-Pixel Convolutional Neural Network，ESPCN)和视频深度超分辨率卷积神经网络(Video Deep Super-Resolution Convolutional Network，VDSR)等模型。这些深度学习模型通过学习图像的上采样过程，能够生成更加清晰和细致的图像，大幅提升了图像超分辨率的效果。

SRCNN 是深度学习用在超分辨率重建上的开山之作。SRCNN 的网络结构非常简单，仅仅用了三个卷积层，网络结构如图 4-7 所示。SRCNN 首先使用双三次(Bicubic)插值将低分辨率图像放大成目标尺寸，接着通过三层卷积网络拟合非线性映射，最后输出高分辨率图像结果。将三层卷积的结构解释成三个步骤：图像块的提取和特征表示，特征非线性映射和最终的重建。三个卷积层使用的卷积核的大小分别为 9×9、1×1 和 5×5，前两个的输出特征个数分别为 64 和 32。用 Timofte 数据集(包含 91 幅图像)和 ImageNet 大数据集进行训练。用均方误差(Mean Squared Error，MSE)作为损失函数，有利于获得较高的 PSNR(峰值信噪比)。

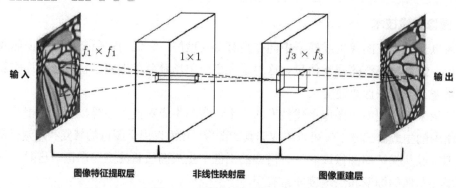

图 4-7　SRCNN 的网络结构图

　　在 VDSR 论文中作者提到，输入的低分辨率图像和输出的高分辨率图像在很大程度上是相似的，也就是指低分辨率图像携带的低频信息与高分辨率图像的低频信息相近，训练时带上这部分会多花费大量的时间，实际上我们只需要学习高分辨率图像和低分辨率图像之间的高频部分残差即可。残差网络结构的思想特别适合用来解决超分辨率问题，可以说影响了之后的深度学习超分辨率方法。VDSR 是最直接、明显的学习残差的结构，其网络结构如图 4-8 所示。

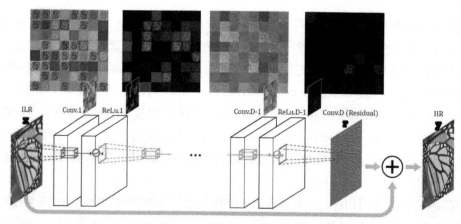

图 4-8　VDSR 的网络结构图

　　VDSR 将插值后得到的变成目标尺寸的低分辨率图像作为网络的输入，再将这个图像与网络学到的残差相加得到最终的网络的输出。VDSR 主要有 4 点贡献：

　　(1) 加深了网络结构(20 层)，使得越深的网络层拥有更大的感受野。该文章选取 3×3 的卷积核，深度为 D 的网络拥有 $(2D+1) \times (2D+1)$ 的感受野。

　　(2) 采用残差学习，残差图像比较稀疏，大部分值都为 0 或者比较小，因此收敛速度快。VDSR 还应用了自适应梯度裁剪(Adjustable Gradient Clipping)，将梯度限制在某一范围，也能够加快收敛过程。

(3) VDSR 在每次卷积前都对图像进行补 0 操作，这样保证了所有的特征图和最终的输出图像在尺寸上都保持一致，解决了图像通过逐步卷积会越来越小的问题。该论文中说实验证明补 0 操作对边界像素的预测结果也能够得到提升。

(4) VDSR 将不同倍数的图像混合在一起训练，这样训练出来的一个模型就可以解决不同倍数的超分辨率问题。

总结而言，图像识别与重建技术在图像生成模型中扮演着重要的角色。图像识别技术帮助模型理解图像内容，为图像生成提供更多的语义信息，而图像重建技术则能够从损坏或不完整的图像中还原出高质量的视觉信息。这些技术不仅在学术研究中有着广泛应用，也在实际应用中取得了卓越成就，为修复老照片、创建高分辨率艺术作品等领域提供了有力的工具和方法。未来，随着深度学习技术的不断发展，我们可以期待图像识别与重建技术在图像生成领域的进一步创新和应用。

4.3.3　高级图像生成算法

1. 风格迁移

风格迁移算法是一种特殊类型的迁移学习，它专注于将一幅图像(风格图像)的视觉风格转移到另一幅图像(内容图像)上，同时保持后者内容和结构的一致性。这种迁移不仅涉及低层次的图像特征，如颜色、纹理，还可能涉及更高层次的语义信息。风格迁移算法的核心特征如表 4-10 所示。

表 4-10　风格迁移算法的核心特征

算法	特征提取方式	风格迁移方式	计算复杂度	迁移速度	风格多样性	内容保留度
Gatys 等	基于 CNN	迭代优化	高	慢	高	高
Johnson 等	基于预训练 CNN	快速风格迁移	中	快	中	中
Huang 等	基于编码器-解码器	任意风格迁移	中	快	高	高
Fast Style	基于轻量级网络	前向传播生成	低	极快	中	中
CycleGAN	基于 GAN	无监督风格迁移	中	快	高	高

风格迁移可以看作是迁移学习的一个特定应用实例，它专门关注于视觉风格的迁移。在更广泛的迁移学习框架下，我们可以将风格迁移视为一种基于特征的迁移学习方

法。这里的关键在于找到并利用风格图像和内容图像之间的共享特征空间，以实现风格的有效迁移。

随着深度学习研究的不断深入，风格迁移算法也在不断发展和改进。未来，我们可以期待这些算法在生成质量、处理效率以及风格多样性等方面取得进一步的突破。同时，随着迁移学习理论的不断完善和新技术的出现(如自监督学习、元学习等)，风格迁移算法可能会与其他学习方法结合得更加紧密，为图像生成和创意表达提供更多的可能性。

2. 深度伪造

深度伪造技术是近年来引起广泛关注的一个热门话题。它利用深度学习模型生成逼真的虚假图像或视频，其中包括以假乱真的人脸合成。深度伪造技术的发展引发了伦理和法律问题，但同时也具有重要的研究和应用价值。

深度伪造技术，通常被称为"Deepfake"，是一种利用深度学习算法来合成或修改视频和图像的技术。通过这种技术，可以在视频中替换人物的脸部或模拟人物的语音，创作出看似真实的虚假内容。深度伪造技术的发展起初是为了娱乐和创造性表达，但随着技术的发展和普及，它也引起了公众对隐私、安全和信息真实性的关注。

深度伪造技术通常基于生成对抗网络。在这种网络中，有两个相互对抗的部分：生成器和判别器。生成器的目标是创建逼真的假图像或视频，而判别器的目标是区分真实和生成的图像或视频。通过这种对抗过程，生成器学会制作越来越逼真的图像或视频。此外，还有其他技术，如自编码器，也被用于深度伪造的制作。

深度伪造技术在电影制作、游戏设计和虚拟现实等领域中有着广泛的应用潜力。然而，它也带来了诸多挑战，尤其是在信息真实性和个人隐私方面。深度伪造技术的滥用可能导致虚假信息的传播，威胁到社会信任和个人声誉。因此，如何平衡这项技术的积极应用与潜在风险，是当前面临的一大挑战。

为了对抗深度伪造的风险，研究者和技术专家正在开发用于检测和防御的技术。例如，利用机器学习算法来识别深度伪造内容的微妙差异。此外，也有研究在探索如何通过法律和政策手段来规范深度伪造技术的使用，以及如何提高公众对这一问题的意识。

尽管深度伪造技术引发了一些伦理和隐私问题，但它在电影特效、视频游戏开发和虚拟现实等领域具有潜在的应用价值。此外，深度伪造技术的发展也促进了对数字内容真实性的研究和保护。

3. 神经风格化

神经风格化是一种将艺术风格应用于图像的技术，它使图像看起来像是由某位艺术家绘制的。这一技术最初由 Gatys 等人于 2016 年提出，基于卷积神经网络的特征表示和风格损失函数来实现。神经风格化的主要思想是将一幅图像的内容与另一幅图像的风格进行融合，从而创造出具有艺术感的图像。

神经风格化技术是一种利用神经网络来创造独特视觉效果的方法。与传统的图像处理技术相比，神经风格化技术能够在更深层次上捕捉和应用图像的风格特征。它不仅限于模仿现有的艺术风格，还能够创造出全新的、前所未有的视觉效果，为艺术创作提供了更广阔的空间。

神经风格化通常基于深度神经网络，特别是卷积神经网络。这些网络通过学习大量图像数据，能够提取出丰富的图像特征，包括颜色、纹理、形状等。在神经风格化过程中，算法会对这些特征进行复杂的转换和重组，生成具有新颖风格特征的图像。这一过程通常涉及大量的计算，但可以产生非常独特和吸引人的视觉效果。

神经风格化技术的发展与深度学习技术的进步紧密相连。随着深度学习模型，特别是卷积神经网络的不断完善和优化，神经风格化技术得以快速发展。最初，这类技术主要用于研究目的，探索神经网络对艺术风格的理解和模仿能力。随着时间的推移，它开始被应用于实际的艺术创作和图像处理项目中，显示出广泛的应用前景。

神经风格化技术在艺术创作、图像编辑、广告设计等领域中有着广泛的应用。它为艺术家和设计师提供了一种全新的表达方式，使他们能够创作出独特的视觉作品。然而，这项技术也面临着一些挑战，如怎样确保生成图像的质量，以及怎样处理复杂场景和不同风格的平衡问题。

近年来，神经风格化技术在算法优化和应用扩展方面取得了显著进步。例如，一些新的算法被开发出来，能够更快速和高效地进行风格转换，甚至能实时处理视频内容。此外，结合其他 AI 技术如生成对抗网络，神经风格化技术能够创造出更加复杂和逼真的视觉效果。

4. 未来发展趋势

未来，高级图像生成算法在图像设计和创新领域的发展趋势将聚焦于模型的效率与速度提升、自监督学习的深入应用、多模态融合的创新发展以及伦理与隐私问题的持续关注。随着技术的不断进步，图像生成模型将变得更为高效和快速，为实时图像编辑、虚拟现实等实际应用场景提供有力支持。同时，自监督学习将推动图像生成模型从大规模无标签数据中汲取知识，进一步提升生成效果。多模态生成模型的融合应用将激发多媒体内容的丰富创新，为图像设计注入新的活力。然而，在这一进程中，伦理与隐私问题将持续受到重视，研究者和社会需共同努力，确保技术在保护个人隐私的前提下得到合理应用，推动图像生成技术的可持续发展。

4.3.4　AI 在视觉艺术中的应用实例

在视觉艺术领域，AI 已经被用于创作绘画、设计海报和制作动画。这些应用展示了 AI 技术在理解和模仿人类艺术家方面的能力，以及创造全新艺术作品的潜力。

1. AI 在绘画创作中的应用

AI 绘画工具能够根据用户提供的简单草图或描述，自动生成详细的绘画作品。这些工具使用深度学习技术，特别是生成对抗网络，来模仿不同艺术风格，如印象派、现代艺术或抽象艺术。通过用大量艺术作品训练神经网络，AI 能够学习到如何组合颜色、线条和形状来创作具有视觉吸引力的作品。

一个显著的案例是名为 "Midjourney" 的人工智能绘画聊天机器人创作的《太空歌剧院》(如图 4-9 所示)。这幅画作在艺术比赛中荣获一等奖，引起了广泛的关注和讨论。它充分展示了 AI 在艺术创作方面的潜力和能力。

图 4-9　《太空歌剧院》

《太空歌剧院》的创作过程充分体现了 AI 如何根据简单的输入生成复杂而富有创意的作品。用户可能为 Midjourney 提供了一些关于太空歌剧院的描述或草图，然后这个 AI 工具运用其深度学习知识和艺术风格模仿能力，自动生成了这幅细致入微、色彩丰富的画作。

生成对抗网络(GAN)在这一过程中发挥了关键作用。通过对抗性训练，生成器和判别器相互竞争，使生成器逐渐学会如何生成更加逼真、符合艺术风格的图像。在《太空歌剧院》的创作中，GAN 可能帮助 Midjourney 学习了如何组合颜色、线条和形状，以呈现出太空歌剧院的独特魅力和氛围。

《太空歌剧院》的成功也展示了 AI 与人类艺术家之间的合作关系。虽然这幅画作是由 AI 生成的，但它的创作灵感和初步构思可能来自人类艺术家。这种人与机器的合作方式为艺术创作带来了新的可能性，使艺术家们能够借助 AI 的力量实现更加复杂和富有创意的作品。

总之，AI 在绘画创作中的应用正逐渐改变着我们对艺术创作的认知和理解。通过深度学习和生成对抗网络等技术，AI 已经能够模仿不同艺术风格并创作出令人惊叹的作品。随着技术的不断发展，我们有理由相信 AI 将在未来的艺术领域发挥更加重要的作用。

2. AI 在海报设计中的应用

在海报设计方面，AI 技术正在彻底改变传统的设计流程。美图设计室最近推出的"AI 海报"功能，通过 AI 和计算机视觉技术，极大地降低了设计门槛，提高了制作效率。这使得即使非专业设计师也能迅速生成高质量的海报设计，满足各种营销和个人需求，如图 4-10 所示。

图 4-10　美图设计室利用"AI 海报"功能生成的海报

美图设计室的"AI 海报"功能利用深度学习和机器学习技术，自动分析并应用成功的海报设计案例中的关键元素如布局、配色方案和字体选择，用户只需提供简单的关键词或需求描述，系统便能在几秒钟内产出多达一百张创意海报。

此外，与传统的海报设计相比，通过"AI 海报"功能，用户不需要深厚的设计技能或烦琐的操作过程。传统海报制作可能需要数小时来完成一张设计，包括选择模板、调整图像和文本等步骤，而美图的 AI 工具则允许用户快速完成这些任务，大幅节省时间和劳动力。

美图公司的这一创新不仅适用于电商从业者和微信营销用户，也适合需要快速产出高效广告和宣传材料的企业和个人。它提供了一个高效、低成本的解决方案，极大地提高了设计的可及性和适应性。

美图设计室的"AI 海报"功能是美图在智能设计领域的重要探索，也是人工智能生成内容(AIGC)技术在设计领域的重要应用里程碑。这一功能不仅为设计师提供了新的工具以提高效率，也为广告和市场营销领域的从业者展示了新的可能性，使他们能够以前所未有的速度和规模产出创意内容。

随着技术的持续进步和应用场景的拓展，美图设计室将继续推进 AI 在多元场景中的应用，进一步推动设计行业的数字化转型，帮助用户和客户实现更高效、更高质量的视觉创作。

3. AI 在制作动画中的应用实例

AI 技术在动画制作中的应用，显著提升了动画制作的效率和质量。通过深度学习算法和生成模型，AI 能够自动生成动画角色的动作、表情和背景，减少了手工绘制图画的时间和成本。一个突出应用实例是央视播出的国内首部文生视频 AI 动画片《千秋诗颂》(见图 4-11)。

图 4-11　《千秋诗颂》画面

《千秋诗颂》是一部以中国古代诗词为主题的动画片，展示了 AI 技术在文化和艺术领域的创新应用。在该项目中，制作团队利用 AI 技术生成动画内容，从而大幅提升了制作效率和艺术表现力。

首先，AI 技术在《千秋诗颂》的制作过程中，负责自动生成动画角色的动作和表情。通过深度学习模型，AI 能够分析和理解古代诗词的意境，并根据诗词内容生成相应的角色动作和表情，使得动画表现更加生动和富有情感。

其次，AI 还被用于背景生成和色彩校正。在《千秋诗颂》中，每一集的背景都需要与诗词的主题相匹配。AI 通过学习大量传统绘画和摄影作品，能够自动生成符合诗词意境的背景图像，并进行色彩校正，确保每一帧画面都具有高度的艺术性和视觉冲击力。

最后，AI 技术在《千秋诗颂》中还被用于自动配音和音效生成。通过自然语言处理和声音合成技术，AI 能够根据诗词内容生成合适的配音和音效，使得动画的音画结合更加和谐，增强了观众的沉浸感。

《千秋诗颂》的成功展示了 AI 在动画制作中的巨大潜力和广泛应用。通过利用 AI 技术，制作团队不仅节省了大量的人力和时间成本，还提升了动画作品的艺术质量和观赏性。这一案例充分说明了 AI 在推动文化和艺术创新方面的巨大潜力。

总之，AI 在动画制作中的应用正逐渐改变传统的动画制作流程。通过自动化和智能化的技术，AI 不仅提升了制作效率和质量，还为动画创作带来了更多的创意可能性。随着技术的不断进步，AI 将在动画制作领域发挥更加重要的作用，推动这一艺术形式的进一步发展。

4.3.5　图像质量的评估与提升

在图像处理与设计领域，对图像质量的准确评估及有效提升是确保视觉作品达到专业水准、优化观众视觉体验的重要环节。在处理过程中，图像可能会因多种因素而受损，进而影响其整体质量。为全面评估图像质量，学界采取了主观评估与客观量化评估相结合的方法。主观评估凭借观察者的直观感受对图像质量做出评判，但这种方法受个体差异、观察环境等多种因素影响，具有一定的局限性。因此，研究者进一步开发出基于算法的客观量化评估指标，如峰值信噪比和结构相似性指数等，它们通过分析图像的结构特征、像素分布等信息，为图像质量提供了更为准确和客观的评估结果。

随着深度学习技术的兴起，图像质量的提升策略也取得了重要突破。超分辨率重建技术能够利用深度学习模型从低分辨率图像中恢复出高分辨率的细节，为图像放大和修复提供了新的可能。去噪与锐化算法则通过学习图像的结构和纹理特征，有效地去除噪声、增强边缘信息，从而提升图像的清晰度和辨识度。色彩校正与增强技术能够自动调整图像的色彩平衡和对比度，使其色彩更为自然、饱满。而图像修复算法则能够基于生成对抗网络或自编码器等深度学习技术，对图像中缺失或损坏的部分进行智能修复，进而恢复图像的完整性和观感。

总的来说，深度学习在图像质量的评估与提升中扮演着日益重要的角色。通过将主观评估与客观量化评估相结合，以及利用深度学习算法进行精准提升，我们能够更有效地提升设计作品的专业水准和观众的视觉体验。这些技术的发展对于广告设计、摄影后期处理、数字艺术等领域的学术研究和实际应用都具有深远的影响。

4.4　跨模态融合在多模态设计中的应用

跨模态融合在多模态设计中是一个核心概念，它涉及将来自不同模态的信息，如文本、图像、音频等，有效地整合在一起，以创造出更丰富、更全面的用户体验。特别是在音频与图像的结合上，跨模态融合展现出了巨大的潜力和应用价值。

在多模态设计中，跨模态融合的实现通常依赖于先进的机器学习算法和大量的训练数据。通过这些算法，我们可以从音频和图像中提取出关键特征，并在一个共享的语义空间中将这些特征进行对齐和匹配。这样，我们就可以实现音频和图像之间的跨模态检索、生成和编辑等操作，从而极大地丰富了设计的表现力和灵活性。

4.4.1　跨模态融合的理论基础

跨模态融合的理论基础主要建立在人类对多感官信息处理的认知科学研究之上。它不仅仅是简单地将不同模态的信息，如视觉和听觉信息，进行物理上的叠加，而是在认知层面上实现这些信息的深层次整合与交互。这种整合旨在使不同模态的信息能够相互增强、补充，甚至在某些情况下产生全新的信息解读。

具体到视觉和听觉的融合，其理论基础包括以下几个方面：

(1) 感知整合理论：人类大脑在处理来自不同感官的信息时，具有将这些信息整合到一个统一的、多模态的表征空间中的能力。这种整合不是随意的，而是基于各种感官信息之间的内在联系和互补性。例如，在观看一部电影时，观众会同时将画面和声音整合在一起，形成一个完整的视听体验。

(2) 多模态注意机制：在处理多模态信息时，人类的注意机制会根据任务需求和信息的重要性，动态地分配注意资源给不同的模态。这种选择性的注意机制有助于人类在处理复杂的跨模态信息时，更加高效和准确。

(3) 共享表征学习：在机器学习领域，研究者致力于开发能够学习到多模态信息之间共享表征的算法。这种共享表征可以捕捉到不同模态信息之间的共同特征和内在联系，从而实现跨模态检索、识别等任务。

(4) 神经网络模型：深度学习等神经网络模型在模拟人类多模态信息处理过程中发挥着重要作用。这些模型可以通过学习大量的多模态数据，自动地提取出不同模态信息之间的特征映射关系，进而实现跨模态信息的融合和理解。

总之，跨模态融合的理论基础是一个涉及多个学科领域的综合性框架。通过深入研究这些理论基础，我们可以更好地理解人类在处理多模态信息时的认知机制，从而为开发更加智能、高效的跨模态融合技术提供理论支持。

4.4.2　融合算法与技术方法

跨模态融合作为多媒体处理的前沿领域，旨在将来自不同感官通道的信息，如视觉和听觉信息，有效地整合在一起，以产生更加丰富和深层次的多媒体体验。为实现这一目标，研究者开发了一系列融合算法与技术方法，这些方法不仅体现了当前多媒体处理领域的最新进展，也为我们提供了全新的视角来理解和利用多模态数据。

1. 神经网络的应用

在神经网络的应用方面，多模态神经网络通过联合嵌入空间或共享层将不同模态的信息融合在一起，从而实现了音频和图像之间的有效交互。自编码器则通过无监督学习的方式，寻找音频和图像之间的共享表示，为跨模态映射和转换提供了可能。生成对抗网络进一步推动了音频和图像之间的相互生成，使得我们可以根据一种模态的信息生成另一种模态的对应内容。

2. 数据映射技术

数据映射技术是实现跨模态融合的重要手段之一。典型相关分析(CCA)作为一种经典的数据映射方法，通过寻找音频和图像特征之间的线性关系，实现了它们之间的有效映射。跨模态检索技术则允许我们以一种模态的信息为查询条件，在另一种模态的数据中检索相关信息，这为我们提供了更加灵活和多样的信息检索方式。

3. 模式识别

在模式识别方面，特征提取是整合和理解多模态信息的关键步骤。通过提取音频和图像的本质特征，我们可以更加深入地理解它们所蕴含的信息，并为后续的融合和分析提供有力支持。分类和聚类算法则进一步帮助我们揭示不同模态之间的内在联系和共享结构，从而为我们提供了更加全面和深入的多模态数据分析视角。

总之，跨模态融合算法与技术方法的发展为多媒体处理领域带来了新的机遇和挑战。通过神经网络的应用、数据映射技术和模式识别等手段的有效整合，我们可以更加深入地理解和利用多模态数据，创造出更加丰富、复杂和具有深层次交互的多媒体内容。这不仅将推动多媒体处理领域的持续发展，也将为我们提供更加丰富、多样和沉浸式的多媒体体验。

4.4.3　音频与图像在跨模态设计中的融合

音频与图像在跨模态设计中的融合，是一种深层次的艺术与科技的结合，它超越了单一模态的表达限制，通过两种不同感官通道的交互作用，为观众带来了更加丰富和立体的感官体验。这种融合不仅提升了作品的艺术表现力，还通过激发观众的联想和想象，深化了其对作品内涵的理解和情感共鸣。

在电影制作中，配乐与影像的紧密结合，共同构建了一个多维度的叙事空间。配乐师通过音乐的旋律、节奏和音色等要素，精准地把握影片的情感基调和节奏变化，为观众营造出一个与影像相呼应的情感氛围。这种音频与图像的融合，使得电影作品在叙事上更加生动有力，情感表达更加深刻细腻。

音频与图像的融合在广告、动画、游戏等多个领域也展现出广泛的应用前景。在这些作品中，音频和图像相互补充、相互映衬，共同营造出一种独特的艺术氛围和审美体验。例如，在广告中，动感十足的音乐与炫目的视觉特效相结合，能够迅速吸引观众的注意力并提升品牌形象；在动画中，配乐和音效为角色与场景注入了生命力及趣味性；在游戏中，背景音乐和音效不仅增强了游戏的沉浸感，还通过引导玩家的情绪和行为，提升了游戏的互动性和趣味性。

在跨模态设计中，实现音频与图像的融合需要遵循一定的艺术原则和科技方法。首先，设计师需要深入理解音频和图像各自的表达特点与优势，找到它们之间的内在联系和互补性。其次，设计师需要运用科技手段对音频和图像进行精确的处理与匹配，确保它们在节奏、动态和情感表达上的协调一致。最后，设计师还需要不断地尝试和创新，探索出更多具有独特艺术风格和表现力的融合方式。

总之，音频与图像在跨模态设计中的融合是一种具有重要意义的艺术与科技结合形式。它通过巧妙地结合两种不同感官通道的信息表达方式，为观众带来了更加丰富多彩和深刻细腻的感官体验。随着科技的不断进步和创新应用的不断涌现，相信这种融合形式将在未来展现出更加广阔的应用前景和无限的可能性。

4.4.4　跨模态生成的创新案例

跨模态生成的创新案例包括交互式艺术安装、虚拟现实体验和多媒体表演艺术。这些案例展示了如何将音频和图像融合在一起，创造出全新的用户体验。

1. 交互式艺术装置

交互式艺术装置作为跨模态生成的一个重要应用领域，以其独特的互动性和参与性，为观众带来了全新的艺术体验。这些装置通过结合音频、图像和观众的互动，创造出了一种全新的艺术形式，打破了传统艺术作品的静态呈现方式，使观众能够更深入地参与和体验艺术作品。

以"音乐森林"(如图 4-12 所示)为例，这个交互式艺术装置巧妙地融合了自然景观、人文元素和科技手段，为观众创造了一个独特而和谐的音乐环境。在这个装置中，树木被赋予了生命和声音，它们不再是静静地站立在那里，而是能够与观众进行互动和交流。

图 4-12　交互式艺术装置"音乐森林"

当观众走近并触摸这些装有感应器的树木时，它们会发出不同的音调和旋律。这些音调和旋律与树木的种类、形态以及观众的触摸方式相关联，观众可以通过触摸不同的树木，探索出不同的音调和旋律，感受到音乐与自然的奇妙融合。

这种实时的反馈机制不仅增强了观众的参与感，还使得艺术作品本身具有了生命力和变化性。每一位观众都可以通过自己的互动方式，创造出独一无二的音乐体验。这种参与性和变化性使得"音乐森林"成为一个充满活力与创意的艺术作品。

此外，"音乐森林"还起到了美化环境和提升文化氛围的作用。它将自然景观与科技手段相结合，为观众提供了一种新颖的休闲和娱乐方式。观众可以在欣赏美景的同时，享受到与自然的亲密接触和音乐的美妙旋律，感受到艺术与科技的完美结合。

"音乐森林"作为交互式艺术装置的一个具体案例，充分展示了跨模态生成在艺术创作中的巨大潜力和创新价值。它通过将音频、图像和观众的互动融合在一起，创造出了一个独特而富有生命力的艺术形式。随着技术的不断进步和创新应用的不断涌现，相信未来会有更多令人惊艳的交互式艺术装置出现在我们的生活中，为观众带来更加丰富和深刻的艺术体验。

2. 虚拟现实体验

虚拟现实技术作为跨模态生成的重要应用领域，已经通过其独特的沉浸式体验改变了我们与数字世界的互动方式。通过佩戴 VR 头盔和耳机，用户可以完全沉浸在一个由高精度音频和立体图像共同构建的虚拟环境中，与这个虚拟世界进行深度互动。

在教育领域，虚拟现实技术为学习提供了全新的维度。例如，历史教育中的虚拟现实应用允许学生"穿越"到不同的历史时期，亲身参与历史事件的模拟。一个著名的案例是"虚拟罗马"(如图 4-13 所示)，在这个虚拟环境中，学生可以漫步在古罗马的街道上，参观古罗马的建筑，甚至与虚拟的罗马人进行对话，从而更直观地了解古罗马的文化和历史。这样的体验不仅增强了学习的趣味性，也提高了学生对历史知识的理解和记忆。

图 4-13　虚拟现实应用"虚拟罗马"

在娱乐领域，虚拟现实游戏和电影为用户带来了前所未有的沉浸式体验。例如，虚拟现实游戏《节奏光剑》(Beat Saber)(如图 4-14 所示)将音乐与虚拟现实相结合，玩家需要挥动手中的虚拟光剑来切割飞来的方块，而这些方块与音乐的节奏紧密相关。这种互动方式不仅让玩家在游戏中获得了极大的乐趣，还通过音乐与动作的同步提高了玩家的反应能力和协调性。

此外，虚拟现实技术还在医疗培训、手术模拟等方面发挥着重要作用。通过模拟真实的手术环境和操作过程，医生可以在虚拟世界中进行手术训练，提高手术技能和应对紧急情况的能力。这种模拟训练不仅降低了培训成本，还提高了培训的安全性和有效性。

总之，虚拟现实技术作为跨模态生成的重要应用领域，在教育、娱乐和医疗等领域都展现出了巨大的潜力和价值。通过结合具体的案例和应用场景，我们可以看到虚拟现实技术如何改变我们的学习方式、娱乐体验和医疗手段，为我们的生活带来更多的可能性和便利。随着技术的不断进步和创新应用的不断涌现，相信虚拟现实技术将在未来发挥更加重要的作用。

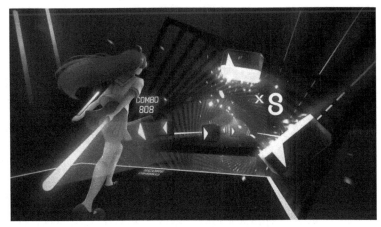

图 4-14　虚拟现实游戏《节奏光剑》(Beat Saber)

 4.5　**未来展望——音图融合技术的发展方向**

在未来，音图融合技术将继续发展，并在艺术创作和社会文化中发挥更大的作用。

4.5.1　技术创新的未来趋势

在探讨音图融合技术的未来发展方向时，我们不可避免地要关注到几个关键的技术创新趋势。

首先，**随着显示和音频技术的不断进步，高分辨率音频与视频技术正成为音图融合领域的重要发展方向**。这种技术的核心在于提供更加细腻、逼真的听觉和视觉体验，使用户仿佛身临其境。为了实现这一目标，研究者们正致力于开发更高分辨率的显示设备和音频编解码技术，以捕捉和呈现更多的细节信息。

其次，**实时交互技术也是音图融合技术未来发展的重要方向之一**。当前的音图融合体验在某些情况下仍然受到延迟和响应速度的限制，这影响了用户的沉浸感和交互体验。为了解决这个问题，研究者们正在通过优化网络传输协议、提高计算处理能力等方法，降低延迟并提高系统的响应速度。这将使得未来的音图融合技术能够实现更加自然、流畅的实时交互，进一步提升用户体验。

最后，**AI 驱动的内容生成技术正在对音图融合领域产生深远的影响**。借助深度学习和生成对抗网络等人工智能技术，我们可以实现音图融合内容的自动化生成和个性化定制。这意味着未来的音图融合作品将不再仅仅依赖于艺术家的手工创作，而是可以通过算法自动生成，并根据用户的喜好和需求进行个性化调整。这种技术将极大地丰富音图融合作品的内容和形式，同时也为艺术家提供了更多的创作灵感和可能性。

总之，高分辨率音频与视频技术、实时交互技术以及 AI 驱动的内容生成技术共同构成了音图融合技术未来发展的三大趋势。这些技术的不断创新和突破将推动音图融合技术向更高层次、更广领域发展，为我们带来更加丰富、多维和交互性的音图融合体验。

4.5.2　多模态设计在艺术创作中的角色

在艺术创作领域，多模态设计，特别是音图融合技术正逐渐占据举足轻重的地位。这种技术的核心在于将不同模态的信息(如音频、图像、文本等)有机地融合在一起，从而创造出更加丰富、多维和交互性的艺术作品。对于艺术家而言，音图融合技术不仅提供了一种全新的创作手段，更为他们打开了一扇通往无限创意世界的大门。

通过巧妙地结合音乐、影像和观众的实时互动，艺术家能够打造出前所未有的沉浸式艺术体验。在这种体验中，观众不再是被动的接受者，而是成为艺术作品的一部分，与作品进行深度的互动和交流。这种互动性和参与性不仅极大地提升了艺术作品的吸引力和感染力，还使得艺术作品能够更加深入地触达观众的心灵，引发他们深刻的情感共鸣和思考。

从学术的角度来看，音图融合技术在艺术创作中的应用也具有重要的研究价值。它不仅涉及计算机科学、人工智能、艺术设计等多个学科的交叉融合，还为我们提供了一种全新的视角来理解和定义艺术。在这种视角下，艺术不再仅仅是静态的、单一的视觉或听觉表达，而是动态的、多维的、跨模态的综合性体验。这种转变不仅拓展了艺术的边界和可能性，也为我们提供了一种全新的方式来感知和理解世界。

4.5.3　新兴技术对音图融合的影响

在当今这个科技日新月异的时代，5G/6G 通信、边缘计算、云计算和量子计算等新兴技术正在蓬勃发展，并对各个领域产生深远的影响。对于音图融合技术而言，这些新兴技术的出现无疑为其带来了新的发展机遇和挑战。

5G/6G 通信技术的快速发展将为音图融合提供更加稳定、高速的数据传输支持。这意味着在未来的音图融合应用中,无论是音频还是视频数据的传输都将变得更加迅速和可靠,大大减少了因网络延迟或数据传输不稳定而导致的问题。这对于提升用户体验和推动音图融合技术的进一步发展具有重要意义。

边缘计算和云计算技术的兴起为音图融合处理提供了更强大的计算能力与存储资源。通过将计算任务分布到网络的边缘节点或云端进行处理，可以大大提高音图融合应用的响应速度和处理能力，使其能够应对更复杂、更耗时的任务。同时，云计算提供的弹性扩展和按需付费的模式也使得音图融合应用的开发与运维更加灵活、更加经济。

量子计算技术作为一种全新的计算模式，其超强的并行计算能力和对复杂问题的优化求解能力有望在未来对音图融合技术的发展产生革命性的影响。尽管目前量子计算技术仍处于起步阶段，但随着技术的不断进步和成熟，未来有望解决一些传统计算方法难以解决或需要花费巨大时间和计算资源的音图融合问题。

总之，5G/6G 通信、边缘计算、云计算和量子计算等新兴技术将对音图融合技术的发展产生深远影响。这些技术不仅为音图融合提供了更稳定、更快速的数据传输和更强大的计算能力支持，还为其带来了更广阔的发展空间和应用前景。未来随着这些技术的不断成熟和普及，相信音图融合技术将能够迈上一个新的台阶，为我们带来更多令人惊叹的创新和应用。

4.5.4　跨模态创新设计的社会与文化考量

在技术创新日新月异的今天，音图融合技术以其独特的魅力正逐渐渗透到社会的各个角落，对我们的娱乐方式、社交习惯和艺术审美产生了深远的影响。然而，正如任何技术的广泛应用一样，音图融合技术也不仅仅是一种技术革新，更是一种社会文化的现象。因此，在积极推动这项技术的同时，我们有必要深入探讨其对社会文化的适应性和可持续性。

音图融合技术极大地丰富了我们的娱乐生活。传统的娱乐方式，如音乐、电影、戏剧等，往往只涉及单一的感官体验，而音图融合技术则通过将音频、图像等多种模态信息有机地结合在一起，为我们提供了更加丰富、多维的娱乐体验。这种全新的娱乐方式不仅满足了人们日益增长的感官需求，还在一定程度上改变了我们的娱乐习惯和消费模式。

音图融合技术也对我们的社交习惯产生了影响。在社交媒体和通信工具日益普及的今天，人们越来越依赖于虚拟空间进行社交活动，而音图融合技术则为这种虚拟社交提供了更加生动、真实的交流环境。通过音图融合技术，人们可以在虚拟空间中实现面对面的交流，分享彼此的情感和体验。这种全新的社交方式不仅打破了地理空间的限制，还在一定程度上改变了我们对社交的认知和期待。

音图融合技术对艺术审美的影响也不容忽视。传统的艺术创作往往只涉及单一的感官表达，如绘画、雕塑等，而音图融合技术则为艺术创作提供了更加广阔的表达空间。通过巧妙地结合音频、图像等多种模态信息，艺术家可以创作出更加丰富、多维的艺术作品。这种全新的艺术表达方式不仅挑战了我们对艺术的传统认知，还为我们提供了更加多元的审美体验。

　　然而，正如任何技术的广泛应用一样，音图融合技术也面临着社会文化适应性和可持续性的挑战。一方面，我们需要关注这项技术对不同社会群体和社会文化背景的影响，确保其能够被广泛接受和认可；另一方面，我们也需要关注这项技术的长期发展和社会影响，确保其能够为社会文化的进步和发展做出积极的贡献。因此，在推动音图融合技术创新的同时，我们也需要加强对其社会文化影响的研究和探讨，以期实现技术与文化的和谐共生。

4.5.5　结论——创意设计的未来机遇与挑战

　　在深入探讨音图融合技术与创意设计的交汇点后，我们不难发现，这项技术为艺术家和设计师们开启了一扇通向无限创意世界的大门。它所提供的广阔与自由的创作空间，无疑为创意设计领域带来了前所未有的机遇。通过音图融合，艺术家们能够以前所未有的方式表达自己的创意和情感，将观众带入一个多维、感官丰富的艺术体验之中。

　　与此同时，音图融合技术也带来了一系列的挑战，其中最为核心的挑战在于如何有效地将技术与艺术相结合，创作出既具有创新性又能被大众所接受的作品。这要求艺术家和设计师们不仅需要拥有深厚的艺术造诣和创意灵感，还需要对音图融合技术有深入的了解和掌握。此外，他们还需要不断地探索和实践，以找到技术与艺术的最佳结合点，从而创作出真正能够触动人心的作品。

　　音图融合技术的广泛应用也对艺术家和设计师们的职业素养提出了更高的要求。他们需要不断地学习和更新自己的知识与技能，以适应不断变化的技术环境和市场需求。同时，他们还需要具备敏锐的市场洞察力和创新能力，以抓住机遇并应对挑战。

　　展望未来，我们有理由相信，随着音图融合技术的不断发展和完善，以及艺术家和设计师们的不懈努力与探索，我们将看到越来越多的令人惊叹的创意作品涌现出来。这些作品不仅将丰富我们的感官体验和精神世界，还将推动创意设计领域的发展和创新。同时，我们也期待看到更多的艺术家和设计师们能够勇敢地迎接挑战，把握机遇，为创意设计领域注入新的活力和动力。

第5章
视频内容生成与跨模态整合设计——
创意设计的动态之美

在数字创意产业迅猛发展的今天，视频内容生成与跨模态整合设计已成为推动这一变革的核心力量。作为一种动态且多感官的媒介，视频不仅能够传达丰富的信息，还能触动观众的情感，创造出无与伦比的沉浸式体验。随着技术的不断进步，我们有能力将视频内容生成与跨模态整合推向新的高度，实现创意设计与动态美感的完美融合。

本章将深入探讨视频内容生成的技术原理、发展趋势及其在创意设计中的应用。我们将关注跨模态数据整合策略，分析视频与文本、音频的融合技术，并探讨人工智能在这一过程中的重要作用。此外，我们还将研究创意设计在视频生成中的实践，包括创意思维的运用、技术支持下的艺术创作以及交互式视频内容的设计。同时，我们将关注视频内容与未来出版的融合，探索增强现实、虚拟现实等新技术在视频内容创新中的应用。我们将讨论这一变革所带来的伦理和社会影响，以确保技术发展的可持续性和社会责任感。

通过本章的学习，读者将能够全面理解视频内容生成与跨模态整合设计的原理和应用，掌握创意设计在视频生成中的关键技巧，并了解未来视频内容的发展方向和挑战。

5.1　视频内容生成技术概述

随着科技的飞速发展，视频内容生成技术已成为数字创意产业中不可或缺的一环。这种技术不仅能够模拟和再现真实世界中的场景和事件，还能创造出超乎想象的虚拟世界和故事。从电影、电视剧到广告、游戏，视频内容生成技术以其独特的魅力，为我们带来了无数视觉盛宴和沉浸式体验，图 5-1 所示为首部 AI 全流程微短剧"中国神话"第二集《逐日》。

图 5-1　AI 全流程微短剧"中国神话"第二集《逐日》

视频内容生成技术涵盖了多个领域，包括计算机图形学、动画、虚拟现实等。这些领域的技术相互融合，共同推动了视频内容生成技术的发展。通过运用这些技术，我们能够创建出逼真的三维场景、生动的角色动画以及复杂的特效，为观众带来前所未有的视觉震撼。

然而，视频内容生成技术并非一蹴而就。它需要经历创意策划、设计、制作和后期处理等多个阶段。每个阶段都需要专业的技术和工具支持，以确保最终生成的视频内容能够达到预期的效果。同时，随着技术的不断进步，视频内容生成技术也在不断发展和创新。新的算法和模型的不断涌现，为视频内容生成提供了更多的可能性和创新空间。

在数字创意产业中，视频内容生成技术正发挥着越来越重要的作用。它不仅丰富了我们的娱乐生活，还为我们提供了更加多样化和个性化的内容选择。未来，随着技术的不断发展和应用场景的不断拓展，视频内容生成技术将为我们带来更多惊喜和创意。

5.1.1　视频内容的生成流程

视频内容的生成流程是一个综合性强且高度精细化的过程，它不仅要求创意，还需要技术的支持，以及团队的紧密协作。从创意的萌芽到最终作品的呈现，每一步都充满了挑战与机遇。

1. 创意策划

创意策划是视频内容生成的核心。在这一阶段，创作者需要明确视频的主题、风格、受众以及所要传达的信息。这通常需要创作者进行大量的市场调研、进行受众分析以及头脑风暴法的创意，以确保创意的独特性和吸引力。同时，创意策划还需要考虑视频的结构、节奏和视觉风格等因素，为后续的拍摄和制作提供明确的方向。

2. 预制作准备

预制作准备是视频内容生成的关键环节。在这一阶段，团队需要制订详细的拍摄计划，包括拍摄地点、时间、人员分工等。同时，团队还需要准备相应的拍摄设备、道具和服装等。此外，预制作准备还需要考虑预算和资源的分配，以确保拍摄的顺利进行。

3. 拍摄与录制

拍摄与录制是视频内容生成的重要阶段。在这一阶段，摄影师需要根据创意策划和预制作准备的要求，进行实际的拍摄工作。同时，演员和其他工作人员也需要紧密配合，确保拍摄效果符合预期。拍摄过程中可能会遇到各种挑战，如天气变化、设备故障等，因此需要团队具备高度的应变能力和协作精神。

4. 后期制作

后期制作是视频内容生成的关键环节。在这一阶段，剪辑师需要对拍摄得到的素材进行精细的剪辑和处理，以实现创意策划中的视觉效果和听觉效果。同时，剪辑师还需要添加特效、调整音频等，以增强视频的观赏性和吸引力。后期制作需要运用专业的软件和技术，对每一个细节进行精细打磨，以确保最终作品的完美呈现。

5. 发布与推广

发布与推广是视频内容生成的最后一步。在这一阶段，团队需要选择合适的发布平台和渠道，将视频内容呈现给目标受众。同时，团队还需要制定相应的推广策略，如社交媒体营销、广告投放等，以确保视频内容能够得到广泛的传播和认可。发布与推广的成功与否，往往决定了视频内容的影响力和商业价值。

总之，视频内容的生成流程是一个充满挑战与机遇的过程。它需要创作者发挥创意思维，同时也需要团队的支持和技术的支持。只有在每一个环节都做到精益求精，才能最终呈现出令人惊艳的视频作品。

5.1.2　关键技术与算法

视频内容生成是一个综合性极强的领域，它依赖于多种技术与算法的深度融合，这些技术与算法共同奠定了现代视频制作的技术基石。它们不仅极大地拓宽了视频制作的手段和方法，还推动了视频内容生成技术的持续进步与创新。这些关键技术与算法共同为创作者提供了丰富多样的工具集，使他们能够以更加新颖、独特的方式进行创作和表达。

1. 计算机图形学

计算机图形学在视频内容生成中扮演着至关重要的角色。它利用数学原理、算法以及计算机技术，实现了二维和三维图形的创建、操作与渲染。在计算机图形学的支持下，创作者可以轻松地构建出从简单的二维图形到复杂的三维场景的各种内容。

(1) **二维图形与三维场景的创建是计算机图形学在视频内容生成中的直接应用**。通过图形学算法，创作者可以自由地绘制各种形状、线条和颜色，从而构建出丰富多样的二维图像内容。同时，他们还可以利用三维建模技术，创建出逼真的三维场景和角色。这些三维模型可以在虚拟空间中进行自由的操作和变换，为视频制作提供了更多的灵活性和可能性。

(2) **光照模型与光影效果模拟则是计算机图形学中的另一项重要技术**。通过模拟不同光源、材质和光照角度下的光影效果，创作者可以为虚拟场景与角色添加更加逼真和生动的视觉效果。这使得观众能够沉浸在更加真实和引人入胜的视觉体验中。

(3) **纹理映射与细节增强技术也是提升视频内容质量的重要手段**。通过将纹理图像映射到三维模型的表面，创作者可以为模型添加更多的细节和真实感。这使得模型看起来更加逼真和富有质感，从而提升了整个视频内容的观感质量。

(4) **几何建模与场景构建技术则为创作者提供了构建复杂场景和角色的能力**。利用基本的几何元素和建模工具，创作者可以创建出各种形状和结构的物体，进而构建出完整且富有创意的场景。这为视频制作提供了更加广阔的创作空间和想象力。

(5) **渲染技术与图像合成是视频内容生成中的最终环节**。通过渲染技术，创作者可以将三维场景和角色转换为二维图像，并添加各种特效和后期处理，从而生成最终的视频内容。图像合成技术则允许创作者将多个图像元素融合在一起，创建出更加丰富和独特的视觉效果。这些技术的结合使得创作者能够制作出高质量、高逼真度的视频内容，满足观众日益增长的视觉需求。

2. 动画技术

动画技术在视频内容生成中占据举足轻重的地位，它为视频制作提供了多样化的动态表达方式，使得画面呈现更加活泼且引人入胜。随着技术的演进，动画技术不断融入新的元素和方法，为观众带来了前所未有的视觉盛宴。

(1) **二维动画与三维动画的交融成为现代动画技术的一大特色**。二维动画，以其独特的线条和色彩运用，展现出丰富的艺术风格和深邃的表现力。相对而言，三维动画则凭借三维模型和先进的渲染技术，构建出立体且逼真的场景与角色。在视频制作中，这两种动画形式经常相互融合，取长补短，从而创作出既具有艺术美感又具备高度真实感的视觉作品。

(2) **关键帧动画作为动画技术的重要组成部分，体现了创作者深厚的艺术功底和精湛**

的技艺。通过精心设置关键帧上的动作和姿态，创作者能够借助计算机生成流畅且富有表现力的动画片段。这不仅要求创作者具备丰富的想象力和创意，还需要对动画原理和节奏感有深刻的理解。因此，关键帧动画往往成为展现创作者艺术魅力和个性风格的重要手段。

(3) **运动捕捉技术的出现为动画制作带来了革命性的变革**。它能够将真实世界中物体的运动数据精确捕捉并应用到虚拟角色或物体上，实现动态效果的逼真再现。这种技术不仅提高了动画的真实感和可信度，还极大地提升了制作效率，为创作者提供了更加便捷和高效的创作工具。

(4) **物理模拟技术在增强动画自然性和真实性方面发挥着重要作用**。通过模拟物体的物理行为和运动规律，如碰撞、刚体动力学等，物理模拟技术使得动画中的动态效果更加自然、流畅且符合现实世界的物理法则。这种技术的应用不仅提升了动画的观感质量，还为观众带来了更加沉浸式的观看体验。

总之，动画技术通过二维与三维动画的融合、关键帧动画的艺术展现、运动捕捉技术的真实再现以及物理模拟技术的自然性提升等多种手段，为视频内容生成注入了新的活力和创意。随着科技的不断进步和创新，我们有理由相信动画技术将在未来继续拓展其边界，为视频制作领域带来更多的可能性与惊喜。

3. 视频编码与压缩技术

在现代社会中，视频内容已成为信息传播、娱乐休闲和沟通交流的核心媒介。然而，视频文件因其庞大的数据量，给传输和存储带来了极大的挑战。为了克服这一难题，视频编码与压缩技术应运而生，它们通过一系列算法和处理手段，显著降低了视频数据的大小，从而实现了视频内容的高效传输和存储。

视频编码与压缩技术的核心在于去除视频数据中的冗余信息。视频由连续的帧组成，而这些帧之间往往存在大量的相似性和重复性。通过识别并利用这些冗余信息，视频编码技术能够大幅减少需要传输和存储的数据量。其中，预测编码是一种重要的视频压缩方法，它利用先前的帧来预测当前帧的内容，并仅对预测误差进行编码，从而实现了数据的高效压缩。

变换编码与量化也是视频编码中常用的技术手段。变换编码将视频数据从像素域转换到其他域(如频率域)，使得冗余信息更容易被识别和去除。量化则是一个减少数据精度的过程，通过降低数据的表示精度来进一步减少数据量。这两个步骤的结合使用，能够在保证视频质量的前提下，实现视频数据的高效压缩。

为了确保视频内容在各种设备和平台上的兼容性，标准化组织制定了一系列视频编码标准，如 H.264 和 HEVC 等。这些标准采用了上述的预测编码、变换编码和量化等技术，并进行了优化和改进，以提供更高的压缩效率和更好的视频质量。这些标准的推广和应用，极大地促进了视频内容的传播和共享。

视频编码与压缩技术的应用场景非常广泛，包括流媒体服务、视频会议、视频监控等众多领域。随着技术的不断进步，如人工智能和机器学习等新技术的引入，视频编码与压缩技术有望实现更高的压缩效率和更好的视频质量。同时，随着5G和更高速网络的普及，实时、高分辨率的视频传输将成为可能，为人们带来更加丰富和高效的视频体验。

总之，视频编码与压缩技术是解决视频数据传输和存储难题的关键技术。它们通过去除冗余信息、采用预测编码、变换编码和量化等手段，实现了视频数据的高效压缩和传输。随着技术的不断发展和创新，未来的视频编码与压缩技术将为我们带来更加精彩和高效的视频世界。

4. 实时渲染技术

实时渲染技术，作为现代计算机图形学的核心，为视频内容的即时生成和呈现提供了强大的技术支持。这一技术的实现，不仅依赖于高效的图形处理和渲染算法，还需要强大的硬件支持以及针对实时性的优化策略。

(1) 光线追踪技术，作为模拟真实世界中光线与物体交互的重要手段，为实时渲染带来了逼真的光影效果。然而，由于其计算复杂性，光线追踪在实时应用中的实现需要精细的优化和硬件加速。尽管如此，随着算法和硬件的不断进步，光线追踪在实时渲染中的应用正变得日益可行。

(2) 抗锯齿技术则是实时渲染中不可或缺的一环，它致力于消除由于像素限制而产生的锯齿状边缘，从而提升图像的整体质量。通过采用诸如超采样抗锯齿、多重采样抗锯齿等高级算法，抗锯齿技术能够平滑物体的边缘，使图像呈现出更加细腻和自然的效果。

(3) 阴影渲染技术为实时渲染场景增添了深度和立体感，通过精确计算光源、物体和观察者之间的相对位置关系，阴影渲染能够在场景中生成逼真的阴影效果。这不仅增强了场景的真实感，还为用户提供了更加沉浸式的视觉体验。

实时渲染技术的实现离不开高性能图形处理器(GPU)和优化算法的支持。GPU以其强大的并行计算能力，能够高效地处理大规模的图形数据，为实时渲染提供了坚实的硬件基础。同时，针对实时渲染的优化算法，如纹理压缩、层次细节渲染、视锥体裁剪等，也在不断提升渲染速度和效率，确保实时渲染的顺利进行。

总之，实时渲染技术通过整合光线追踪、抗锯齿、阴影渲染以及高性能的硬件和优化算法，为视频内容的生成和展示带来了革命性的变革。随着技术的不断进步和创新，实时渲染技术将继续发挥其在计算机图形学领域的重要作用，为用户带来更加丰富、多样且高度互动的视觉体验。

5.1.3　生成模型的发展趋势

随着技术的不断进步，生成模型在深度学习和人工智能领域中展现出了一系列明显的发展趋势。这些趋势不仅反映了模型性能的提升，还展示了模型在各个领域中的广泛应用。

(1) 更高的数据质量。生成模型在数据质量方面取得了显著进展。通过使用先进的网络结构和训练策略，模型能够生成更加逼真、难以分辨真伪的数据。例如，StyleGAN 等生成对抗网络在人脸图像生成方面取得了令人瞩目的成果，生成的图像不仅在视觉上非常逼真，而且能够捕捉到细微的特征和风格。这种高质量的数据生成能力使得生成模型在图像合成、风格迁移等领域具有广泛的应用前景。

(2) 更强的可解释性。随着研究的深入，生成模型的可解释性得到了增强。通过改进模型结构和引入注意力机制等技术，人们可以更好地理解模型是如何生成数据的。在自然语言处理领域，基于注意力的模型如 Transformer 通过分析模型在生成文本时对不同单词的关注程度，提供了更深入的洞察。这种可解释性的提升有助于增强模型的可靠性，并促进模型在需要高度解释性的领域中的应用，如医疗和金融。

(3) 更广泛的应用领域。生成模型的应用领域正在不断扩大。除了传统的图像、音频和视频生成，现在还包括自然语言处理、推荐系统、强化学习等多个领域。例如，在音乐生成领域，使用循环神经网络和长短期记忆模型可以生成具有特定风格和情感的音乐片段，为音乐创作和表演提供新的可能性。此外，生成模型还在自然语言生成、对话系统和图像编辑等领域中发挥着重要作用。

(4) 更高效的训练方法。为了提高生成模型的训练效率，人们正在研究更高效的训练方法。分布式训练框架如 PyTorch Lightning 或 TensorFlow Distributed 使得多个 GPU 甚至多个机器能够并行处理数据，从而显著加快训练速度。此外，优化算法和训练技巧的不断改进也为模型的高效训练提供了有力支持。这种训练方法的进步为生成模型在大型数据集上的应用提供了更广阔的空间。

(5) 更强的条件生成能力。生成模型在条件生成方面取得了重要突破。通过使用条件生成模型，人们可以根据给定的条件生成符合要求的数据。例如，在图像编辑中，Pix2Pix 等条件生成模型可以根据用户提供的输入图像(如草图或边缘检测图)生成对应的彩色图像。这种条件生成能力为图像合成、风格迁移和个性化内容生成等领域提供了强大的工具。

（6）更好的模型稳定性与鲁棒性。随着生成模型的应用场景越来越复杂，模型的稳定性与鲁棒性变得越来越重要。通过改进模型架构、优化算法和引入正则化等技术，人们正在努力提高模型的稳定性与鲁棒性。这些改进使得生成模型能够更好地应对各种复杂场景，减少生成过程中的错误和不稳定现象。

综上所述，生成模型在更高的数据质量、更强的可解释性、更广泛的应用领域、更高效的训练方法、更强的条件生成能力以及更好的模型稳定性与鲁棒性等方面展现出明显的发展趋势。这些趋势为生成模型在深度学习和人工智能领域中的进一步应用与发展奠定了坚实的基础。

5.1.4　挑战与机遇

在我国，生成模型的发展正面临着一系列深刻的挑战与机遇。

首要的挑战在于数据质量与标注问题。尽管我国数据市场规模庞大，但高质量、精确标注的数据集却相对匮乏。这种数据状况对生成模型的训练效果与性能构成了显著制约，因为优质的数据是模型学习与优化的基础。同时，随着生成模型在图像生成、音频合成、自然语言处理等多个领域的广泛应用，数据偏见与不均衡分布的问题也日益凸显。这种数据偏见可能导致模型在某些特定场景下表现欠佳，甚至出现不公平的输出结果，这对于模型的实用性和公正性都是严峻的挑战。

生成模型的复杂性以及其对计算资源的高需求也是不容忽视的挑战。尽管我国在人工智能领域已经投入了大量资源，但高端计算资源仍然相对有限。这使得训练大型生成模型变得异常困难，因为这类模型往往需要大量的计算资源和时间来完成训练过程。同时，生成模型的可解释性与鲁棒性也备受关注。在我国，对模型稳定性和安全性的要求极高，因此如何在保证模型性能的同时提高其鲁棒性和可解释性成为当前研究的热点与难点。

然而，正所谓挑战与机遇并存，生成模型在我国的发展也孕育着巨大的机遇。随着技术的持续进步，生成模型在多个领域的应用前景越来越广阔。例如，在文化创意产业中，生成模型已经被广泛应用于生成个性化的艺术作品和虚拟角色，为创作者提供了无尽的灵感来源。在医疗领域，生成模型则能够帮助生成虚拟病例和模拟手术场景，为医生提供宝贵的实践机会。这些应用不仅展示了生成模型的巨大潜力，也为我国相关产业的发展注入了新的活力。

生成模型还为数据增强和预处理提供了新的思路与方法。在数据稀缺或标注困难的情况下，生成模型能够生成合成数据来扩充训练集，从而提高模型的鲁棒性和泛化能力。这种方法为我国在人工智能领域的持续发展提供了有力的数据支持，有助于缓解数据短缺和标注困难带来的问题。

总之，生成模型在我国的发展既面临着严峻的挑战也充满着巨大的机遇。为了克服现有挑战并充分发挥生成模型的潜力，我们需要加强基础研究、提高数据质量、优化算法和模型结构等多方面的努力。只有这样，我们才能推动我国在人工智能领域的持续发展和创新，为未来的科技进步和社会发展贡献更多的智慧与力量。

5.2　跨模态数据整合策略

跨模态数据整合，作为人工智能领域中的一个核心研究方向，具有广泛的应用前景和重要的研究价值。随着多媒体和大数据技术的飞速发展，人们经常需要处理和分析来自不同模态的数据，如文本、图像、音频和视频等。这些数据模态各具特点，包含了丰富的信息，但如何有效地将这些信息融合起来，实现跨模态的数据整合，一直是人工智能领域的一个挑战。

1. 关键步骤和技术

跨模态数据整合涉及多个关键步骤和技术。

(1) 数据预处理是必不可少的步骤，它包括对原始数据进行清洗、格式转换和特征提取等，以消除噪声、提高数据质量和为后续的数据融合做好准备。

(2) 模态转换和映射是关键环节。由于不同模态的数据在表示和结构上存在差异，因此需要通过模态转换技术将这些数据转换到统一的表示空间中。这通常涉及特征映射、模态对齐和模态融合等技术。特征映射是将不同模态的数据特征映射到相同的特征空间中，以便进行跨模态的数据比较和分析。模态对齐则是通过寻找不同模态数据之间的对应关系，实现语义层面上的对齐。模态融合则是将不同模态的数据特征进行融合，以生成更丰富、更全面的信息表示。

(3) 跨模态数据整合还需要解决语义对齐和一致性问题。由于不同模态的数据在语义上可能存在差异和冲突，因此需要通过语义对齐技术来消除这些差异和冲突。这通常涉及语义分析、语义映射和语义融合等技术。语义分析是对不同模态数据的语义进行深入挖掘和理解，提取出关键信息和语义关系。语义映射则是将不同模态数据的语义映射到统一的语义空间中，以实现语义层面上的对齐和一致。语义融合则是将不同模态数据的语义信息进行融合，以生成更全面、更准确的语义表示。

（4）在跨模态数据整合中，人工智能技术的应用发挥了重要作用。深度学习、自然语言处理、计算机视觉等技术为跨模态数据整合提供了强大的工具和方法。深度学习技术可以通过建立深度神经网络模型来自动学习不同模态数据之间的关联和映射关系。自然语言处理技术可以处理和分析文本数据，提取出关键信息和语义。计算机视觉技术则可以从图像和视频中提取出特征与对象信息。这些技术的应用极大地促进了跨模态数据整合的发展和应用。

2. 挑战和问题

然而，跨模态数据整合仍面临着一系列的挑战和问题。

首先，不同模态数据之间的语义鸿沟是一个重要的问题。由于不同模态的数据在表示和结构上存在差异，因此如何实现它们之间的语义对齐和一致是一个关键的问题。

其次，数据质量和标注问题也是跨模态数据整合中需要解决的重要问题。数据质量直接影响到整合结果的准确性和可靠性，而标注问题则涉及如何为跨模态数据提供准确的语义标签。

为了解决这些挑战和问题，需要采取相应的解决方案。

首先，我们可以通过引入更先进的特征提取和模态转换技术来缩小不同模态数据之间的语义鸿沟。例如，我们可以利用深度学习技术来自动学习不同模态数据之间的关联和映射关系，以提高跨模态数据整合的准确性和可靠性。

其次，我们可以通过提高数据质量和标注准确性来确保跨模态数据整合的准确性与可靠性。例如，我们可以采用无监督学习等方法来利用未标注数据进行预训练，以提高模型的泛化能力。

最后，我们可以加强跨学科合作，结合不同领域的知识和技术来解决跨模态数据整合中的难题。例如，我们可以结合自然语言处理、计算机视觉和机器学习等领域的知识与技术来开发更先进的跨模态数据整合方法及模型。

5.2.1 跨模态数据的理解与处理

跨模态数据理解是人工智能领域中的一个核心任务，它要求机器能够理解并整合来自不同数据模态的信息。为了实现这一目标，需要进行一系列的处理和分析步骤，以确保不同模态的数据能够相互关联和映射。

1. 特征提取

特征提取是跨模态数据理解的基础。对于图像数据，特征提取可能包括提取边缘、纹理、形状和颜色等视觉特征；对于音频数据，则可能包括提取音高、音色、节奏和音量等听觉特征。特征提取的目的是从原始数据中提炼出最有代表性的信息，以减小数据的复杂度并提高后续处理的准确性。

2. 模态转换

模态转换，即将一种模态的数据转换为另一种模态的数据。这是因为不同模态的数据在结构和表示上往往存在很大的差异，直接进行比较和融合可能很困难。通过模态转换，我们可以将不同模态的数据映射到同一表示空间，从而实现跨模态的数据融合。例如，我们可以将图像转换为文本描述，或者将音频转换为频谱图等。

3. 语义对齐

为了确保不同模态的数据在语义上保持一致性和对齐性，我们需要进行语义对齐。语义对齐的目的是确保不同模态的数据在语义层面上能够相互对应和解释。

4. 数据的质量和标注

为了实现跨模态数据的理解和处理，我们还需要考虑数据的质量和标注问题。高质量的数据和准确的标注是确保跨模态数据理解与处理效果的关键。如果数据存在噪声、模糊或标注不准确等问题，将会严重影响跨模态数据理解和处理的准确性。

5. 具体的应用场景和需求

跨模态数据理解和处理还需要结合具体的应用场景和需求来进行。不同的应用场景可能需要关注不同的数据模态和特征，以及采用不同的跨模态数据融合和推理方法。

综上所述，跨模态数据理解和处理是一个复杂而关键的任务，需要涉及多个技术和步骤。随着人工智能技术的不断发展，我们有理由相信跨模态数据理解和处理将在未来发挥更加重要的作用，为我们的生活和工作带来更多的便利与创新。同时，我们也需要不断地探索和创新，以解决当前面临的挑战和问题，推动跨模态数据理解和处理技术的发展与应用。

5.2.2　视频与文本的融合技术

1. 视频与文本融合技术的重要性

视频与文本的融合技术在当今多媒体时代中已凸显出其重要性，成为跨模态数据整合中的关键技术之一。这种融合不仅将视觉与语言文字两种模态的信息有效结合，更在提升视频内容的可理解性、可访问性以及增强互动体验方面发挥了显著作用。

(1) 提升视频内容的可理解性与可访问性。

视频内容往往因缺乏详细背景信息和深度解读而显得片面，而文本则能够通过精确的语言描述填补这一空白，使观众能够更全面地理解视频所传达的信息。此外，对于听力受损或存在语言障碍的观众群体，视频与文本的融合为他们提供了获取信息的新途径，即通过阅读字幕或文字描述来理解视频内容，从而显著提升了视频的可访问性。

(2) 增强互动体验。

在互动体验方面，视频与文本的融合技术为创作者和观众提供了更多可能性。创作者可以利用文本为视频添加注释、标签或互动元素，引导观众的注意力，提升他们的参与度。同时，观众也可以通过文本与视频进行互动，如发表评论、分享观点等，与其他观众或创作者建立联系和交流，从而丰富了视频观看的体验。

(3) 广泛的应用前景。

视频与文本的融合技术在教育、娱乐、新闻、广告等多个领域都具有广泛的应用前景。在教育领域，这种融合技术可以帮助学生更好地理解课程内容；在娱乐领域，它可以为观众提供更加丰富的观影体验；在新闻领域，它可以通过文字描述来补充视频画面的信息，使新闻报道更加全面；在广告领域，文字与图像的结合可以更加吸引观众的注意力，有效传达产品信息。

视频与文本的融合技术在跨模态数据整合中占据重要地位，对于提升视频内容的可理解性、可访问性以及增强互动体验都发挥了重要作用。随着技术的不断创新和发展，我们有理由相信，这种融合技术将在未来为人们的生活和工作带来更多的便利与乐趣。

2. 视频与文本融合的步骤

要实现视频与文本的融合，首先，我们需要从视频和文本中提取出有效的特征。对于视频，可以提取关键帧、颜色、纹理、运动轨迹等特征；对于文本，可以提取关键词、主题、情感等特征。其次，我们需要设计合适的融合算法，将视频和文本的特征进行融合。这可能需要考虑视频和文本之间的语义关系、时序关系等因素。最后，我们还需要对融合结果进行评估和优化，以确保融合后的视频内容质量和用户体验。视频的具体提取方式如表5-1所示。

表 5-1 视频的提取方式

步 骤		描 述	关键技术
第一步： 特征提取	视频特征提取	从视频数据中提取关键信息，如关键帧、颜色分布、纹理特征、运动轨迹、对象识别等	计算机视觉、图像处理
	文本特征提取	从文本数据中提取关键词、主题、情感倾向、实体识别等特征	自然语言处理
第二步： 特征融合	语义对齐	确保视频和文本在语义层面上是一致的	实体链接、语义角色标注
	时序同步	确保视频和文本在时序上是对齐的	时间序列分析、动态时间规整
	特征融合算法	将视频和文本的特征结合起来	深度学习(如 CNN、RNN、Transformer)
第三步： 评估与优化	质量评估	评估融合后的视频内容质量	人工评估、自动评估指标(准确率、召回率、F1 分数等)
	用户反馈	收集用户对融合结果的满意度和潜在改进点	调查问卷、在线评价、实时反馈机制
	优化迭代	根据评估结果和用户反馈，对融合算法和参数进行调整	参数调优、算法改进、新技术引入

通过这些关键步骤，视频与文本的融合技术得以实现，从而为用户提供更丰富、更准确的视频内容理解和体验。随着技术的不断进步，这些步骤可能会变得更加精细和高效，推动视频与文本融合技术的进一步发展。

5.2.3 音频与视频的同步技术

音频与视频的同步技术在多媒体应用中具有至关重要的作用。无论是在观看电影、参与视频会议，还是在享受在线音乐视频时，用户都期望音频和视频能够完美地同步，以提供流畅而连贯的体验。因此，音频与视频的同步技术成为跨模态数据整合领域中的一个关键研究方向。

1. 时间对齐的重要性

时间对齐是实现音频与视频同步的基础。当用户观看影片或参与视频会议时，如果音频和视频之间存在时间偏差，会导致用户感到困惑，甚至对内容的理解产生误导。例如，在电影场景中，如果角色的口型与声音不匹配，观众会感到不适，影响观影体验。同样，在视频会议中，如果音频和视频之间存在时间偏差，可能会导致沟通障碍，影响信息的准确传递。

为了实现时间对齐，可以采用时间戳嵌入的方法。在音频和视频流中嵌入时间戳，这样当两者被播放时，可以通过比较时间戳来识别并纠正任何时间偏差。另外，根据时间戳的差异，动态调整音频或视频的播放延迟，也是实现时间对齐的有效方法。

2. 帧率匹配的意义

除了时间对齐外，帧率匹配也是实现音频与视频同步的关键。当音频和视频的帧率不匹配时，可能会导致播放过程中出现卡顿或跳跃，影响观看体验。为了实现平滑播放和准确同步，需要确保音频和视频的帧率相匹配。

为了实现帧率匹配，可以采用采样率转换的方法。通过调整音频或视频的采样率，使其与对方的帧率相匹配。另外，对于视频，还可以通过插入额外的帧或删除某些帧来调整其帧率，以匹配音频的采样率。

3. 音频处理技术在同步中的应用

在音频与视频的同步过程中，音频处理技术也发挥着重要作用。降噪技术是其中的一项关键技术。通过减少音频中的背景噪声，可以使对话或声音更加清晰，有助于与视频内容同步。此外，音频增强技术也可以提高音频的音量、清晰度等，使其与视频内容更加协调，从而增强观看体验。

4. 挑战与未来方向

尽管音频与视频的同步技术已经取得了一定的进展，但仍面临一些挑战。其中，网络延迟是一个重要的挑战。在实时通信或在线会议中，网络延迟可能会导致音频和视频之间的同步问题。未来的技术需要解决这一问题，确保即使在存在网络延迟的情况下，音频和视频也能保持同步。

另外，随着技术的发展，我们可能会处理更多的多模态数据，如文本、图像、视频和音频等。未来的同步技术需要能够处理这些复杂的多模态数据，确保它们之间的精确同步。这可能需要借助先进的机器学习和深度学习技术，以实现对多模态数据的高效处理和同步。

综上所述，音频与视频的同步是跨模态数据整合中的一个关键问题。通过时间对齐、帧率匹配和音频处理等技术手段，我们可以实现音频和视频之间的精确同步，为用户提供更好的观看和沟通体验。随着技术的不断进步，我们有理由相信这一领域将取得更多的突破和创新。未来的音频与视频同步技术将更加成熟和智能化，为用户提供更加流畅、自然的多媒体体验。

5.2.4　人工智能在跨模态整合中的应用

人工智能技术在跨模态数据整合中发挥着至关重要的作用，它利用深度学习、自然语言处理、计算机视觉等先进技术，实现了对多媒体数据的深度理解和高效利用。这些技术的应用不仅促进了跨模态整合的发展，也极大地丰富了我们的多媒体体验。

1. 深度学习技术在跨模态整合中扮演了关键角色

深度学习技术在跨模态整合应用领域展现出突出的优势和广阔的应用前景。通过构建复杂的深度神经网络模型，这项技术能够有效地自动化处理和分析大规模的多模态数据集，从而学习不同数据模态之间的内在联系和相互映射。此过程可以实现部分的自动化，模型独立完成部分学习任务，减少了传统方法中人工干预和复杂的特征工程步骤的需求。这一点不仅显著提高了处理效率，也增强了模型的泛化能力和应用的灵活性。

在视频与文本融合的案例中，深度学习能够识别视频中的关键帧，这些关键帧可能包含了重要的视觉信息，如人物、物体、场景等。同时，深度学习还能从文本数据中提取出关键词和主题，这些关键词和主题反映了文本的主要内容和语义。然后，深度学习模型通过学习这些关键帧和关键词之间的映射关系，能够将视频和文本关联起来。

这种关联的实现，得益于深度学习模型的强大表征学习能力。通过学习大量的视频和文本数据，模型能够捕捉到不同模态数据之间的共同点和差异，进而建立起它们之间的映射关系。这种映射关系使得我们能够在视频和文本之间进行跨模态的检索、推荐与分析。当用户在视频平台上搜索某个关键词时，深度学习模型可以利用已经学习到的映射关系，从视频库中检索出与这个关键词相关的视频。同样地，当用户在观看某个视频时，模型也可以基于视频的内容推荐与之相关的文本描述或评论。这种跨模态的整合方式，不仅提高了数据整合的准确性和效率，还为多媒体数据的理解和应用提供了更加广阔的可能性。

此外，深度学习在跨模态整合中的应用还可以进一步扩展到其他模态数据的整合，如音频、图像、3D 模型等。通过不断地探索和创新，我们可以期待深度学习在跨模态整合中发挥更大的作用，为我们带来更加丰富和多样的多媒体体验。

2. NLP 在跨模态整合中也发挥着重要作用

自然语言处理(Natural Language Processing，NLP)是计算机科学，人工智能，语言学关注计算机和人类(自然)语言之间的相互作用的领域。它是计算机科学领域与人工智能领域中的一个重要方向。它研究能实现人与计算机之间用自然语言进行有效通信的各种理论和方法。自然语言处理是一门融语言学、计算机科学、数学于一体的科学。因此，这一领域的研究将涉及自然语言，即人们日常使用的语言，所以它与语言学的研究有着密切的联系，但又有重要的区别。自然语言处理并不是一般地研究自然语言，而在于研制能有效地实现自然语言通信的计算机系统，特别是其中的软件系统。因而它是计算机科学的一部分。

NLP 在跨模态整合中扮演了关键角色，尤其是在处理文本与其他模态数据(如音频、视频)的整合时。

用自然语言与计算机进行通信(自然语言理解层见图 5-2)，这是人们长期以来所追求的。因为它既有明显的实际意义，同时也有重要的理论意义：人们可以用自己最习惯的语言来使用计算机，而无需再花大量的时间和精力去学习不很自然和习惯的各种计算机语言；人们也可通过它进一步了解人类的语言能力和智能的机制。

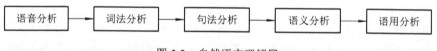

图 5-2   自然语言理解层

自然语言的理解和分析是一个层次化的过程，许多语言学家把这一过程分为五个层次，可以更好地体现语言本身的构成，五个层次分别是语音分析、词法分析、句法分析、语义分析和语用分析。

语音分析：要根据音位规则，从语音流中区分出一个个独立的音素，再根据音位形态规则找出音节及其对应的词素或词。

词法分析：找出词汇的各个词素，从中获得语言学的信息。

句法分析：对句子和短语的结构进行分析，目的是要找出词、短语等的相互关系以及各自在句中的作用。

语义分析：找出词义、结构意义及其结合意义，从而确定语言所表达的真正含义或概念。

语用分析：研究语言所存在的外界环境对语言使用者所产生的影响。

NLP 的强大之处在于它能够从非结构化的文本数据中提取出结构化、有意义的信息，并将这些信息与其他模态的数据进行有效整合，NLP 技术在跨模态整合中的应用见表 5-2。

表 5-2　NLP 技术在跨模态整合中的应用

关键技术	核 心 算 法	应用领域	具体应用
语音识别(ASR)	深度学习(如 RNN、LSTM、Transformer)	媒体与娱乐	自动生成电影、电视剧等视频的字幕;语音助手;智能客服等
文本分析	词性标注、命名实体识别(NER)、情感分析	内容分析与管理	分析社交媒体帖子、评论的情感倾向;新闻文章的主题分类;品牌舆情监测等
关键词与短语提取	TF-IDF、TextRank、Word2Vec 等	信息检索与摘要	从大量文本中提取关键信息用于搜索;生成文章或新闻的摘要;数据挖掘中的特征提取等
多模态对齐	动态时间规整(DTW)、典型相关分析(CCA)	多媒体处理	同步视频中的语音与口型;音乐与舞蹈视频的对齐;多语言翻译中的语音与文本对齐等
视觉识别技术	卷积神经网络(CNN)、支持向量机(SVM)、深度学习	监控与安全	人脸识别;物体检测与跟踪;异常行为检测等;智能家居中的人脸识别、手势识别等
跨模态检索	跨模态哈希、跨模态嵌入、深度学习	内容推荐与搜索	根据文本描述搜索相关图像或视频;根据图像搜索相似图像或相关文本;跨语言搜索等

1) 文本与音频的整合

在音频与视频的同步中,NLP 技术发挥了关键作用。例如,当音频中包含语音内容时,NLP 可以识别出这些语音内容,提取出关键词或短语,并将其与视频中的视觉元素(如口型、表情、手势等)进行关联。这种关联有助于实现音频和视频的精确同步,提高多媒体内容的可理解性和吸引力。

此外,NLP 还可以用于生成与视频内容相关的文本描述或字幕。例如,对于一段没有字幕的视频,NLP 可以通过分析视频中的语音内容,自动生成字幕并将其显示在视频上。这不仅提高了视频的可访问性,还为观众提供了更多的文本信息,有助于他们更好地理解和分析视频内容。

2) 文本与视频的整合

在视频内容分析中,NLP 技术也发挥着重要作用。例如,通过识别视频中的文本信息(如字幕、标题、标签等),NLP 可以帮助我们了解视频的主题和内容。这些信息可以与其他视觉特征(如颜色、运动、对象等)进行整合，从而更全面地分析和理解视频内容。

此外，NLP 还可以用于视频摘要或关键帧提取。通过分析视频中的文本信息，NLP 可以确定视频的关键内容和主题，并据此提取出最具代表性的关键帧。这些关键帧可以帮助观众快速了解视频的主要内容，提高视频浏览的效率和体验。

自然语言处理技术在跨模态整合中发挥着重要作用，尤其是在处理文本与其他模态数据的整合时。通过利用 NLP 技术，我们可以从文本数据中提取出有意义的信息，并将其与其他模态的数据进行有效整合。这种整合不仅提高了多媒体内容的可理解性和吸引力，还为观众提供了更加丰富和多样的多媒体体验。随着 NLP 技术的不断发展和创新，我们可以期待它在跨模态整合中发挥更大的作用，为我们带来更加智能和高效的多媒体应用。

5.2.5 面临的挑战与解决方案

跨模态数据整合在多媒体信息处理中占据重要地位，然而，它面临着多方面的挑战。首先，语义异质性作为首要难题，要求我们在不同模态之间建立有效的语义映射。由于各模态数据具有独特的本质属性和表示方式，如何克服它们之间的语义鸿沟成为当前研究的关键问题。其次，实际应用中跨模态数据的采集、存储和处理过程中常遇到数据质量不均一性的问题，如噪声、失真和错误标注等，这些问题严重影响了整合的准确性和可靠性。最后，跨模态数据的标注是一项既复杂又耗时的任务，它需要标注者具备专业的跨模态认知能力，而目前缺乏统一且高效的标注方法和标准，进一步加大了标注的难度。

为了应对这些挑战，我们需要采取一系列解决方案。

首先，引入先进的特征提取和模态转换技术是关键。通过采用深度学习算法等先进技术，我们可以从各模态数据中提取出更具区分性和代表性的特征，从而缩小不同模态之间的语义鸿沟。同时，探索模态转换技术，如基于生成对抗网络的模态转换方法，可以实现不同模态数据之间的有效映射和转换，进一步促进跨模态整合的效果。

其次，提高数据质量和标注准确性至关重要。通过数据清洗、去噪和增强等技术，我们可以提升跨模态数据的质量，减少噪声和失真的影响。此外，设计更具鲁棒性的跨模态整合模型也是必要的，这样的模型能够减小数据质量对整合效果的影响，提高整合的准确性和可靠性。

最后，加强跨学科合作与标准化建设也是解决跨模态数据整合难题的重要途径。通过计算机科学、信号处理、认知科学等跨学科的交流与合作，我们可以共同研发适用于跨模态数据的高效标注方法和标准，推动跨模态数据整合领域的规范化和可持续发展。

综上所述，尽管跨模态数据整合面临着多方面的挑战，但通过不断的技术创新和跨学科合作，我们有望构建出更加高效、准确的跨模态整合方法和模型，推动多媒体信息处理领域的快速发展。这将为我们带来更多创新和突破，促进信息科技的不断进步。

5.3　创意设计在视频生成中的应用

随着数字技术的飞速发展和普及，视频已经成为我们生活中不可或缺的一部分。从社交媒体上的短视频到电影院里的鸿篇巨制，视频无处不在，它们以独特的方式讲述着故事，传递着情感，展示着创意。而在其中，创意设计无疑是视频的灵魂，它使得每一个画面、每一个情节都充满活力和吸引力。

5.3.1　创意思维与视频内容创作

在视频内容创作中，创意思维如同一把魔法钥匙，能够打开无数富有创意和独特魅力的可能性。这种思维不仅仅关注视觉效果的呈现，更着眼于内容的深度、情感的传达以及观众共鸣的创造。

首先，**通过非线性叙事和视觉创新为观众创造全新的视觉体验**。让我们以非线性叙事为例来说明。电影《记忆碎片》(如图 5-3 所示)就是一个很好的例子，它通过倒叙、闪回等手法，将故事碎片化再重新组合，使得观众在观影过程中不断产生好奇和疑惑，直到最后才真相大白。这种非线性叙事方式打破了传统的线性叙事结构，为观众带来了全新的观影体验。

图 5-3　电影《记忆碎片》剧照

　　其次，**视觉风格的创新也是创意思维的重要体现**。音乐视频"Guts Over Fear"(如图5-4 所示)就是一个视觉风格独特的例子，它运用抽象的画面和色彩，将音乐与视觉艺术完美结合，营造出一种超现实的氛围。这种视觉风格的创新不仅吸引了观众的眼球，更让视频内容充满了艺术性和创意性。

图 5-4　音乐视频"Guts Over Fear"剧照

　　再次，**情感传达的创新也是创意思维的重要组成部分**。公益广告《妈妈洗脚》(如图5-5 所示)就是一个很好的例子，它通过一个小男孩为妈妈洗脚的简单场景，传递了孝顺和感恩的情感，让观众深受触动。这种情感传达的创新不仅让视频内容更加感人肺腑，更让观众在情感上产生共鸣和认同。

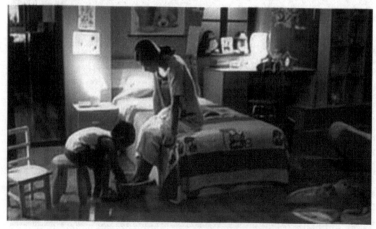

图 5-5　公益广告《妈妈洗脚》剧照

最后，**技术与创意的结合也是创意思维在视频内容创作中的重要体现**。VR 和 AR 等技术的应用为视频创作带来了无限的可能性。旅游宣传片通过 VR 技术让观众身临其境地游览风景名胜，感受大自然的美丽和壮观；音乐会上通过 AR 技术为观众呈现虚拟的视觉效果和互动体验，让音乐与视觉艺术达到完美结合。

综上所述，创意思维在视频内容创作中起着至关重要的作用。通过运用非线性叙事、视觉风格创新、情感传达创新以及技术与创意的结合等手段，创作者可以打造出更加独特、引人入胜的视频作品，为观众带来全新的视听体验。因此，在视频生成过程中，创作者应该充分发挥创意思维的优势，不断探索新的创作方式和表达方式，为观众带来更加精彩、有趣和深刻的体验。

5.3.2　技术支持下的艺术创作

在艺术创作的过程中，技术的支持扮演着至关重要的角色。随着科技的飞速发展，现代的视频创作者拥有了更多前所未有的工具和手段来展现他们的创意与想象。这些技术的出现不仅丰富了艺术创作的表现形式，还极大地提高了创作的效率和质量。

(1) 多样化的拍摄工具与手段。随着技术的进步，我们拥有了更多创新的拍摄工具，如无人机航拍、稳定器、高速摄像机等。这些工具为创作者提供了更多拍摄角度和独特的视觉效果，使得视频内容更加丰富和有趣。无人机航拍可以捕捉到城市天际线、自然风光等壮丽景色，而稳定器则可以帮助拍摄者拍摄出稳定、流畅的画面，减少抖动和晃动。

(2) 后期编辑软件的功能与效率。现代后期编辑软件具备丰富的功能和高效的性能，使得创作者可以更加轻松地进行视频剪辑、调色、特效添加等处理。这些软件通常提供直观的界面和强大的功能，使得创作者可以迅速完成视频制作。同时，随着云计算和 GPU 加速技术的发展，后期编辑软件的运行速度也得到了显著提升，大大提高了创作效率。

(3) 实现创意视觉效果的特效技术。特效技术的发展为创作者提供了更多实现创意视觉效果的手段。通过运用特效技术，创作者可以创造出逼真的虚拟场景、角色和特效，为观众带来震撼的视觉效果。3D 建模技术可以构建出逼真的虚拟场景和角色，而动态追踪技术则可以实现精确的特效合成，使得虚拟元素与真实画面完美融合。

(4) 智能化的创作支持。人工智能和机器学习技术的应用为艺术创作带来了智能化的支持。这些技术可以帮助创作者快速分析、处理大量的视频素材，并提供创意灵感和建议。AI 图像识别技术可以自动识别视频中的对象，并为创作者提供相关素材和创作建议；语音合成技术则可以将文字转化为逼真的语音，为视频添加生动的声音效果。

(5) 促进创意实现与表达。技术支持使得创作者的创意和想象更容易实现和表达。创作者可以借助现代技术工具将脑海中的创意转化为具体的视频作品。无论是想要创造一个梦幻般的场景，还是想要呈现一种独特的叙事风格，现代技术都能为创作者提供有力的支持。这种技术支持不仅激发了创作者的创作灵感，还使得创意的实现变得更加容易和多样化。

综上所述，技术支持为艺术创作带来了丰富多样的工具和手段，提高了创作的效率和质量，使得创意的实现变得更加容易和多样化。随着技术的不断进步和创新，未来的艺术创作将会更加精彩和丰富，为观众带来更加震撼和深刻的视觉体验。

5.3.3　UGC 的创新模式

UGC 已经成为当今视频领域中的一股强大创新力量。它打破了传统的内容生产模式，将创作的权力下放给广大用户，使得每个人都有机会成为内容创作者，分享自己的故事和创意。这种模式不仅极大地丰富了视频内容生态，还为观众带来了全新的参与体验。

1. UGC 模式极大地丰富了视频内容

UGC 模式为视频领域带来了前所未有的内容多样性，极大地丰富了观众的选择。传统的视频内容主要由专业团队制作，受限于资源、时间和视角等因素，内容种类和数量相对有限。专业团队往往从特定的视角和兴趣点出发，制作出的视频内容虽然质量较高，但难以覆盖所有领域和满足所有观众的需求。

然而，UGC 模式的出现彻底改变了这一局面。它打破了专业团队对视频内容制作的垄断，使得无数普通用户也能够参与到视频创作中。这些用户来自各行各业，拥有不同的背景、经验和视角，他们用自己的语言、情感和故事，为视频领域注入了新的活力。

在 UGC 模式下，观众可以看到各种各样的内容，包括生活分享、技能教学、娱乐搞笑、社会观察等。这些内容不仅种类丰富，而且充满了真实和亲切感。生活分享类视频让观众感受到了普通人的生活点滴和情感变化；技能教学类视频帮助观众学习和掌握各种实用技能；娱乐搞笑类视频带给观众轻松愉快的观影体验；社会观察类视频让观众更深入地了解社会现象和问题。

此外，UGC 模式还促进了视频内容的创新和个性化。由于用户创作的内容更加贴近他们的生活和兴趣，因此往往更具创新性和个性化。这种创新性和个性化不仅吸引了更多观众的关注，也推动了视频领域的不断发展和进步。

总之，UGC 模式极大地丰富了视频内容，为观众带来了更加多样化和个性化的选择。它打破了专业团队对视频内容制作的垄断，让普通用户也能够参与到视频创作中，用自己的视角、情感和故事为视频领域注入新的活力。这种模式的出现不仅推动了视频领域的发展和创新，也为观众带来了更加丰富多彩的观影体验。

2. UGC 模式增强了观众的参与感与归属感

UGC 模式不仅仅是一种内容创新的方式，更是一种观众参与和社交互动的新模式。在传统的视频观看过程中，观众往往只是被动地接受信息，与内容的互动有限，缺乏参与感和归属感。然而，UGC 模式的出现彻底改变了这一局面，使得观众能够直接参与到内容的创作和分享中，从而大大增强了他们的参与感与归属感。

首先，**UGC 模式为观众提供了更多的互动机会**。在 UGC 平台上，观众可以通过评论、点赞、转发等方式与其他用户进行互动，分享自己的看法和感受。这种互动不仅让观众能够更加积极地投入和参与，还能够促进用户之间的交流和分享，形成更加紧密的社区联系。

其次，**UGC 模式赋予了观众更大的创作自由度**。在 UGC 模式下，观众不仅可以观看他人创作的视频，还可以通过自己的创作来影响他人的观看体验。他们可以用自己的视角、情感和故事来创作视频，分享给其他人观看和互动。这种创作自由度让观众感到更加有成就感和满足感，也激发了他们更多的创作热情。

最后，**UGC 模式还促进了观众之间的社交互动**。通过观看他人的视频内容并与之互动，观众可以发现和自己兴趣相同的人，并与之建立联系。这种社交互动不仅能够让观众感到更加归属和融入社区，还能够拓展他们的人际关系和社交圈子。

综上所述，UGC 模式通过提供更多的互动机会、赋予观众更大的创作自由度和促进社交互动，大大增强了观众的参与感与归属感。它不仅让观众在观看视频的过程中感受到更多的乐趣和满足，还能够促进观众之间的交流和分享，形成更加紧密的社区联系。这种参与感与归属感不仅提高了观众对视频内容的满意度和忠诚度，还为 UGC 平台带来了更加活跃和丰富的用户生态。

3. UGC 模式为创作者提供了更多的灵感与创意

在传统的视频创作中，创作者往往只能依赖自己的个人经验和想象力来构思和制作内容。这种局限性可能会导致创意枯竭，使得内容变得单调乏味，难以吸引观众的注意力。然而，UGC 模式的出现为创作者打开了一扇新的大门，让他们能够从中汲取无尽的灵感和创意。

UGC 模式汇聚了广大用户的创意和智慧。这些用户来自各行各业，拥有不同的背景、经验和视角，他们的创作充满了多样性和新颖性。创作者可以通过观察和分析这些用户创作的视频，了解他们的需求和喜好，从而获取更多的创作灵感。这些灵感可以来自用户的故事情节、拍摄手法、特效应用等方面，为创作者提供全新的创作思路和方向。

此外，**UGC 模式为创作者提供了一个与用户直接交流的平台**。创作者可以通过评论、私信等方式与用户进行互动，听取他们的反馈和建议。这些反馈和建议可以让创作者更加了解观众的需求和喜好，从而更好地创作出符合大众口味的内容。同时，与用户的交流还可以激发创作者的创作热情，推动他们不断尝试新的创作手法和风格。

除了获取灵感和反馈外，**UGC 模式还为创作者提供了一个展示自己才华的平台**。在这个平台上，创作者可以通过自己的创作来展示自己的风格和能力，吸引更多的关注和粉丝。这种展示不仅可以为创作者带来更多的创作动力和支持，还能够为他们带来更多的商业机会和合作机会。

总之，UGC 模式为创作者提供了更多的灵感和创意。通过汇聚广大用户的创意和智慧、与用户进行直接交流以及展示自己的才华，创作者可以从中获取更多的创作灵感和支持。这些灵感和支持不仅可以丰富创作者的内容创作，还能够推动他们不断提升自己的创作水平和能力。

4. UGC 模式促进了创作者与观众之间的紧密联系

在传统的视频创作模式下，创作者与观众之间的联系往往相对松散。创作者通常只能通过观众的反馈、收视率或点击量等方式间接了解观众的需求和喜好，而观众也往往只是被动地接受内容，难以与创作者建立直接的联系。然而，UGC 模式通过其独特的方式，打破了这种距离感，使得创作者与观众之间能够建立更加紧密的联系。

首先，**UGC 模式为创作者提供了直接与观众互动的机会**。在 UGC 平台上，创作者可以通过评论、私信等方式与观众进行实时交流，了解他们对内容的看法、感受和建议。这种直接的互动让创作者能够更加深入地了解观众的需求和喜好，从而更好地调整自己的创作方向和内容。

其次，**UGC 模式为观众提供了参与内容创作的机会**。观众可以通过点赞、转发、评论等方式参与到创作者的创作过程中，分享自己的看法和建议。这种参与感不仅让观众感到更加亲近和投入，还能够激发创作者的创作灵感和动力。当创作者看到观众的热情参与和积极反馈时，他们往往会更加努力地创作，以满足观众的需求和期待。

最后，**UGC 模式还通过社区建设等方式促进了创作者与观众之间的紧密联系**。在 UGC 平台上，创作者和观众可以共同构建一个充满活力和创造力的社区。他们可以通过共同的兴趣爱好、话题讨论等方式聚集在一起，形成一个紧密而富有活力的社群。这种社群不仅能够为创作者提供更多的创作支持和资源，还能够为观众带来更多的归属感和参与感。

总之，UGC 模式通过提供直接与观众互动的机会、让观众参与内容创作以及促进社区建设等方式，促进了创作者与观众之间的紧密联系。这种紧密联系不仅有助于创作者更好地了解观众的需求和喜好，调整自己的创作方向和内容，还能够为创作者带来更多的创作动力和支持。同时，观众也能够通过这种紧密联系感受到更多的参与感和归属感，从而更加深入地参与到内容创作中。这种紧密的创作者与观众关系不仅提高了内容的质量和影响力，还为整个 UGC 生态带来了更加活跃和富有创造力的氛围。

综上所述，UGC 的创新模式为视频领域带来了巨大的变革和机遇。它不仅丰富了视频内容生态，增强了观众的参与感和归属感，还为创作者提供了更多的灵感和创意。随着技术的不断进步和社会的发展，UGC 模式将继续发挥其巨大的潜力，推动视频领域向着更加多元化、个性化和创新化的方向发展。

5.3.4　交互式视频内容的设计

交互式视频内容的设计在近年来已成为视频创作领域的一股新潮流，它将传统视频观看体验提升到了一个全新的高度。观众不再只是被动地接受信息，而是能够积极地参与到视频内容中，与角色互动，甚至影响剧情发展。这种创新的设计方式不仅增强了观众的参与度和沉浸感，还为创作者提供了更多展现创意和想法的机会。

以 NETFLIX 平台上的一部名为《黑镜：潘达斯奈基》的交互式电影为例(如图 5-6 所示)，该作品将交互式视频内容设计发挥到了极致。观众在观看电影时，可以通过选择不同的选项来影响剧情的走向，探索不同的结局和故事线。这种设计方式让观众仿佛成为电影的导演，能够根据自己的喜好和想法来定制独特的观影体验。

图 5-6　交互电影《黑镜：潘达斯奈基》剧照

在《黑镜：潘达斯奈基》中，观众的选择不仅会影响角色的命运和剧情的发展，还会影响电影的整体氛围和风格。例如，在某个关键时刻，观众可以选择让主角做出道德上的抉择，从而引发不同的剧情走向。这种设计方式让观众更加投入和沉浸于故事中，同时也为创作者提供了更多的创作可能性和自由度。

除了交互式电影，交互式视频内容设计还在其他领域得到了广泛应用。例如，在广告领域，一些品牌通过制作交互式广告来吸引观众的注意力。观众可以通过点击屏幕上的不同选项，来探索产品的不同特点和优势，从而更加深入地了解产品。这种设计方式不仅提高了广告的互动性和趣味性，还增强了观众对品牌的认知度和好感度。

交互式视频内容设计的成功，离不开技术的支持和创新。随着 VR、AR 等技术的不断发展，未来的交互式视频内容设计将更加逼真和沉浸。观众可以通过佩戴虚拟现实设备，仿佛置身于一个充满创意和想象力的世界中，与角色进行更加真实的互动。同时，随着人工智能等技术的应用，交互式视频内容设计也将更加智能化和个性化。系统可以根据观众的历史观看记录、喜好和反馈等信息，为他们推荐和定制更加合适的视频内容，提供更加个性化的观影体验。

总之，交互式视频内容设计以其独特的魅力和优势，正在逐渐改变我们的观影方式和创作方式。它不仅为观众带来了全新的娱乐体验，还为创作者提供了更多的创作可能性和表达方式。随着技术的不断进步和创新，相信交互式视频内容设计将会在未来发挥更加重要的作用，推动视频领域的发展和进步。同时，这种创新的设计方式也将为创作者带来更多的创作灵感和动力，推动视频创作领域的不断发展和繁荣。

5.3.5　案例研究——成功的视频创意设计

华为作为中国的高科技企业，其 Mate X2 发布会在视频创意设计上同样展现出了卓越的水准(如图 5-7 所示)。该发布会不仅展示了华为在折叠屏技术方面的创新成果，还通过一系列富有创意和情感的设计，吸引了全球消费者的目光。

图 5-7　华为 Mate X2 发布会的视频创意设计

1. 情感化的故事叙述

华为 Mate X2 发布会的视频创意设计中，情感化的故事叙述是一大亮点。华为通过短片的形式，展示了折叠屏手机如何改变人们的生活方式，让用户能够更加直观地感受到产品的实用性和便利性。这些短片中融入了丰富的情感元素，让观众在欣赏的同时产生共鸣，增强了对于产品的认同感和购买意愿。

2. 科技感与艺术感的融合

在发布会视频的视觉效果设计上，华为同样展现出了高超的水平。他们通过巧妙的剪辑和特效处理，将科技感与艺术感完美地融合在一起。整个视频画面流畅、动感十足，让观众仿佛置身于一个充满未来感和科技感的世界中。这种视觉效果的呈现不仅提升了发布会的观赏性，还进一步突出了华为 Mate X2 的创新性和独特性。

3. 互动与参与感的提升

为了让观众更加深入地参与到发布会中来，华为还特意设置了多个互动环节。他们在视频中巧妙地融入了提问、投票等互动元素，让观众能够实时参与到讨论中来。这种互动和参与感不仅让观众感到更加亲切和有趣，还增强了他们对于品牌的归属感和忠诚度。

4. 结合中国文化的元素

华为作为中国的科技巨头，其发布会视频创意设计也充分考虑了中国文化的元素。在短片中，华为巧妙地融入了中国的传统艺术元素和符号，如书法、水墨画等，让观众在欣赏的同时感受到中国传统文化的魅力。这种文化元素的融入不仅增强了观众对于产品的认同感，还进一步提升了华为品牌形象。

总之，华为 Mate X2 发布会的视频创意设计是一次成功的尝试。通过情感化的故事叙述、科技感与艺术感的融合、互动与参与感的提升以及结合中国文化的元素等手段，华为成功地吸引了全球消费者的目光并传达了产品的独特性和创新性。这一案例为其他品牌在进行视频创意设计时提供了宝贵的借鉴经验同时也推动了视频创意设计领域的不断发展和进步。

综上所述，视频创意设计在传达品牌信息、展示产品、树立形象方面发挥着重要作用。通过情感与故事的叙述、技术与艺术的融合、互动与参与感的提升以及文化元素的融入等手段，我们可以创作出更加吸引人、有影响力的视频作品。未来，随着技术的不断进步和观众需求的变化，视频创意设计将继续发展和创新，为品牌带来更多的机遇和挑战。

5.4　未来出版与视频内容的融合

在数字技术的浪潮中，未来的出版业与视频内容的融合不仅重塑了传统的阅读体验，还引领了全新的内容创作与分发模式。这种融合为出版业带来了前所未有的机遇，同时也面临着一些挑战。

(1) **从内容创作的角度来看，视频内容的融入使得出版物更加生动和直观**。文字、图像和视频的结合为读者提供了更加丰富的感官体验，使得内容更加容易理解和吸收。例如，在科普类书籍中，通过嵌入视频片段，读者可以直观地观察到科学实验的过程和现象，从而更加深入地理解科学原理。这种多媒体的内容形式也为作者和出版企业提供了更多的创作和表达方式。

(2) **从阅读体验的角度来看，视频内容的融合使得阅读变得更加互动和个性化**。通过嵌入视频、音频、交互式元素等，出版物可以为读者提供更加沉浸式的阅读体验。读者可以通过观看视频、参与互动游戏等方式，更加深入地参与到内容中来，与作者产生共鸣。同时，借助人工智能和大数据技术，出版企业可以为读者提供更加个性化的推荐服务，根据读者的阅读习惯和兴趣，推送符合其口味的视频内容。

5.4.1　数字出版中的视频内容

在数字出版的浪潮中，视频内容的加入为传统文字注入了新的生命力，使得原本静态的阅读体验变得更为动态和生动。这种变革不仅提升了内容的吸引力，还激发了读者的参与感和沉浸感。

1. 视频片段的嵌入

(1) 丰富的视觉体验：在文字描述的基础上，嵌入视频片段能够显著增强内容的可视性，为读者带来更为直观和生动的视觉体验。例如，在描述一个科学实验的过程中，文字可能只能提供实验的理论和步骤，而嵌入的视频片段则能够清晰地展示实验的每一个步骤和结果，让读者仿佛亲自参与实验，增强了理解和记忆。同样，在展示一个产品的使用方法时，文字描述可能难以详尽，而视频片段则能够直观地展示产品的功能和操作过程，帮助读者更快地掌握使用方法。

(2) 情感连接：视频片段不仅仅是信息的传递工具，更是情感的传递媒介。通过嵌入视频片段，文学作品中的情感表达可以更加生动和真实。例如，在小说或散文中，通过视频片段展示主人公的情感变化或关键情节,可以让读者更加直观地感受到角色的喜怒哀乐,增强与角色的情感共鸣。此外,视频片段还可以用于传达作者的创作意图和情感倾向,帮助读者更深入地理解作品的主题和内涵。

(3) 增强内容的吸引力:视频片段的嵌入能够吸引读者的注意力,提高内容的吸引力。在信息爆炸的时代,人们往往更倾向于选择直观、有趣的内容进行阅读。嵌入视频片段可以将枯燥的文字描述变得生动有趣,吸引读者的兴趣,提高内容的阅读率和传播率。

(4) 拓展内容的深度与广度:视频片段的嵌入不仅可以丰富内容的视觉体验,还可以拓展内容的深度与广度。通过嵌入与主题相关的视频片段,可以为读者提供更加全面的信息和背景知识,帮助他们更好地理解和欣赏作品。同时,视频片段还可以引入其他领域的内容,如艺术、历史、科学等,为作品增添更多的元素和视角,使其更加丰富多样。

总之,嵌入视频片段可以带来诸多好处,包括丰富视觉体验、情感连接、增强内容的吸引力以及拓展内容的深度与广度。在数字出版中,充分利用视频片段的嵌入可以为读者带来更加生动、有趣和深入的阅读体验。

2. 动态图表与交互式元素

(1) 数据可视化。在涉及大量数据或统计信息的出版物中,动态图表发挥着至关重要的作用。与静态图表相比,动态图表具有更高的信息密度和更好的视觉效果,能够更直观地展示数据之间的关系、趋势和变化。例如,在一份关于市场趋势的研究报告中,通过动态图表,读者可以清晰地看到不同产品在不同市场的销售额、增长率以及市场份额的变化情况。这种直观的数据呈现方式不仅提高了读者的阅读效率,还有助于他们更准确地把握市场趋势,为决策提供支持。

(2) 互动体验。交互式元素为出版物带来了全新的互动体验,使读者能够根据自己的兴趣和需求,自由选择想要了解的内容。这种个性化的阅读方式极大地提高了读者的参与度和阅读体验。例如,在一本关于历史事件的书籍中,通过交互式元素,读者可以点击不同的时间节点或人物,查看相关的历史事件、图片和视频资料。这种互动式的阅读方式不仅让读者更加深入地了解历史事件,还增强了他们的阅读兴趣和动力。

(3) 提高内容的可理解性与吸引力。动态图表和交互式元素的结合,可以使复杂的信息变得易于理解和吸引人。通过动态展示和互动操作,读者可以更加直观地理解抽象的概念和数据,减少阅读障碍。同时,这种交互性也可以激发读者的好奇心和探索欲,使他们更加愿意深入了解和学习相关内容。

(4) 促进信息传达与知识共享。动态图表和交互式元素不仅提高了内容的可读性和吸引力,还有助于促进信息传达与知识共享。通过动态图表,读者可以更容易地掌握关键信息，而交互式元素则使读者能够更加方便地分享和讨论所读内容。这种信息传达和知识共享的方式有助于扩大出版物的影响力，促进知识的传播和应用。

总之，动态图表与交互式元素的结合为出版物带来了诸多优势，包括数据可视化、互动体验、提高内容的可理解性与吸引力以及促进信息传达与知识共享。在未来的数字出版中，充分利用这些元素将为读者带来更加丰富、生动和有趣的阅读体验。

3. 视频作为独立数字出版物

(1) 多样化的内容形式。视频作为一种独立的数字出版物，为读者提供了多种内容形式的选择。与传统的文字出版物相比，视频具有更加丰富的表现力和更加直观的信息传递方式。例如，在线课程可以涵盖各种学科领域，提供专业知识和技能的培训；纪录片则可以带领观众深入了解某个事件、人物或文化，提供独特的视角和见解；微电影则是以短小精悍的形式，讲述一个完整的故事，触动观众的情感。这些多样化的内容形式满足了读者不同的需求和兴趣，使他们在观看视频时能够获得更加丰富的体验。

(2) 灵活的分发方式。视频作为独立的数字出版物，具有灵活的分发方式。与传统的实体出版物相比，视频内容可以通过各种平台和设备进行观看，不受时间和地点的限制。读者可以在智能手机、平板电脑、电视等设备上随时随地观看视频内容，享受更加便捷和个性化的观看体验。同时，视频的分发也可以通过多种渠道进行，如在线视频平台、社交媒体、电子邮件等，使读者能够更加方便地获取和分享视频内容。

(3) 个性化推荐与互动体验。作为独立的数字出版物，视频内容还可以结合个性化推荐和互动体验，为读者提供更加个性化的服务。通过分析读者的观看历史和偏好，视频平台可以为读者推荐符合其兴趣的视频内容，提高观看的满足度和体验。同时，视频内容还可以加入互动元素，如弹幕评论、点赞分享等，使读者能够与其他观众进行交流和互动，增强观看的趣味性和社交性。

(4) 教育与娱乐的双重作用。视频作为独立的数字出版物，在教育和娱乐领域都发挥着重要作用。在线课程和教育视频可以为读者提供专业知识和技能的学习机会，帮助他们提升自我能力和职业竞争力。纪录片、微电影等视频内容则可以提供娱乐和休闲的选择，满足读者对文化和艺术的需求。这种双重作用使得视频作为一种独立的数字出版物，具有更加广泛的市场和受众群体。

总之，视频作为独立的数字出版物具有多样化的内容形式、灵活的分发方式、个性化推荐与互动体验以及教育与娱乐的双重作用。这些优势使得视频内容在满足读者需求、提供便捷观看体验以及促进信息共享和知识传播方面发挥着重要作用。随着技术的不断发展和用户需求的不断变化，视频作为独立的数字出版物将继续发展壮大，为读者带来更加丰富多样的视觉盛宴。

5.4.2　增强现实与虚拟现实中的视频应用

随着科技的不断进步，增强现实(AR)与虚拟现实(VR)技术已经逐渐渗透到我们生活的各个方面，其中在出版业中的应用尤为引人注目。AR 与 VR 技术为视频内容提供了全新的展示方式，使得读者能够享受到更加沉浸式的阅读体验。

1. AR 技术的视频应用

在 AR 技术中，视频内容可以通过手机、平板电脑等设备以三维图像、动画等形式展现出来，与传统的文字内容相结合，为读者提供更加直观、生动的信息展示。例如，在一本关于历史的书籍中，通过 AR 技术，读者可以看到历史人物的三维形象、历史事件的动画演示等，从而更加深入地理解历史背景和事件发展。这种沉浸式的阅读体验不仅能够增强读者的阅读兴趣，还能帮助他们更好地理解和记忆所读内容。

在教育领域，AR 技术可以帮助学生更加直观地理解复杂的概念和原理。例如，在生物书籍中，AR 技术可以展示生物的三维结构，让学生更清晰地了解生物的内部构造。对于旅游指南来说，AR 技术可以为读者提供目的地的虚拟游览。读者可以通过手机或平板电脑观看到目的地的三维景象，仿佛身临其境，提前感受目的地的魅力。在艺术画册中，AR 技术可以为读者展示艺术品的立体效果，让读者从多个角度欣赏艺术品的细节和美感。

2. VR 技术的视频应用

VR 技术可以让读者完全沉浸在虚拟环境中，体验全新的阅读方式。通过 VR 设备，读者可以进入一个完全由计算机生成的虚拟世界，与书中的内容进行互动和探索。例如，在一本关于科幻故事的书籍中，通过 VR 技术，读者可以身临其境地置身于书中的科幻世界，与角色一起经历冒险和探索。这种沉浸式的阅读体验不仅让读者感受到前所未有的阅读乐趣，还能激发他们的想象力和创造力。

在小说或故事书中，VR 技术可以让读者身临其境地置身于书中的虚拟世界，与角色一起经历冒险和探索。这种沉浸式的阅读体验使读者更加深入地理解故事情节和角色情感。对于新闻报道或历史事件，VR 技术可以为读者提供虚拟的现场体验。读者可以亲自置身于新闻现场或历史事件中，感受当时的氛围和情境。在教育领域，VR 技术可以为学生提供更加生动和真实的学习环境。例如，在科学实验中，学生可以通过 VR 技术亲自操作实验器材，观察实验现象，从而提高学习效果。

AR 和 VR 技术的应用不仅为读者带来了更加沉浸式的阅读体验，还为出版业带来了更多的创新机会。通过将这些技术应用于出版物中，出版企业可以创造出更加独特和吸引人的产品，吸引更多的读者关注和购买。同时，这些技术还可以为出版企业提供新的商业模式和收入来源，推动出版业的持续发展。

5.4.3　人机交互中的视频创新

人机交互技术的飞速发展为出版业与视频内容的融合提供了前所未有的可能性，极大地丰富了读者的阅读体验并推动了行业的创新。这种融合不仅使得读者能够更加方便地获取视频内容并与之互动，也为出版企业提供了更加精准和个性化的服务。

1. 语音交互与视频内容的结合

随着语音识别和自然语言处理技术的不断进步，读者现在可以通过简单的语音指令来操作电子书或视频内容。想象一下，当读者想要观看某个视频片段或查询某个知识点时，只需对设备说出自己的需求，设备就能够自动播放相应的视频或展示相关内容。这种语音交互方式不仅极大地提高了阅读效率，还为那些视力不佳或行动不便的读者提供了更加便捷的阅读方式。

2. 智能推荐算法与视频内容的个性化

在人机交互中，智能推荐算法也发挥了重要作用。通过对读者的阅读习惯、兴趣偏好以及观看历史等数据进行分析和挖掘，智能推荐算法能够为每位读者推荐最符合其需求的视频内容。这种个性化的推荐方式不仅提高了读者的满意度和忠诚度，还为出版企业提供了更加精准的市场营销策略，有助于他们更好地满足读者的需求并拓展市场份额。

3. 人机交互与视频内容的互动创新

除了上述提到的应用外，人机交互技术还为视频内容带来了更多的互动创新。例如，通过增强现实技术，读者可以在观看视频的同时与视频内容进行互动，如参与游戏、解谜等。这种互动方式不仅增强了读者的参与感和沉浸感，还为出版企业提供了更多的商业机会和创新空间。

总的来说，人机交互技术的发展为出版业与视频内容的融合提供了更多的可能性。这种融合不仅提高了读者的阅读体验和效率，还为出版企业带来了更多的商业机会和创新空间。未来，随着人机交互技术的不断进步和应用场景的拓展，我们可以期待出版业与视频内容的融合将带来更加丰富的阅读体验和更加广阔的市场前景。

5.4.4　教育与培训中的视频应用

随着数字技术的迅速发展和广泛应用，视频内容在教育与培训领域正扮演着越来越重要的角色，为传统的学习方式带来了根本性的变革。视频的直观性和生动性为学生与教育工作者提供了更加丰富多样的教育资源及学习体验。

1. 在线视频课程

在线视频课程已成为教育和培训领域中最受欢迎的应用之一。通过互联网，学生可以随时随地访问海量的在线视频课程，这些课程涵盖了从基础教育到高等教育的各个学科领域。这种学习方式不仅消除了地域和时间的限制，使学生能够在任何时间、任何地点进行学习，还提供了更加灵活和个性化的学习路径。

2. 教学演示与模拟实验

视频内容在教学演示与模拟实验方面也具有显著优势。教师可以通过视频展示复杂的实验过程、演示抽象的概念和原理，帮助学生更加直观地理解知识点。同时，模拟实验视频还可以为学生提供实践操作的机会，提升他们的实验技能和操作能力。这种结合视觉和听觉的学习方式有助于提高学生的认知水平和学习效果。

3. 自主学习与复习

视频内容还非常适合学生进行自主学习与复习。学生可以根据自己的学习进度和需求，选择适合自己的视频课程进行学习。同时，视频还可以作为复习资料，帮助学生巩固所学知识和技能，提高学习效果。这种自主的学习方式有助于培养学生的自主学习能力和终身学习的习惯。

4. 教育类视频内容的开发

对于出版企业来说，开发教育类视频内容不仅可以满足市场需求，还可以为他们带来更多的商业机会。随着在线教育市场的不断扩大，教育类视频内容的需求也在不断增加。出版企业可以通过开发优质的视频课程、与其他教育机构合作、提供定制化的视频内容等方式，拓展自己的业务范围，增加收入来源。同时，他们还可以利用大数据和人工智能技术来分析学习者的学习行为与需求，为学习者提供更加精准和个性化的学习内容与推荐。

教育与培训领域应用视频内容也面临一些挑战，如确保视频内容的质量和准确性、设计适合不同学习者的视频课程、有效评估和反馈学习效果等。因此，相关机构需要不断学习和掌握新的技术手段与教育理念，以满足市场的变化和满足学习者的需求。

总之，视频内容在教育与培训领域的应用为学习方式带来了革命性的变革。通过在线视频课程、教学演示与模拟实验等方式，学生可以更加直观地了解知识点和技能要点，提高学习效率。对于出版企业来说，开发教育类视频内容不仅可以满足市场需求，还可以为他们带来更多的商业机会。未来，随着数字技术的不断发展和普及以及教育理念的不断更新与完善，视频内容在教育与培训领域的应用将更加广泛和深入。

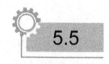

5.5　跨模态创新设计的伦理与社会影响

在跨模态创新设计领域，伦理与社会影响是不可忽视的重要方面。随着技术的飞速发展和应用领域的不断拓展，设计师和从业者需要深入考虑其创新实践所带来的伦理与社会后果。

5.5.1　伦理考量

在设计跨模态创新产品时，伦理考量显得尤为重要。设计不仅仅是一种创造性的表达，更是一种对社会、文化和用户负责任的行为。因此，设计师在设计过程中必须时刻关注伦理准则，确保其行为符合道德和法律标准。

首先，**尊重用户隐私是设计的核心伦理之一**。在收集、处理和使用用户数据时，设计师应始终遵循数据保护原则，确保用户个人信息的安全性和保密性。这要求设计师明确告知用户数据的收集目的、使用方式和共享范围，并获得用户的明确同意。同时，设计师还应采取必要的技术和管理措施，防止数据泄露、滥用或不当使用。

其次，**保护数据安全是设计师的重要责任**。在设计过程中，设计师应充分考虑系统的安全性，并采取适当的安全措施，以防止数据被未经授权的访问、篡改或破坏。这包括使用加密技术、实施访问控制和安全审计等措施，确保数据的完整性和可用性。

再次，**确保信息透明是设计伦理的重要方面**。设计师应提供清晰、准确和易于理解的信息，避免使用误导性的信息或设计元素。用户有权知道他们正在与什么样的产品或服务进行交互，以及这些产品或服务如何影响他们的生活和决策。因此，设计师需要确保设计元素和信息传递的清晰性，以便用户能够准确理解并做出明智的决策。

最后，**关注设计的公正性和公平性是设计师的重要职责**。设计应该平等地服务于所有人群，而不仅仅是特定的利益群体。设计师应避免偏见和歧视，确保设计能够包容不同文化、年龄、性别和能力背景的用户。这要求设计师深入了解目标用户群体的需求和期望，并考虑不同用户群体的特殊需求，以确保设计能够为他们带来公平和公正的体验。

综上所述，跨模态创新设计中的伦理考量涉及用户隐私、数据安全、信息透明以及设计的公正性和公平性等多个方面。设计师需要时刻关注这些伦理准则，并将其融入设计实践中，以确保设计为社会带来积极的影响和贡献。通过遵循伦理准则，设计师可以建立起用户信任，树立良好的品牌形象，并推动行业的可持续发展。

5.5.2　文化多样性与包容性

在跨模态创新设计中，文化多样性与包容性是两个至关重要的考虑因素。设计师必须明确，设计不仅仅是一个形式或功能的展现，它更是一种文化的交流与融合。因此，在创新设计的过程中，我们需要深入研究和理解目标用户群体的文化背景和习惯，以确保设计能够尊重并融合各种文化元素。

1. 文化多样性

文化多样性要求我们认识到不同文化背景下的用户可能对同一设计元素或交互方式有不同的理解和期望。这意味着设计师不能仅凭自己的文化背景和偏好进行设计，而是要深入研究和理解目标用户群体的文化特点、价值观、习俗等，以便在设计中融入这些元素，使设计更加贴近用户的实际需求和心理预期。

2. 文化包容性

文化包容性则要求我们在设计中关注不同用户群体的特殊需求，确保所有人群都能平等地享受设计带来的便利和益处。这意味着设计师需要避免设计中存在的偏见和歧视，确保设计对不同文化、年龄、性别、能力等的用户都是友好和可访问的。例如，在交互设计中，我们应该考虑到不同用户群体的操作习惯和能力，提供易于理解和操作的界面与交互方式。

3. 采取的措施

为了实现文化多样性和包容性，设计师可以采取以下措施：

(1) 进行深入的市场调研和用户访谈，了解目标用户群体的文化特点和偏好，以便在设计中融入这些元素。

(2) 学习和了解不同文化的习俗、价值观等，以便在设计中避免触犯用户的文化禁忌或引起误解。

(3) 关注无障碍设计的原则和标准，确保所有人群都能无障碍地使用和享受设计成果。

(4) 与不同文化背景的人进行交流和合作，以便在设计中融入更多的文化元素和视角。

综上所述，跨模态创新设计中的文化多样性与包容性要求设计师深入研究目标用户群体的文化背景和习惯，关注不同用户群体的特殊需求，并采取相应措施来确保设计的文化敏感性和包容性。只有这样，我们才能创作出真正符合用户需求、具有广泛吸引力的设计作品，为社会带来更加积极的影响和贡献。

5.5.3　数据隐私与安全

在跨模态创新设计中，数据的使用和保护是一项至关重要的任务。随着技术的不断发展，设计师在处理用户数据时面临着越来越多的挑战。因此，确保数据隐私与安全成为设计过程中不可忽视的一环。

(1) **设计师需要明确告知用户关于数据的收集和使用方式**。这包括向用户清楚地解释数据将如何被收集、存储、处理和共享。用户应该有权知道他们的数据将被用于什么目的，并且应该有机会选择是否同意这种数据收集和使用。设计师需要遵守相关的数据保护法规，确保在合法和道德的前提下处理用户数据。

(2) **设计师应采取必要的技术和管理措施来确保数据的安全性和完整性**。这包括使用加密技术来保护数据的机密性，实施访问控制来限制对数据的非法访问，以及定期进行数据备份和恢复测试以确保数据的可用性。此外，设计师还需要建立严格的数据处理流程和安全协议，防止数据泄露或被滥用。

(3) **数据的伦理使用是跨模态创新设计中需要关注的重要方面**。设计师应该避免使用用户数据进行不必要的分析或滥用，以免对用户造成不必要的伤害或侵犯其隐私权益。设计师需要认识到数据是用户的个人财产，应该尊重用户的隐私权和数据主权，仅在用户明确同意的情况下使用数据。

总之，跨模态创新设计中的数据隐私和安全要求设计师明确告知用户数据的收集和使用方式，并采取必要的技术和管理措施确保数据的安全性和完整性。同时，设计师还应关注数据的伦理使用，尊重用户的隐私权和数据主权。只有在确保数据隐私和安全的前提下，我们才能更好地利用数据来推动跨模态创新设计的发展，为用户带来更加优质和个性化的体验。

5.5.4　社会影响评估

在跨模态创新设计中，社会影响评估是一个至关重要的环节。这不仅涉及对设计本身的功能性和美观性的考量，更需要对设计可能产生的社会效应进行深度剖析。设计师需要全面评估设计在不同社会、文化、经济背景下的潜在影响，特别是对那些可能受到直接或间接影响的群体。

社会影响评估的目的是识别并理解设计可能带来的正面和负面社会效应。这包括对社会结构、文化价值观、资源分配、经济机会等方面的影响。例如，一个新的跨模态交互设计可能会提高某些群体的生活质量和工作效率，但同时也可能加剧数字鸿沟，使得那些缺乏必要技能或资源的群体处于更加不利的位置。

为了进行有效的社会影响评估，设计师需要采取多种方法，包括定性和定量的研究手段。他们可以通过用户调研、社区参与、专家咨询等方式收集数据和信息，从而更全面地了解设计可能产生的社会效应。

此外，设计师还需要关注设计的伦理和社会责任。他们应确保设计不会侵犯用户的隐私、尊严或权益，同时也应避免对环境造成不必要的破坏。在可能的情况下，设计师应寻求与社区、利益相关者和政策制定者的合作，以确保设计能够更好地满足社会的需求。

5.5.5　可持续发展目标与策略

跨模态创新设计不应仅仅关注短期的商业利益或技术革新，更应着眼于长远的可持续发展目标。这意味着设计师需要在设计过程中融入对环境、社会和经济可持续性的考虑。

为实现这一目标，设计师可以采取以下策略：

(1) **环境友好性**：选择可再生、可回收或低能耗的材料和技术，减少设计对环境的影响。同时，优化产品的生命周期设计，确保其在使用结束后能够得到妥善的处理和回收。

(2) **社会包容性**：确保设计能够惠及不同社会群体，避免加剧社会不平等。例如，在跨模态交互设计中，应考虑到老年人和残障人士的需求，确保他们也能够无障碍地使用相关产品或服务。

(3) **经济可行性**：设计应考虑到成本效益和长期的经济可行性。避免过度追求高端技术或奢华材料，而忽视了产品的实际使用价值和市场需求。

(4) **持续创新性**：随着技术和社会的不断发展，设计师需要保持对新技术、新方法的敏感性，不断调整和优化设计方案，以适应未来社会和环境的变化。

总之，跨模态创新设计需要在满足用户需求的同时，充分考虑其对社会和环境的影响。通过全面的社会影响评估和融入可持续发展的策略，我们可以确保设计为社会带来积极的影响和长远的贡献。

第6章
人机共创理念在多模态内容生成中的实践——创意设计的群智驱动

在数字时代的浪潮中，人机共创理念逐渐崭露头角，成为推动多模态内容生成领域创新的关键动力。这一理念融合了人工智能与人类创造力，旨在打破传统设计的界限，实现更高效、更具创意的内容生成。

在这一背景下，本章将深入探讨人机共创理念在多模态内容生成中的实践应用。我们将回顾人机共创的理论基础与历史脉络，分析用户参与与 AIGC 模型调整之间的深度关系，并展示群智驱动在创意设计中的实例应用。同时，我们还将展望未来人机共创与多模态内容生成的融合趋势，探讨伦理、社会与文化考量在这一过程中所扮演的角色。

通过本章的学习，读者将能够深入理解人机共创理念的核心价值和实践意义，掌握其在多模态内容生成中的应用方法和技巧。希望这一内容能够激发读者的创造力，引领读者走向人机共创的未来之路。

6.1　人机共创的理论基础与历史脉络

人工智能已逐渐成为现代生活不可或缺的一部分，然而，单纯的机器智能往往缺乏真正的创造力与情感共鸣，这激发了我们对人机共创理念的深入探索。人机共创作为一种前沿的设计理念，旨在打破技术与创意之间的界限，通过人机之间的紧密合作与相互启发，实现更高效、更具创意的内容生成。

在探索人机共创的历程中，我们不仅要回顾其理论基础与历史脉络，更要深入理解其背后的哲学思考与实践价值。从概念的萌芽到理论的形成，再到实践的应用，人机共创理念经历了漫长而曲折的发展历程。这一过程中，无数研究者与实践者共同努力，为人机共创理念的不断完善与发展做出了重要贡献。

6.1.1　人机共创的概念与起源

人机共创，作为一种前沿的设计理念，诞生于对人工智能与人类创造力交互作用的深入探索之中。它不仅仅是一个技术概念，更是一种哲学思考，旨在通过人机之间的深度合作与相互启发，推动创意设计的边界不断扩展。

人机共创的概念最早可以追溯到人工智能的初期发展阶段。那时，人们开始尝试利用计算机程序模拟人类的思维和创造力，希望通过算法和逻辑来复制甚至超越人类的创意。然而，随着研究的深入，人们逐渐意识到，单纯的机器智能并不能完全替代人类的创造力和直觉。于是，人机共创的理念应运而生，它强调在设计过程中，不仅要发挥机器的高效计算和数据处理能力，更要结合人类的情感、直觉和创造性思维，实现人机之间的真正合作。

这一理念的形成，不仅源于对人工智能技术的深入研究，也受到了当代设计理论和实践的启发。设计师开始意识到，设计不仅仅是一个技术和艺术的结合体，更是一个不断迭代和优化的过程。在这个过程中，人机共创可以发挥巨大的作用。机器可以通过数据分析和算法优化，为设计师提供源源不断的创意灵感和解决方案；而设计师则可以通过自己的直觉和创造力，对机器生成的方案进行筛选、调整和完善，最终实现更加出色的设计作品。

因此，人机共创不仅是一种技术上的创新，更是一种设计哲学上的突破。它打破了传统设计中人机分离的局面，将人机之间的合作提升到了一个全新的高度。通过人机共创，我们可以期待在创意设计领域实现更加高效、更加丰富的内容生成，为人类的生活和发展带来更多的可能性。

6.1.2　多模态内容生成的理论框架

多模态内容生成的理论框架是一个综合性的指导体系，它旨在指导我们如何有效地将不同模态的信息进行融合、处理与表达。该框架的核心在于打破单一模态的限制，通过整合文本、图像、音频和视频等多种信息模态，实现信息的丰富性、多样性和交互性。表 6-1 阐述了多模态内容生成与处理流程。

表 6-1　多模态内容生成与处理流程

阶　段	描　述	关键技术	输　出
数据采集与预处理	从各种来源捕获多模态数据，并进行去噪、标准化和特征提取等预处理步骤	传感器、数据采集技术、数据清洗和标准化方法	预处理后的多模态数据集
多模态信息融合	将不同模态的数据进行有效融合，解决模态间的异构性和语义鸿沟问题	深度学习、机器学习、多模态融合算法	融合后的多模态信息表示
信息解析与提取	从融合后的多模态信息中提取关键特征和语义内容	自然语言处理、图像处理、视频分析、特征提取技术	提取的关键特征和语义内容
多模态内容生成	利用生成模型和技术生成具有创意与表达力的多模态内容	生成对抗网络、变分自编码器、生成模型	生成的多模态内容（文本、图像、音频、视频等）
内容呈现与用户交互	将生成的多模态内容以适当的方式呈现给用户，并考虑用户反馈和交互进行优化	显示技术、音响播放、虚拟现实、增强现实、用户反馈和交互技术	呈现给用户的多模态内容及其交互体验

1. 数据采集与预处理

数据采集是整个多模态内容生成过程的基础。通过使用各种传感器和设备，我们可以捕获到文本、图像、音频和视频等多种模态的数据。这些数据来源广泛，包括社交媒体上的文本评论、摄像头捕捉的图像序列、麦克风录制的音频信号以及摄像头和传感器融合的视频流等。在数据采集之后，预处理步骤是必不可少的。这一步骤包括去噪、标准化和特征提取等，旨在提高数据的质量，使其更适合后续的处理和分析。通过预处理，我们可以去除数据中的冗余和噪声，将数据转换为统一的格式和标准，并提取出有意义的特征，为后续的信息融合和内容生成提供坚实的基础。

2. 多模态信息融合

在数据采集与预处理之后，多模态信息融合成为关键的一步。由于不同模态的数据在结构和语义上存在差异，因此需要通过算法和技术来实现它们之间的有效融合。深度学习和机器学习等技术在这一过程中发挥着重要作用。这些技术可以帮助我们建立模型，学习不同模态之间的映射关系，并解决模态间的异构性和语义鸿沟问题。通过信息融合，我们可以将多个模态的信息整合在一起，形成一个全面而丰富的信息表示，为后续的内容生成提供必要的支持。

3. 信息解析与提取

在信息融合之后，下一步是信息解析与提取。这一阶段的目标是从融合后的多模态信息中提取出关键特征和语义内容。这需要对不同模态的数据进行深入分析，并利用自然语言处理、图像处理和视频分析等技术来解析和提取关键信息。对于文本数据，我们可以利用自然语言处理技术进行分词、词性标注和句法分析等；对于图像和视频数据，我们可以利用图像处理技术进行特征提取和对象检测等。通过信息解析与提取，我们可以从多模态信息中提取出有意义的内容，为后续的内容生成提供必要的素材和灵感。

4. 多模态内容生成

在多模态信息解析与提取之后，我们就可以进入多模态内容生成阶段。这一阶段的目标是利用生成模型和技术来生成具有创意和表达力的多模态内容。生成对抗网络、变分自编码器等生成模型在这一过程中发挥着重要作用。这些模型可以学习多模态数据的分布，并生成符合特定目的和风格的内容。同时，我们还需要结合用户需求和上下文信息来生成符合用户需求的内容。通过多模态内容生成，我们可以将多模态信息转化为具有实际意义和价值的内容，为用户提供更加丰富和多样的信息呈现方式。

5. 内容呈现与用户交互

最后一步是内容呈现与用户交互。在这一阶段，我们将生成的多模态内容以适当的方式呈现给用户。这可以通过屏幕显示、音响播放、虚拟现实或增强现实设备等多种方式实现。同时，我们还需要考虑用户反馈和交互，持续优化内容生成和呈现方式，以提升用户体验。通过用户反馈和交互，我们可以了解用户对内容的满意度和偏好，从而不断改进和优化多模态内容生成的过程。

总之，多模态内容生成的理论框架为我们提供了一个全面而系统的视角，帮助我们更好地理解和应用多模态信息处理技术。通过数据采集与预处理、多模态信息融合、信息解析与提取、多模态内容生成以及内容呈现与用户交互等步骤的有机结合，我们可以实现多模态内容的高效生成和优质呈现，为用户提供更加丰富和多样的信息体验。随着技术的不断进步和应用场景的不断拓展，我们有理由相信多模态内容生成将在未来发挥更加重要的作用。

6.1.3　从人工智能到人机协作的演进

人机协作模式也经历了显著的演进，这种演进不仅仅体现在技术层面，更体现在设计理念和工作流程的深刻变革上。从最初简单的人机交互，到现在的深度人机协作，人机共创的理念正逐步走向成熟。

1. 早期的人机交互

在人工智能的早期阶段，人机交互主要基于预设的规则和界面。用户通过这些界面与机器进行交互，输入指令并接收输出结果。这种交互方式虽然初步实现了人与机器的沟通，但受限于机器的智能水平，其应用场景相对有限。在这个阶段，人工智能更多地被看作是一个执行特定任务或提供某种服务的工具，缺乏自主决策和学习的能力。因此，用户需要具备一定的技术知识和经验才能有效地与机器进行交互。

2. 人工智能技术的发展

随着人工智能技术的不断突破，特别是深度学习、强化学习等技术的兴起，机器的智能水平得到了显著提升。这些技术的发展使得机器能够处理更加复杂和多样化的任务，并通过学习不断优化自身的性能。这一阶段的进步为人机协作的深入发展奠定了基础，使得机器不再仅仅是执行简单任务的工具，而是成为能够与人类进行更高级别交互的智能伙伴。

3. 深度人机协作的实现

深度人机协作的实现不仅仅是技术上的突破，更是一种设计理念的转变。在这种模式下，机器不再仅仅是执行工具，而是成为设计过程中的重要参与者。机器可以基于大量数据进行分析和预测，为设计师提供有力的创意支持。同时，设计师也可以通过与机器的互动，不断拓展和优化自己的设计思路。这种协作方式使得人机之间能够相互补充、相互促进，共同创作出更加优秀的设计作品。

4. 人机共创理念的成熟

随着深度人机协作的不断发展，人机共创的理念逐渐成熟。在这一理念下，人与机器不再是简单的"主仆"关系，而是平等的合作伙伴。机器为人类提供强大的技术支持和创意灵感，而人类则通过自身的创造力和审美判断，引导机器生成更加符合人类需求的设计作品。这种合作模式不仅提高了设计效率，更促进了创意的涌现和拓展。人机共创理念的成熟标志着人工智能与人类创意的深度融合，为人类带来了更多的可能性和创新空间。

从早期简单的人机交互到如今的深度人机协作，人机共创理念的演进不仅代表了技术的进步，更体现了人类对机器智能的期待和追求。随着技术的不断发展和完善，我们有理由相信，未来的人机协作将更加紧密、高效和富有创意。这种深度的人机协作将为人类带来更多的便利和创新，推动社会的进步和发展。同时，我们也需要关注人机协作可能带来的伦理和社会问题，确保技术的发展能够造福人类并符合社会的可持续发展目标。

6.1.4　人机共创在创意设计中的作用

人机共创在创意设计中扮演了关键角色，通过结合机器的智能和人类的创造力，为设计领域带来了前所未有的变革。在国内创意设计领域，人机共创的应用逐渐增多，成为推动创意设计发展的重要力量。

1. 快速生成大量创意方案

在建筑设计领域，传统的设计方法通常依赖于设计师的专业知识和经验，以及大量的手工绘图和计算。这不仅耗时，而且限制了设计方案的多样性和创新性。然而，通过人机共创的方式，我们可以利用先进的机器学习算法和大数据分析技术，实现设计方案的高效生成和优化。

以一个商业综合体项目为例，设计师通过智能建筑设计软件输入了项目的具体参数，如建筑用途、面积、高度、地理位置等。软件内置的机器学习算法根据这些参数，自动从庞大的建筑数据库中提取相似案例，并结合最新的设计趋势和市场需求，生成一系列多样化的初步设计方案。

这些方案不仅考虑了建筑的美学价值，还充分考虑了结构安全性、功能性、可持续性以及施工成本等因素。设计师可以根据项目需求和自身专业判断，对生成的方案进行筛选、修改和优化。同时，软件还提供了一系列工具和功能，如自动建模、能耗分析、光照模拟等，帮助设计师进一步完善设计细节。

通过这种方式，人机共创不仅大大提高了设计效率，还为设计师提供了更多样化和创新的设计方案。设计师可以充分利用机器的智能和大数据的洞察力，快速生成符合项目需求和市场趋势的设计方案，从而更好地满足客户需求和提升项目的竞争力。

此外，人机共创还有助于降低设计成本和提高设计质量。通过自动化和优化设计流程，可以减少人力和物力的投入，降低设计成本。同时，机器学习和大数据分析技术可以帮助设计师避免常见的设计错误和漏洞，提高设计质量和安全性。

总之，人机共创在建筑设计中的应用具有显著的优势和潜力。通过结合机器的智能和人类的创造力，我们可以实现设计方案的高效生成和优化，推动建筑设计领域的进步和发展。

2. 优化与完善设计

在服装设计领域，人机共创也发挥了重要作用。设计师可以通过与机器学习算法的合作，不断优化与完善设计方案。例如，设计师可以先提供一个初步的服装设计草图，然后利用机器学习算法对草图进行自动优化和改进。算法可以根据时尚趋势、用户需求等因素，对设计元素进行调整和优化，最终生成更符合市场需求的设计方案。这种合作方式使得设计师能够更加高效地进行设计，同时保证设计的实用性和美观性。

李宁，作为中国体育用品的领军企业，近年来在服装设计上进行了大胆的创新和尝试，其中人机共创的技术在其中起到了关键作用。

为了迎接东京奥运会，李宁推出了一系列以"运动潮流"为主题的新款运动服装秀场（如图 6-1 所示）。设计师团队首先根据运动员的需求和潮流趋势，手绘出了初步的设计草图，其中包括独特的剪裁、鲜艳的颜色搭配以及创新的材料应用。

图 6-1　李宁秀场

然而，设计师团队也面临着如何将这些创意元素融合到实际的服装设计中，并确保其功能性、舒适性和美观性的挑战。这时，李宁与一家专注于机器学习算法的科技公司合作，共同开发了一款人机共创设计系统。

设计师将初步的设计草图导入到系统中，系统开始自动分析市场上的类似产品、用户反馈以及最新的材料技术。通过对大量数据的分析，系统为设计师提供了多种优化建议。比如，系统建议采用一种新型的高弹性材料，既保证了运动员在运动时的舒适性，又提高了服装的耐用性。同时，系统还对服装的剪裁和颜色搭配进行了微调，以更好地符合潮流趋势和年轻消费者的审美。

经过人机共创系统的优化和完善，这款以"运动潮流"为主题的新款运动服装最终成功上市，并获得了广泛的好评。不仅运动员对其赞不绝口，年轻消费者也对其时尚的设计和实用的功能表示赞赏。

这个案例展示了人机共创在服装设计中的优化与完善作用。通过结合机器的智能和人类的创造力，李宁成功打造出了符合市场需求和潮流趋势的运动服装，进一步巩固了其在国内体育用品市场的领先地位。同时，这也为国内其他品牌提供了有益的借鉴和启示，展示了人机共创在服装设计领域的广阔应用前景。

3. 激发设计师的灵感

在广告创意设计中，人机共创同样展现出了巨大的潜力。设计师可以利用机器学习算法来分析市场数据、用户喜好等信息，从而得到更多创意灵感。例如，某些广告创意软件可以根据输入的关键词和需求，自动生成多个广告创意方案。这些方案往往充满了创意和新颖性，能够为设计师提供更多的灵感来源。设计师可以结合自己的经验和创意，对这些方案进行进一步修改和完善，最终得到更加出色的广告作品。

在广告创意领域，人机共创正逐渐成为激发设计师灵感的重要工具。国内知名的科技与创新公司"字节跳动"便是这一趋势的先行者，如图 6-2 所示。

图 6-2　字节跳动 10 周年广告创意设计

面对竞争日益激烈的广告市场，字节跳动的设计师团队经常面临如何为品牌创造独特而富有吸引力的广告创意的挑战。为了解决这个问题，字节跳动开始尝试引入人机共创技术，希望通过机器学习算法来激发设计师的灵感。

在一次为一家知名饮料品牌设计广告创意的过程中，设计师团队首先确定了广告的主题和关键词，如"清凉""夏日"等。然后，他们利用字节跳动自主研发的广告创意软件，将这些关键词输入系统中。

这款广告创意软件内置了多种机器学习算法，能够分析市场数据、用户喜好等信息，并基于这些信息自动生成多个广告创意方案。设计师团队很快收到了系统生成的一系列创意方案，其中包括不同风格的广告海报、视频脚本等。

这些方案不仅充满了创意和新颖性，还为设计师团队提供了更多的灵感来源。他们发现，系统生成的一些方案采用了他们之前从未尝试过的设计元素和表现方式，这让他们对广告创意有了更广阔的想象空间。

结合自己的经验和创意，设计师团队对系统生成的方案进行了进一步的修改和完善。他们选择其中一些方案作为基础，融入更多的品牌元素和市场洞察，最终打造出了一系列富有创意和吸引力的广告作品。

这些广告作品在市场上取得了巨大的成功，不仅吸引了大量消费者的关注，还赢得了多个广告创意奖项的认可。字节跳动的设计师团队也深感人机共创技术在激发灵感方面的巨大潜力，并计划在未来的项目中继续探索和应用这一技术。

6.1.5　群智驱动与创意实践的交叉点

群智驱动与创意实践，这两者看似不同，却在实际操作中有着紧密的交叉点。群智驱动强调集体智慧和创造力的结合，而创意实践则是将创意转化为具体的设计作品或方案。当我们将这两者结合起来，通过人机共创的理念，就可以实现更高效、更具创意的设计过程。

首先，**群智驱动为创意实践提供了丰富的灵感来源**。在传统的创意实践中，设计师往往依赖于个人的经验和创意。然而，群智驱动的理念使得我们可以集结众人的智慧和创意，从而获取更多元化的灵感。这种集体智慧的汇聚，不仅可以帮助设计师突破个人的思维局限，还能够激发更多创新的可能性。

其次，**人机共创理念为群智驱动与创意实践的结合提供了实现途径**。在现代科技的支持下，我们可以通过各种智能工具和平台，将群体智慧和创意实践紧密地结合起来。例如，利用在线协作平台，设计师可以实时分享和交流创意，共同完善设计作品；同时，机器学习等人工智能技术也可以对群体智慧进行深度挖掘和分析，为设计师提供更加精准和高效的创意建议。

最后，**群智驱动与创意实践的交叉点还在于它们共同追求的目标——创新和优化**。无论是群智驱动还是创意实践，都是为了实现更加创新和优化的设计作品。通过人机共创理念的引导，我们可以将群体智慧和创意实践有机地结合起来，从而不断提升设计的品质和效率。

综上所述，群智驱动与创意实践的交叉点在于人机共创理念下的高效创意实现。通过集结群体智慧、利用智能工具以及追求创新和优化，我们可以更好地将创意转化为实际的设计作品或方案，推动设计领域的不断发展和进步。

6.2　用户参与和 AIGC 模型调整的深度研究

在现代内容创作领域，用户参与和 AIGC 模型调整之间的关系日益密切。用户参与不仅为 AIGC 模型提供了丰富的数据和反馈，还推动了模型的持续优化和创新。AIGC 模型则通过不断学习和调整，更好地满足用户需求，提升内容的质量和多样性。

6.2.1　用户参与的方式与影响

用户参与在 AIGC 模型的运作中起到了至关重要的作用，其多样化的参与方式对模型产生了深远的影响。从学术角度来看，用户的参与不仅丰富了模型的数据集，还为模型的训练和优化提供了宝贵的指导。具体来说，用户可以通过分享个人故事、图片和视频等素材，为 AIGC 模型提供创作的灵感来源，这些素材的多样性有助于模型生成更加贴近用户需求的内容。同时，用户在使用模型生成的内容时提供的实时反馈，如点赞、评论和分享等，为模型提供了了解用户喜好的重要途径，从而帮助模型调整生成策略以更好地满足用户期望。

此外，用户还可以通过参与众包任务，如数据标注和分类等，直接参与到模型的训练过程中，这不仅提高了模型的训练效率，还使用户成为模型优化的重要参与者。用户参与对 AIGC 模型的影响体现在多个方面：首先，它优化了内容的生成，使模型能够生成更加符合用户期望的内容；其次，它提升了模型的性能，通过持续收集和分析用户反馈与行为数据，模型可以不断改进其算法和结构以提高生成内容的质量与多样性；最后，用户参与还增强了用户的黏性，当用户意识到他们的参与能够直接影响内容的生成和优化时，他们更有可能持续使用该平台并推荐给其他人，这种良性循环有助于提升 AIGC 平台的竞争力和市场影响力。

总之，用户参与在 AIGC 模型的运作中发挥着不可或缺的作用。通过多样化的参与方式，用户不仅为模型提供了丰富的数据集和指导，还直接影响了内容的生成和优化。这种用户参与和模型优化的相互作用对于提升 AIGC 模型的性能和竞争力至关重要，同时也为用户带来了更加丰富和有价值的内容体验。因此，在 AIGC 模型的设计和优化过程中，应充分考虑用户的参与方式和需求，以实现更好的用户体验和模型性能。

6.2.2　AIGC 模型的设计与调整

AIGC 模型的设计与调整是一项复杂且至关重要的任务，它要求我们从用户需求出发，通过深入分析目标用户的喜好、偏好、需求及使用场景等信息，为模型设定明确的生成目标和优化方向。在模型结构设计方面，我们需要综合考虑模型的复杂度、计算资源消耗及生成内容的质量等关键因素，选择合适的模型结构以有效地捕捉数据的内在规律和特征。同时，算法的选择与参数调整对模型的生成能力和性能具有显著影响，因此我们需要根据具体任务和数据特点进行细致的算法选择与参数调整。此外，AIGC 模型的设计与调整并非一蹴而就，而是一个需要持续迭代和优化的过程。我们需要不断收集用户反馈和数据，对模型进行评估和分析，及时发现问题并进行优化，同时积极引入新的算法和技术以提升模型的生成能力与适应性。

综上所述，AIGC 模型的设计与调整是一个系统性、综合性的工程，它要求我们以用户需求为导向，通过合理的模型设计、算法选择和参数调整以及持续的迭代优化，不断提升模型的性能和生成内容的质量，以满足不断变化的市场环境和用户需求。

6.2.3　交互式创意过程的优化

在 AIGC 领域中，交互式创意过程是一个至关重要的环节。它涉及用户与模型之间的实时互动和合作，旨在共同创造出高质量、具有创新性的内容。为了优化这一过程，我们需要从多个方面入手，提高用户参与度和模型生成内容的质量。

1. 提供直观易用的用户界面

一个直观易用的用户界面是吸引用户参与的关键。用户应该能够轻松地理解并操作界面，以便与模型进行有效的互动。设计界面时，应考虑到用户的习惯和需求，提供简洁明了的操作提示和反馈。此外，界面还应该支持多种输入方式，如文本、图像、语音等，以适应不同用户的需求和偏好。

2. 实现实时反馈与动态调整机制

实时反馈与动态调整机制是提升用户参与度和内容质量的重要手段。用户在使用模型生成内容时，希望能够实时获得反馈，以便及时调整和优化生成结果。因此，模型应该能够提供即时反馈，如生成内容的相似度、创意度等指标，并允许用户根据反馈进行动态调整。这种实时互动的方式不仅提高了用户的参与度，还有助于模型不断优化生成策略，生成更符合用户需求的内容。

3. 利用机器学习算法深度分析用户行为与反馈

利用机器学习算法对用户行为与反馈进行深度分析也是优化交互式创意过程的关键。通过对用户行为数据的挖掘和分析，模型可以更好地理解用户需求和偏好，从而生成更符合用户期望的内容。同时，对用户反馈的深入分析还可以帮助模型发现潜在的问题和不足，为后续的模型调整和优化提供指导。

总之，优化交互式创意过程需要从多个方面入手，包括提供直观易用的用户界面、实现实时反馈与动态调整机制以及利用机器学习算法深度分析用户行为与反馈。这些措施有助于提高用户参与度和模型生成内容的质量，推动 AIGC 领域的发展和创新。通过不断优化交互式创意过程，我们可以为用户带来更加丰富、有趣和有价值的内容体验。

6.2.4　案例研究——用户驱动的内容创新

用户参与在 AIGC 模型调整和内容创新中扮演着至关重要的角色。为了更好地理解这一点，我们可以深入剖析一些成功的 AIGC 平台案例，探究它们是如何通过用户参与实现内容创新的。

【案例一】　知乎的问答社区

知乎的问答社区是一个典型的用户驱动内容创新平台，如图 6-3 所示。其成功在很大程度上归功于其独特的用户参与机制，这一机制有效地促进了知识的分享和内容的创新。在知乎上，用户可以自由提问并邀请其他用户回答，这种开放的问答形式不仅鼓励了用户之间的交流和互动，还使得平台内容得以持续更新和丰富。通过提问和回答，用户积极参与到了平台内容的创造和筛选过程中，他们的知识和经验得以有效分享，同时也为平台带来了大量有价值的内容。

图 6-3   知乎的问答社区

此外，知乎还采用了算法和人工编辑相结合的方式推荐优质内容与用户。这种推荐机制不仅提高了用户发现优质内容的效率，还通过给予优质内容更多的曝光机会，进一步激励了用户参与的积极性。算法根据用户的兴趣和行为习惯为用户推荐相关内容，而人工编辑则通过筛选和审核确保推荐内容的质量与准确性。这种算法与人工相结合的推荐方式不仅提升了用户体验，还有效地提高了平台内容的整体质量。

总之，知乎的问答社区通过其独特的用户参与机制和算法与人工相结合的推荐方式，成功地实现了用户驱动的内容创新。这种创新模式不仅为平台带来了大量有价值的内容，还提高了用户参与的积极性和平台内容的整体质量，为知乎在社交网络平台中的持续发展奠定了坚实的基础。

【案例二】 TikTok 的个性化推荐

TikTok 的个性化推荐系统是其成功的关键因素之一，该系统深度依赖于用户参与来不断优化推荐结果，如图 6-4 所示。通过分析用户的观看历史、互动行为以及视频特征，TikTok 能够构建出精细的用户画像，并根据这些画像为用户推荐高度个性化的内容。在这个过程中，用户的每一次行为——无论是滑动屏幕、点赞、评论，还是分享和关注——都被视为对推荐算法的宝贵反馈。这些反馈帮助算法更准确地捕捉用户的兴趣点和偏好，从而调整推荐策略以满足用户对新鲜、有趣内容的追求。

图 6-4　TikTok 的个性化推荐

值得一提的是，TikTok 还通过一系列创新方式鼓励用户更积极地参与到内容的创作中。例如，平台上的各种挑战、标签和音效不仅为用户提供了丰富的创作素材和灵感，还降低了内容创作的门槛，使更多用户能够轻松地参与到内容的生成中。这种用户参与不仅极大地丰富了平台的内容库，为推荐系统提供了更多样化的数据源，还通过增强用户对平台的归属感和黏性，进一步巩固了 TikTok 在短视频分享领域的领先地位。总的来说，TikTok 的个性化推荐系统是一个典型的用户驱动的内容创新模式，它通过深度挖掘用户行为和鼓励用户参与，实现了平台内容的持续创新和优化。

6.2.5　评估与反馈机制的重要性

在 AIGC 模型的设计和用户参与过程中，评估与反馈机制占据着至关重要的地位。它们不仅是衡量模型性能与用户满意度的重要工具，还是指导模型持续优化、适应市场变化的关键环节。

1. 确保模型性能与用户需求的匹配

评估机制通过定期对模型生成的内容进行质量、多样性、创新性等多方面的评估，确保模型输出与用户期望保持一致。这种评估通常基于一系列量化指标，如内容的准确性、相关性、独特性等，以及用户满意度调查或专家评审。通过这些评估，我们可以及时识别模型存在的问题和不足，为后续的调整和优化提供依据。

2. 收集用户反馈以指导模型改进

反馈机制则为用户提供了一个与模型互动、表达意见和建议的渠道。用户的反馈往往直接反映了他们对模型生成内容的看法和感受，这对于模型的改进至关重要。通过收集和分析用户反馈，我们可以了解用户对模型生成内容的满意度、对模型功能的期望以及在使用过程中遇到的问题等。这些信息不仅有助于我们发现模型的缺陷，还能为我们提供改进的方向和灵感。

3. 促进模型的持续优化与适应市场变化

评估与反馈机制的结合，形成了一个持续的优化循环。在这个循环中，模型根据评估结果和用户反馈进行调整与优化，然后再次进行评估和收集反馈，如此往复。这种持续优化不仅提升了模型的性能和质量，还使模型能够更好地适应市场变化和用户需求的变化。这对于保持模型的竞争力和生命力至关重要。

总之，评估与反馈机制在 AIGC 模型调整和用户参与过程中发挥着不可替代的作用。它们不仅确保了模型性能与用户需求的匹配，还收集了用户反馈以指导模型改进，并促进了模型的持续优化与适应市场变化。因此，在 AIGC 领域的发展中，我们应充分认识到评估与反馈机制的重要性，并不断完善和优化这些机制，以推动 AIGC 模型的不断进步和创新。

综上所述，用户参与和 AIGC 模型调整是一个相互影响、相互促进的过程。通过优化交互式创意过程、深入研究用户参与方式与影响以及建立有效的评估与反馈机制等措施，我们可以实现 AIGC 模型的不断优化和用户满意度的持续提升。这将有助于推动 AIGC 领域的发展和创新，为用户带来更加丰富和有价值的内容体验。同时，这也体现了 AIGC 技术在人机交互和内容创新方面的巨大潜力与广阔前景。随着技术的不断进步和应用场景的不断拓展，我们有理由相信 AIGC 将为用户带来更加精彩和丰富的内容体验。

6.3　创意设计中群智驱动的实例分析

创意的产生与传播已经不再是孤立的个体行为，而是日益倾向于集体智慧的汇聚与融合。群智驱动，作为一种新兴的创意设计模式，正逐渐展现出其强大的生命力和影响力。它打破了传统创意设计的界限，将大众的创造力与智慧汇聚于一处，通过协作与分享，不断推动创意的边界向外扩展。

6.3.1　群智驱动的定义与原理

在创意设计领域，群智驱动不仅仅是一种趋势，更是一种革命性的方法。它代表着一种转变，从传统的、依赖于少数专家的设计模式，到一种广泛汲取大众智慧、鼓励集体参与的创意过程。群智驱动充分利用了现代科技，特别是互联网和社交媒体的力量，将全球范围内的创意人才连接在一起，共同为某个问题或挑战寻找解决方案。

其原理基于"集体智慧"的概念，即当大量个体聚集在一起，通过交流和协作，他们的知识和能力可以汇聚成一种超越个体的智慧。这种智慧不仅可以解决复杂的问题，还可以产生新的、意想不到的创意。在群智驱动中，每个人都有机会贡献自己的智慧和创意，而这些创意和解决方案又可以相互启发，形成一种正向的循环。

此外，群智驱动还依赖于现代社交媒体和在线平台，这些平台为人们提供了便捷的交流和协作工具。通过这些工具，人们可以轻松地分享自己的创意、评价他人的作品，并与他人进行深入的讨论和合作。这种实时的互动和反馈机制，使得群智驱动成为一种动态、持续的过程，不断推动着创意的生成和优化。

总的来说，群智驱动的原理在于利用集体智慧和现代科技的力量，激发大众的参与和创意，共同推动设计的发展和创新。它不仅提高了创意的生成效率和质量，还促进了人与人之间的交流和合作，为创意设计领域带来了新的机遇和挑战。

6.3.2　人机共创在群智创意中的应用

人机共创在群智创意中的应用，体现了现代技术与人类创意的完美结合。在中国，这一趋势尤为明显，众多企业和设计师正积极探索和实践人机共创的模式，以期在激烈的市场竞争中脱颖而出。

以我国著名的在线教育平台"爱课程"为例，该平台将人机共创的理念融入课程设计和开发中。它利用先进的人工智能技术，对大量用户的学习行为数据进行分析和挖掘，从而为用户提供个性化的学习建议和智能推荐。同时，平台还鼓励用户参与到课程内容的创作中，通过众包的方式汇聚了众多教育专家和一线教师的智慧。这些专家和教师与人工智能系统相互协作，共同打造了一系列高质量、具有创新性的在线课程。

在这个过程中，人工智能系统不仅提供了大量的数据支持和智能辅助，还通过机器学习技术不断优化和完善课程设计。而人类则发挥了其独特的创造力和直觉，为课程注入了灵魂和温度。这种人机共创的模式，不仅提高了课程的质量和效率，还大大增强了用户的参与度和满意度。

除了在线教育领域，人机共创在群智创意中的应用还广泛存在于其他行业。例如，在建筑设计领域，有的设计师利用人工智能系统进行智能分析和模拟，为建筑设计提供了更加科学、合理的依据。同时，他们还通过众包平台邀请广大网友参与到建筑设计中来，汇聚了众多的创意和智慧。这种跨界合作的方式，不仅为建筑设计带来了更多的灵感和可能性，还促进了不同领域之间的交流和合作。

总的来说，人机共创在群智创意中的应用，已经成为推动中国创意设计领域发展的重要力量。它不仅提高了创意设计的效率和质量，还促进了人与人之间的交流和合作，为中国的创意设计注入了新的活力和动力。

6.3.3　成功案例——群智驱动的创新设计

在中国，群智驱动的创新设计也有许多令人瞩目的成功案例。下面我们就小米的"米粉节"活动和腾讯的"微信红包"设计进行分析。

【案例一】　小米的"米粉节"活动

小米的"米粉节"活动是一个典型的群智驱动创新设计的案例，它展示了如何通过汇集用户的智慧和创意，激发企业的创新潜力并满足市场需求，如图 6-5 所示。

图 6-5　小米的"米粉节"活动

　　首先，小米通过"米粉节"活动建立了一个开放、互动的平台，让用户能够自由地提出自己的建议和创意。这种开放的姿态不仅体现了小米对用户意见的重视，也激发了用户的参与热情。用户们纷纷在平台上分享自己对小米产品的使用体验、功能需求以及对未来发展的展望，这些宝贵的反馈为小米提供了宝贵的市场洞察。

　　其次，小米通过筛选和评估这些建议，挑选出优秀的创意并应用到实际的产品和服务中。这种筛选过程确保了创意的质量和实用性，同时也为小米节省了研发成本和时间。通过这种方式，小米能够更准确地把握市场需求，推出更符合用户期望的产品和服务。

　　最后，通过"米粉节"活动，小米还建立了一个紧密的社区，让用户感到自己的意见和创意受到了重视。这种社区氛围不仅增强了用户的忠诚度和品牌认同感，也为小米创造了一个口碑传播的良好环境。用户们在社区中分享自己的使用心得和创意，进一步推动了小米产品的普及和创新。

小米的"米粉节"活动是一个成功的群智驱动创新设计案例。它通过汇集用户的智慧和创意，不仅激发了用户的参与热情，也为小米带来了源源不断的创新灵感。通过这种方式，小米能够更准确地把握市场需求，不断优化产品和服务，从而赢得了消费者的广泛认可和喜爱。这种群智驱动的方式不仅有助于小米的持续发展，也为整个创意设计领域提供了新的启示和思考。

【案例二】 腾讯的"微信红包"设计

腾讯的"微信红包"设计是群智驱动在创新设计中的又一杰出案例，展示了如何通过集结大众的智慧和创意，将传统习俗转化为全民参与的线上活动，如图6-6所示。

图6-6　腾讯的"微信红包"设计

红包作为中国传统春节期间的重要习俗，具有深厚的文化底蕴和广泛的群众基础。腾讯敏锐地捕捉到了这一习俗的潜力和商业价值，通过微信平台将其推广和创新。这一举措不仅继承了传统文化，还赋予了其新的时代内涵和互动方式。

在微信红包的设计过程中，腾讯充分利用了群智驱动的力量。他们通过在线平台向广大用户征集红包设计的创意和建议。这一举措极大地激发了用户的参与热情和创新精神，吸引了数以亿计的用户积极参与。用户们纷纷提出自己的设计想法和建议，包括红包的外观、动画效果、互动方式等各个方面。

腾讯在收集到这些创意和建议后，进行了筛选和评估，将其中优秀的创意应用到实际的红包设计中。这些创意的汇聚使得微信红包的样式和功能不断丰富和完善，满足了用户多样化的需求和期望。同时，这种群智驱动的方式也使得微信红包的设计更加贴近用户的生活和审美,增强了用户的认同感和归属感。

最终,通过群智驱动的力量,腾讯成功地将微信红包打造成了一种全民参与的狂欢。每年的春节期间,微信红包都会成为亿万用户关注的焦点和热议的话题。人们通过发送和接收红包,传递着祝福和关爱,分享着喜悦和快乐。微信红包已经成为春节期间不可或缺的一部分,也成为腾讯品牌影响力和商业价值的重要来源。

这些成功案例表明,群智驱动的创新设计在中国也具有巨大的潜力和市场前景。通过激发大众的参与和创意,结合现代科技的力量,我们有望看到更多富有创意和实用性的设计作品诞生。

6.3.4　挑战与机遇——群智驱动的未来趋势

群智驱动作为一种创新的设计模式,虽然在过去的几年中取得了显著的成果,但仍面临着一些挑战和机遇。随着技术的不断发展和社会的不断进步,群智驱动有望在未来展现出更加广阔的应用前景和深远的影响。

1. 挑战

首先,**数据隐私和安全问题是群智驱动面临的重要挑战之一**。在群智创意过程中,涉及大量的用户数据和信息,如何确保这些数据的隐私和安全成了亟待解决的问题。未来,随着技术的发展,我们可以期待更加先进的加密技术和匿名化处理方法,以保护用户的个人信息不被滥用或泄露。

其次,**创意的质量和原创性保障是群智驱动需要关注的方面**。虽然群智驱动可以汇聚大众的智慧和创意,但如何确保这些创意的质量和原创性成了一个挑战。未来,我们可以通过建立更加完善的创意评估和激励机制,鼓励用户提供高质量的创意,并给予他们相应的回报和认可。同时,我们也可以通过技术手段来检测和处理重复或低质量的创意,提高整体创意的水平。

最后,**有效管理和激励大众参与是群智驱动面临的一个挑战**。为了吸引更多的用户参与到群智创意过程中,我们需要建立一个良好的社区氛围和激励机制。未来,我们可以通过设立奖励制度、建立用户积分体系等方式,激励用户积极参与并贡献自己的智慧和创意。同时,我们也需要加强对社区的管理和监管,确保社区的秩序和健康发展。

2. 机遇

尽管面临着这些挑战,但群智驱动仍具有广阔的发展前景和机遇。随着人工智能技术的不断进步,机器将更加智能地辅助人群创意的生成和优化,提高创意的质量和效率。这意味着未来我们可以通过更加智能的方式来挖掘和利用大众的智慧与创意,推动各个领域的创新和进步。

除了技术创新外，群智驱动还有望在更多领域得到应用。例如，在教育领域，我们可以通过群智驱动的方式汇聚教师的创意和教学经验，提高教育质量和效果；在医疗领域，我们可以通过群智驱动来推动医疗技术的创新和改进，提高医疗服务的质量和效率；在城市规划领域，我们可以通过群智驱动来汇聚市民的意见和建议，使城市规划更加贴近民意和实际需求。

综上所述，虽然群智驱动面临着一些挑战，但随着技术的不断进步和方法的完善，它仍具有广阔的发展前景和机遇。未来，我们有理由相信群智驱动将在创意设计领域发挥更加重要的作用，推动各个领域的创新和进步。

6.3.5　策略与实践——推动群智驱动的方法论

为了有效地推动群智驱动在创意设计中的应用和发展，我们需要制定并实施一系列的策略和实践方法。这些方法不仅有助于激发大众的创造力和参与度，还可以提高创意的质量和效率，进一步推动各个领域的创新和进步。

1. 良好的激励机制

激励机制是推动群智驱动创意设计的核心。有效的激励不仅应涵盖物质奖励，还应包括精神层面的认同和荣誉。物质奖励可以是现金、奖品或优惠券等，这些都能直接提升用户的参与热情。而精神奖励，如作品展示、荣誉证书或社区内的声望提升，则能满足用户的成就感和归属感。为了确保激励的公正性和有效性，评选过程必须公开透明，且应有一套清晰、公正的评选标准。此外，及时、具体的反馈也是激励机制中不可或缺的一部分，它能帮助用户了解自己作品的优缺点，从而进行有针对性的改进。

2. 易于使用与协作的在线平台

一个优秀的在线平台是推动群智驱动的基础设施。平台应具备简洁直观的用户界面，以降低用户的学习成本和使用门槛。同时，平台还应提供丰富的协作工具，如在线聊天、文件共享和版本控制等，这些都能极大地提升团队协作的效率和质量。此外，平台还应支持多种设备和浏览器，以确保用户可以在任何时间、任何地点都能顺畅地访问和使用。

3. 数据安全与隐私保护

在群智驱动的过程中，数据安全与隐私保护是至关重要的。首先，平台应采用先进的加密技术来保护用户数据在传输和存储过程中的安全。其次，对于敏感信息，如用户身份和联系方式等，平台应进行严格的访问控制和脱敏处理。再次，平台还应定期进行安全审计和漏洞扫描，以及时发现和修复潜在的安全风险。最后，平台应明确告知用户其数据收集、使用和共享的政策，以确保用户对自己数据的知情权和控制权。

4. 人工智能辅助工具

人工智能技术在群智驱动中发挥着越来越重要的作用。通过机器学习和深度学习算法，我们可以自动筛选和评估大量的创意作品，从而极大地提高了工作效率。同时，这些算法还能根据用户的历史行为和偏好为其推荐相关的创意与资源，进一步提升了用户的参与度和满意度。此外，人工智能还可以辅助用户进行创意的优化和改进，如提供自动化的设计建议、风格转换和版权检查等功能。

5. 加强合作与交流

合作与交流是推动群智驱动持续发展的重要动力。通过跨行业、跨领域的合作与交流，我们可以汇聚更多的智慧和资源来共同解决复杂的问题。同时，这种合作与交流还能促进知识的传播和共享，从而推动整个行业的进步和发展。为了实现有效的合作与交流，我们可以组织定期的线下研讨会、工作坊或展览等活动来促进面对面的交流与互动。同时，我们也可以利用社交媒体、在线论坛和社区等平台来进行线上的交流与协作。这些平台不仅可以打破时间和空间的限制，还能吸引更多志同道合的人参与进来。

6.4　未来展望——人机共创与多模态内容生成的融合

在数字时代的浪潮中，我们见证了科技如何以前所未有的速度改变着世界的面貌。随着人工智能技术的迅猛发展和广泛应用，人机共创与多模态内容生成的融合已经成为创意设计领域的前沿议题。这一趋势不仅预示着未来创意产业的巨大变革，更开启了人类与机器合作共创的新纪元。

人机共创，代表着人工智能与人类智慧的深度结合。通过先进的算法和模型，机器能够理解和模仿人类的创意过程，与创作者共同生成富有创新性和独特性的作品。多模态内容生成，则突破了传统单一媒体内容的限制，将文字、图像、声音、情感等多种信息模态融为一体，创作出更加丰富多样、立体生动的创意内容。

6.4.1　未来技术的发展趋势

未来的技术发展趋势将越来越注重人机共创与多模态内容生成的融合。这种融合不仅将改变我们创作和消费内容的方式，更将深刻影响整个社会的创意产业和经济发展。

(1) 人工智能技术的持续进步将推动人机共创走向新的高度。

传统的创作过程往往局限于人类自身的思维和创意，而人工智能的加入为这一过程注入了新的活力和可能性。

机器学习和深度学习技术让机器具备了从大量数据中学习与提炼知识的能力。这意味着机器不再仅仅是执行预设指令的工具，而是能够理解和模仿人类创意过程的智能伙伴。通过分析和学习人类创作者的思维模式、风格偏好以及创作技巧，机器能够提供独特的创意建议和灵感，与人类创作者形成互补。

在这种人机共创的模式下，创作者可以与机器进行实时互动，共同构建和完善作品。机器可以迅速生成多样化的创意选项，而人类创作者则能够凭借其独特的审美和直觉，筛选出最具创新性和独特性的作品。这种合作模式不仅打破了传统创作的界限，还极大地提高了创作效率和质量。

人机共创的推广和应用也将促进创意产业的快速发展。创作者们可以借助人工智能技术，创作出更加丰富多样、符合市场需求的内容。同时，人机共创模式也将为创意产业带来更多的商业机会和创新模式，推动整个行业的转型升级。

然而，人机共创也面临着一些挑战和伦理问题。如何确保机器创意的原创性和版权归属，如何平衡机器与人类创作者之间的创意贡献，以及如何在人机共创中保护人类的价值观和创意主权等，都是需要深入思考和探讨的问题。

综上所述，人工智能技术的持续进步将推动人机共创走向新的高度。这种合作模式将打破传统创作的界限，促进创意产业的快速发展，但同时也需要我们关注并解决其中的伦理和挑战。

(2) 多模态内容生成将成为未来创意产业的重要发展方向。

多模态内容生成作为未来创意产业的重要发展方向，预示着内容创作和表达方式将迎来一场革命性的变革。传统的单一模态内容，如纯文字、静态图像或单一音频，虽然各有其特点和优势，但在表达复杂情感和呈现多维信息时却显得捉襟见肘。多模态内容生成则通过融合文字、图像、声音、视频、情感等多种信息模态，打破了这种局限性，为创作者提供了更广阔的表达空间。

首先，多模态内容生成能够创作出更加丰富多样、立体生动的创意内容。通过将不同模态的信息相互融合，创作者可以更加全面地展现创意的多个层面，使内容更加生动、逼真。例如，在电影中，通过结合影像、音效、配乐和字幕，观众可以更加深入地感受到情节的氛围和情感。

其次，多模态内容生成使得内容更加贴近人们的真实感受和需求。人类的感知和认知是多模态的，我们通过视觉、听觉、触觉等多种方式接收和理解信息。多模态内容生成正是基于这一原理，通过模拟人类的感知方式，创作出更加符合人类感知习惯的内容，从而提供更加真实、自然的用户体验。

最后，**多模态内容生成还能够提升用户的互动性和参与度**。传统的单一模态内容往往只能提供有限的互动机会，而多模态内容则可以通过各种交互手段，如语音识别、手势识别等，与用户进行更加深入的互动。这种互动性不仅增加了用户的参与感，也为创作者提供了更多的反馈和创作灵感。

总的来说，多模态内容生成将成为未来创意产业的重要发展方向。它将为创作者提供更加广阔的表达空间，使内容更加生动、真实。同时，多模态内容生成也将推动创意产业的创新和发展，为用户带来更加丰富多样、立体生动的创意体验。

(3) 未来的技术发展趋势还将注重跨领域、跨行业的协同创新。

随着科技的迅猛发展，未来的技术发展趋势将更加注重跨领域、跨行业的协同创新。这种协同创新不仅突破了传统领域的界限，更实现了技术的深度融合与交叉应用，为创意产业带来了前所未有的创新机遇和商业模式。

首先，**跨领域、跨行业的协同创新能够打破传统思维的局限，激发新的创意和灵感**。不同领域和行业之间具有各自独特的知识体系、技术专长和创新思路。当这些不同领域的专家和技术人员汇聚一堂，共同交流和合作时，他们之间的思维碰撞和知识融合将产生出许多新的创意与解决方案。这种协同创新不仅能够推动技术的进步，更能够推动整个创意产业的创新和发展。

其次，**跨领域、跨行业的协同创新能够带来更多的商业模式和商业机会**。随着技术的不断融合和交叉应用，不同领域和行业之间的合作将变得更加紧密。这种合作不仅能够促进技术的转移和转化，更能够创造出新的商业模式和商业机会。例如，互联网技术与传统产业的结合催生了电子商务、共享经济等新型商业模式；人工智能技术与医疗健康的结合推动了精准医疗、智能诊断等领域的发展。这些新的商业模式和商业机会将为创意产业带来更多的增长点和动力。

最后，**跨领域、跨行业的协同创新还能够推动整个产业的转型升级**。随着技术的不断发展和应用，传统产业的转型升级已经成为大势所趋，而跨领域、跨行业的协同创新将为这种转型升级提供有力的支撑和推动。通过引入新技术、新思维和新模式，传统产业可以实现更高效、更智能、更环保的生产方式和服务模式，提升产业的整体竞争力和可持续发展能力。

综上所述，未来的技术发展趋势将更加注重跨领域、跨行业的协同创新。这种协同创新将打破传统思维的局限，激发新的创意和灵感；带来更多的商业模式和商业机会；推动整个产业的转型升级。因此，我们应该积极推动不同领域和行业之间的合作与交流，加强技术研发和人才培养，为未来的技术发展和创意产业的创新做出更大的贡献。

总的来说，未来技术的发展趋势将更加注重人机共创与多模态内容生成的融合。这种融合将带来前所未有的创意可能性和社会变革，为人类创造更加美好、多彩的未来。同时，我们也需要关注这些技术带来的伦理、社会和文化影响，确保其在推动社会进步的同时，也符合人类的价值观和期望。

6.4.2　人机共创与多模态内容生成的融合策略

随着技术的不断进步，人机共创与多模态内容生成已成为创意领域的重要发展方向。为实现这一过程的顺利融合，本文提出以下三个关键的融合策略，并进行深入探讨。

1. 算法模型的深度优化与创新

为实现人机共创与多模态内容生成的有效融合，对现有算法模型的深度优化和创新至关重要。这要求研究者不仅关注提升机器对单一模态(如文字、图像、声音)的处理能力，更要致力于开发能够理解和模仿人类创意过程的先进算法。这些算法应能够深入捕捉人类创意的核心要素，如情感表达、直觉感知和审美判断，从而与创作者形成紧密的协作关系，共同推动创意作品的创新性和独特性。

2. 交互界面的革新与人性化设计

交互界面的设计对于提升人机共创体验同样具有重要意义。为实现更加自然、直观且人性化的交互，研究者需开发新型的界面技术，使创作者能够轻松与机器进行沟通与合作。这些界面应能够实时反馈机器生成的创意内容，同时提供简洁易用的操作选项，便于创作者对机器的建议和灵感进行筛选、调整和完善。通过这种人性化的交互界面设计，创作者可以在与机器的紧密互动中不断激发新的创意灵感。

3. 建立多模态内容生成的标准与规范

为确保多模态内容生成的质量和一致性，建立一套完善的标准与规范显得尤为重要。这些标准应涵盖多模态内容生成的各个环节，包括数据采集与处理、算法选择与优化、内容呈现与评估等。同时，还需对生成内容的质量、创新性、一致性等方面进行严格的监控和评估。此外，随着技术和市场的不断发展变化，这些标准和规范也需要进行持续的更新与完善，以适应新的需求和挑战。

总之，实现人机共创与多模态内容生成的融合需要在算法模型优化与创新、交互界面革新与人性化设计以及建立多模态内容生成标准与规范等方面进行深入的研究和探索。这些策略的实施将有助于充分发挥人机共创与多模态内容生成的潜力，为创意领域的发展注入新的活力。

6.4.3　伦理、社会与文化考量

随着科技的快速发展，人机共创与多模态内容生成已逐渐成为研究领域的焦点。然而，技术的进步不仅带来了显著的实用性，还引发了一系列伦理、社会和文化方面的深层次问题。本文将详细探讨这些问题，并提出相应的应对策略。

1. 创意产权与知识产权的新界定

在机器越来越多地参与到创意生成的过程中，传统的创意产权和知识产权界定面临着前所未有的挑战。一方面，当机器能够模仿甚至创造出新颖的创意时，我们如何界定其产权归属？另一方面，随着创意内容与机器算法的深度融合，人类创作者在使用这些算法时如何确保不侵犯他人的创意？为解决这些问题，学界和法律界亟须共同探索新的界定方法，明确在人机共创中各方的权益与责任，并建立与之相适应的法律框架。

2. 数据隐私与安全的挑战

多模态内容生成涉及的海量数据不仅包括用户的基本信息，还可能涵盖其深层次的情感和行为模式。这使得数据的隐私保护尤为重要。如何在确保数据质量的同时，最大程度地保护用户隐私，防止数据被滥用或泄露，是摆在我们面前的一大难题。对此，除加强技术手段外，还需要建立起完善的监管机制和数据使用标准，以确保用户数据的安全性。

3. 社会文化的深刻影响

技术的进步往往伴随着社会文化的变迁。人机共创与多模态内容生成的发展不仅改变了人们的娱乐和消费方式，更在深层次上影响了我们的审美、价值观和社会认知。如何引导这一技术与社会文化的和谐发展，避免其对多元文化和价值观的冲击，是一个值得我们深思的问题。为此，我们需要在技术推广的同时，加强社会教育和文化研究，以确保技术进步与社会发展的同步进行。

4. 技术滥用的道德风险

每一项技术的进步都伴随着被滥用的风险。人机共创与多模态内容生成同样不例外。如何防止这一技术被用于传播虚假信息、操纵公众舆论等不道德甚至非法的目的，是我们在技术发展中必须严肃面对的问题。这要求我们不仅要加强技术自身的监管和审核机制，更需要从道德和法律的层面对技术应用进行严格的规范。

总之，面对人机共创与多模态内容生成带来的伦理、社会和文化挑战，我们需要从多个维度出发，制定全面的应对策略。这不仅需要技术人员的努力，更需要社会各界的广泛参与和深度合作。只有这样，我们才能确保这一技术在推动社会进步的同时，也能维护我们共有的伦理、社会和文化价值体系。

6.4.4　推动学术界与产业界的协同创新

随着技术的不断进步，人机共创与多模态内容生成已成为当前研究的热点。在这一背景下，学术界与产业界的协同创新显得尤为重要。本文将从资源共享、技术研发、人才培养和社会影响四个方面探讨如何推动双方在该领域的协同创新。

1. 资源共享与优势互补

学术界和产业界在资源方面各具优势。学术界拥有丰富的研究资源和深厚的理论基础，而产业界则具备强大的市场洞察力和丰富的实践经验。通过协同创新，双方可以实现资源的共享和优势互补，共同推动人机共创与多模态内容生成领域的发展。例如，学术界可以提供先进的算法模型和理论支持，而产业界则可以提供大规模的数据资源和实际应用场景，共同推动技术的研发和应用。

2. 技术研发与产品落地

在人机共创与多模态内容生成领域，技术研发与产品落地是紧密相连的。学术界在基础研究和关键技术突破方面发挥着重要作用，而产业界则负责将这些技术成果转化为实际产品并推向市场。通过协同创新，双方可以紧密合作，共同攻克技术难题，推动技术的快速迭代和产品的不断创新。这种合作模式有助于缩短技术研发周期，提高产品竞争力，从而推动整个行业的快速发展。

3. 人才培养与交流合作

人才培养是学术界与产业界协同创新的关键环节。通过共同参与研究项目、开展学术交流等活动，双方可以共同培养具备创新精神和实践能力的人才队伍。这种人才培养模式不仅有助于提升双方的研究水平和创新能力，还能为整个行业输送更多优秀人才。同时，交流合作还能促进双方之间的深入了解和信任建立，为未来的长期合作奠定坚实基础。

4. 社会影响与价值创造

学术界与产业界的协同创新在人机共创与多模态内容生成领域将产生深远的社会影响和价值创造。通过共同推动技术的研发和应用，双方将为社会带来更多创新性的产品和服务，提升人们的生活质量和幸福感。同时，这种协同创新模式还能推动相关产业的发展和升级，为社会经济发展注入新的活力。此外，通过加强国际合作与交流，双方还能共同推动全球范围内的人机共创与多模态内容生成领域的发展和进步。

总之，推动学术界与产业界在人机共创与多模态内容生成领域的协同创新具有重要意义。双方应该加强合作、互利共赢，共同推动该领域的技术研发、产品创新和人才培养等方面的工作，为社会的发展和进步做出更大的贡献。

6.4.5　结论与展望

经过深入研究和探讨，我们可以明确地得出结论，人机共创与多模态内容生成的融合将是未来创意设计领域的核心发展趋势。这种融合不仅代表了技术的巨大进步，更体现了人类对于创意和表达的无限追求。通过机器与人类的协同合作，我们可以期待产生更加丰富、多元和深入的创意内容，为人类文明的发展注入新的活力。

展望未来，人机共创与多模态内容生成的融合将为我们带来更多前所未有的机遇和挑战。随着技术的不断进步和应用领域的不断拓展，我们可以预见，这一领域将呈现出以下几个发展趋势：

(1) **技术的持续革新**。随着算法模型的优化、交互界面的革新以及多模态内容生成标准的建立，人机共创与多模态内容生成的技术基础将更加坚实和成熟。

(2) **应用领域的拓展**。除了传统的创意设计领域，人机共创与多模态内容生成还将广泛应用于教育、娱乐、医疗等多个领域，为社会的各个领域带来创新和价值。

(3) **伦理、社会和文化的深入探讨**。随着技术的广泛应用，我们将更加关注其在伦理、社会和文化方面的影响。通过深入的探讨和研究，我们将努力确保技术的发展符合人类的价值观和期望。

(4) **全球范围内的合作与交流**。人机共创与多模态内容生成的发展需要全球范围内的合作与交流。通过跨国界、跨领域的合作，我们可以共同推动这一领域的发展和创新。

综上所述，人机共创与多模态内容生成的融合将为未来的创意设计领域带来无限可能。我们期待着这一领域的蓬勃发展，为人类创造更加美好、多彩的未来。

第7章
跨模态内容生成与未来出版革新的实践——创意设计的数字媒体突破

在数字时代的浪潮下，跨模态内容生成与未来出版革新正以前所未有的速度改变着我们的生活方式和文化景观。随着技术的不断进步和创新，传统出版业正面临着深刻的转型与挑战，而跨模态内容生成则以其独特的方式为这一转型提供了强大的动力和支持。

我们将通过梳理跨模态内容生成的基础与进展，揭示其背后的核心原理和应用场景；同时，我们也将关注传统出版模式受到的冲击与转型，以及出版革新中的人机共创实践。这些议题不仅关乎出版业的未来发展，也涉及数字媒体时代创意设计的边界与可能性。

在这个过程中，我们将看到 AIGC 技术在跨模态内容生成中的重要作用，以及它如何为出版业带来革命性的变革。我们还将探讨数字化转型的挑战与机遇，以及用户体验与互动设计在出版业中的重要性。这些讨论将有助于我们更好地理解跨模态内容生成与未来出版革新的内在联系和发展趋势。

7.1　跨模态内容生成的基础与进展

跨模态内容生成，作为现代人工智能领域中的一个重要分支，其基础与进展日益受到关注。这一技术主要涉及如何将不同模态的数据和信息进行融合与转换，以生成新的、多维度的内容。

7.1.1 跨模态内容生成的定义与发展历程

跨模态内容生成方法是一种利用不同模态的数据和信息,通过技术手段进行融合和再创造,生成新颖、多元的内容形式的方法。这里的模态指的是信息呈现的不同方式,如文本、图像、音频、视频等。跨模态内容生成旨在打破不同模态之间的界限,实现信息在多个维度和角度上的自由表达和交互。

跨模态内容生成的核心在于建立不同模态之间的映射关系,使得一种模态的信息可以转化为另一种模态的形式。这种映射关系的建立依赖于深度学习、计算机视觉、自然语言处理等领域的技术手段。通过训练大量的数据,模型可以学习到不同模态之间的关联性和转换规律,从而实现跨模态的内容生成。

跨模态内容生成技术的发展历程可以追溯到早期的人工智能研究。在早期的研究中,人们主要关注单一模态的处理和分析,如文本挖掘、图像识别等。这些研究为跨模态内容生成奠定了基础,使得人们开始思考如何将不同模态的信息结合起来,以实现更丰富的语义表达和更准确的情感传递。

随着技术的不断进步,多模态融合逐渐进入研究视野。多模态融合试图将不同模态的信息结合起来,以弥补单一模态在表达上的不足。例如,在视频分析中,结合图像和音频信息可以更准确地识别出视频中的内容和情感。在这一阶段,研究者开发了一系列多模态融合算法和模型,为跨模态内容生成提供了初步的解决方案。

近年来,随着深度学习、计算机视觉和自然语言处理等技术的迅猛发展,跨模态内容生成迎来了前所未有的机遇。深度学习模型,特别是基于生成对抗网络和变分自编码器的方法,为跨模态内容生成提供了强大的工具。这些模型能够从大量数据中学习并生成逼真的图像、音频和视频,实现了从文本到图像、从音频到视频等多种模态之间的转换和融合。同时,随着数据集的不断扩大和模型的不断优化,跨模态内容生成的质量和效果也得到了显著提升。

在这一发展历程中,跨模态内容生成不仅拓宽了信息表达的边界,也为创意设计领域带来了新的启示和可能性。它打破了传统媒介的界限,使得创作者能够以前所未有的方式表达自己的创意和想法。同时,跨模态内容生成也为数字媒体、出版、广告、游戏等行业带来了革命性的变革,推动了整个创意设计领域的创新和发展。随着技术的不断进步和应用场景的不断拓展,我们有理由相信跨模态内容生成将在未来发挥更加重要的作用。

7.1.2 数字媒体与出版行业的演变

随着科技的飞速进步，数字媒体与出版行业经历了前所未有的演变。这一变革不仅重塑了内容的生产和传播方式，更极大地丰富了用户的阅读体验。

1. 数字媒体的崛起

数字媒体的崛起是 21 世纪最为显著的技术变革之一。从早期的简单文本和图片，到如今的音频、视频、虚拟现实和增强现实等多媒体形式，数字媒体为内容创作者提供了无限的可能性。这种变革不仅使得信息传播速度加快，更使得信息的表达方式变得更为丰富和生动。

2. 出版行业的转型

随着数字媒体的崛起，传统的出版行业也经历了巨大的转型。传统的纸质书籍、杂志和报纸逐渐被电子书、电子杂志和在线新闻所替代。这种转型不仅仅是形式上的变化，更是商业模式和产业链的重新构建。数字出版不仅降低了生产和分发(发行)成本，还使得内容可以更加快速地触达用户，图 7-1 展示了融合发展的重要性。

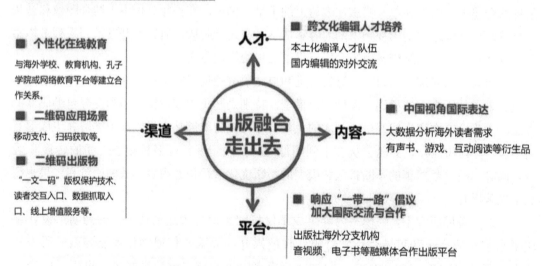

图 7-1 融合发展成为出版走出去新动能

3. 多媒体内容的兴起

在数字媒体和出版行业的演变中，多媒体内容的兴起是一个重要的趋势。多媒体内容指的是融合了文字、图片、音频、视频等多种模态的内容。这种内容形式不仅可以更加全面地传达信息，还可以提供更加沉浸式的阅读体验。例如，一本电子书可以包含文字、图片、音频和视频等多种元素，使得读者可以更加深入地理解和感受书中的内容。

4. 用户体验的多元化

随着数字媒体和出版行业的演变，用户体验也变得越来越多元化，如图 7-2 所示。用户不再只是被动地接受信息，而是可以更加主动地参与到内容的创造和分享中。例如，许多电子书平台都提供了用户评论、分享和创建书单等功能，使得用户可以与内容进行更加深入的互动。

图 7-2　用户多元化

综上所述，用户体验的多元化是数字媒体和出版行业演变中的一个重要趋势。通过提高用户参与度、追求个性化体验、融入社交元素、实现跨平台无缝体验以及完善反馈机制等手段，出版行业能够为用户提供更加丰富、多样和个性化的体验，从而吸引和留住更多用户。

总之，数字媒体的发展对出版行业产生了深远的影响。这种影响不仅改变了内容的生产和传播方式，更使得用户体验变得更加多元化和丰富。随着技术的不断进步和创新，我们有理由相信数字媒体与出版行业将继续迎来更加广阔的发展前景。

7.1.3　AIGC 技术在跨模态内容生成中的应用

AIGC(Artificial Intelligence Generated Content)技术即人工智能生成内容，已经成为跨模态内容生成领域的重要支撑。随着深度学习、自然语言处理(NLP)等技术的飞速发展，

AIGC 技术展现出巨大的潜力和应用价值，特别是在出版行业中，它为内容创作者提供了前所未有的创意资源和生产工具。AIGC 技术在跨模态内容生成中的应用详解如表 7-1 所示。

表 7-1　AIGC 技术在跨模态内容生成中的应用详解

应用领域	具体应用	详　细　描　述
文本生成	文章草稿、摘要、标题生成	利用大规模语料库训练模型，学习语言模式和规律，快速生成高质量的文本内容。在出版领域，这极大提高了作者的创作效率
	个性化文本定制	根据用户需求和偏好，定制个性化的文本内容，满足用户的多样化需求。例如，为用户生成定制的新闻摘要、故事结局等
图像生成	插图、封面设计	结合深度学习和计算机视觉技术，自动生成高质量的图像内容，为出版物提供丰富的视觉体验
	虚拟场景、角色生成	根据文本描述或用户需求，生成虚拟场景和角色，为电子书、杂志等提供更具吸引力的内容
	文本到图像的跨模态转换	将文本内容自动转换为图像，实现跨模态的内容生成。例如，根据小说描述自动生成对应的场景图
音频生成	语音合成	利用 AIGC 技术生成高质量的语音内容，如电子书的朗读版本、音频教程等，为用户提供便捷的听书体验
	音乐创作	自动生成音乐旋律、和声等，为出版物或多媒体内容提供背景音乐或音效
	文本和图像到音频的跨模态转换	将文本和图像内容自动转换为音频，实现跨模态的内容生成。例如，根据绘本自动生成对应的朗读音频和背景音乐
跨模态内容生成	文本到图像/音频的转换	根据文本内容自动生成对应的图像或音频内容，丰富内容的呈现形式
	图像到文本/音频的转换	将图像内容自动转换为文本描述或音频内容，提高内容的传播效率和用户的阅读体验。例如，将图片新闻自动转换为文字报道或语音播报
个性化和定制化内容	用户兴趣分析	通过分析用户的阅读习惯、偏好和需求，为用户生成符合其兴趣的个性化内容推荐
	定制化内容生成	根据用户的需求和偏好，为用户生成定制化的内容。例如，为用户生成定制的电子书、杂志或音频节目等。这不仅可以提高用户的满意度和忠诚度，还可以为出版行业开辟新的商业模式和盈利途径

　　综上所述，AIGC 技术在跨模态内容生成中的应用涵盖了文本、图像和音频等多个领域，为出版行业带来了巨大的变革和创新空间。这些应用不仅提高了内容的生产效率和质量，还丰富了内容的呈现形式和用户的阅读体验。随着技术的不断进步和应用场景的不断拓展，AIGC 技术将在未来发挥更加重要的作用。

7.1.4　创意设计的角色与影响

　　在跨模态内容生成中，创意设计如同一颗璀璨的明珠，为整个内容创作过程注入了灵魂和活力。它不仅仅是视觉和听觉上的美化，更是一种独特的表达方式和创新思维的体现。创意设计在跨模态内容生成中扮演着多重角色，其影响深远而广泛。创意设计的角色与影响详解见表 7-2。

　　总之，创意设计在跨模态内容生成中发挥着多重角色，包括视觉与听觉的引领者、情感与共鸣的激发者以及品牌与形象的塑造者。同时，创意设计对内容的吸引力与传播力、用户的沉浸体验以及商业价值的实现都产生了深远的影响。在未来的内容创作中，创意设计将继续发挥重要作用，推动跨模态内容生成领域的不断创新和发展。

表 7-2　创意设计的角色与影响详解

创意设计	影响	具体内容	详　细　描　述
角色	视觉与听觉的引领者	多媒体元素融合	创意设计将文字、图像、音频和视频等多媒体元素巧妙地融合在一起，为内容提供富有吸引力和感染力的跨模态体验
		引人注目的外观	通过独特的视觉元素和听觉效果，创意设计使内容在外观上引人注目，留下深刻印象
	情感与共鸣的激发者	触发情感反应	创意设计利用色彩、形状、音乐等元素触发用户的情感反应，使其与内容产生共鸣
		传递情感和信息	创意设计将内容中的情感和信息有效地传递给用户，加深用户对内容内涵和价值的理解与感受
	品牌与形象的塑造者	独特视觉风格	通过独特的视觉风格和创意表达，创意设计帮助品牌在市场中树立独特的形象和个性
		品牌形象塑造	创意设计在品牌形象塑造方面发挥关键作用，使品牌在竞争激烈的市场中脱颖而出

创意设计	影响	具体内容	详 细 描 述
影响	提升内容的吸引力与传播力	增加趣味性和吸引力	创意设计使内容更加有趣和吸引人，提高用户的接受度和传播意愿
		推动内容传播	通过独特的视觉和听觉效果，创意设计吸引用户注意力，推动内容在社交媒体等平台的广泛传播
	增强用户的沉浸体验	创新表达方式	创意设计采用创新的表达方式，使用户更加深入地参与到内容中，获得更加真实和生动的视听体验
		多媒体元素融合	通过融合多种媒体元素，创意设计为用户带来更加丰富和多元的沉浸式体验
	促进商业价值的实现	吸引潜在客户关注	创意设计的独特性和吸引力能够吸引潜在客户的关注，提高品牌知名度和美誉度
		提升品牌竞争力	创意设计帮助品牌在市场中树立独特形象，提升品牌竞争力，从而实现商业价值
		推动创新发展	创意设计推动跨模态内容生成领域的不断创新和发展，为行业带来新的商业机会和盈利模式

7.1.5 当前趋势与未来展望

当前，跨模态内容生成已成为出版行业的新趋势，这一变革源于人工智能、机器学习及自然语言处理等技术的显著进步。这些技术为内容的处理和呈现提供了前所未有的可能性，使得出版内容能够融合文字、图像、音频等多种模态，进而满足现代用户对于动态、互动式阅读体验的追求。然而，技术的演进仅是这一趋势的驱动力之一，创意设计和用户体验的优化同样占据核心地位。未来的出版业将更加注重内容的创意性和设计感，以及如何通过个性化、人性化的服务深化用户的阅读体验。

展望未来，技术的持续革新将推动跨模态内容生成技术向更高质量、更个性化的方向发展。智能化与高效化的技术将使得内容的自动生成更加精准和符合用户需求。同时，随着市场竞争的加剧，创意设计在内容吸引力方面的作用将愈发凸显。出版企业需不断探索创新路径，以应对用户需求的多样化和市场的快速变化。

综上所述，跨模态内容生成作为出版行业的新动向，不仅代表了技术的飞跃，更预示着出版业在内容创造和服务模式上的深刻转变。这一趋势将推动出版业走向一个更加多元、互动、个性化的未来，同时也对出版企业提出了更高的创新要求，以适应学术和市场发展的双重挑战。

7.2　AIGC 在出版领域的核心原理与应用

7.2.1　AIGC 技术的核心原理

AIGC 技术的核心原理基于深度学习和自然语言处理，这两种技术相结合使得 AIGC 能够生成具有原创性和多样性的内容。

1. 深度学习

在 AIGC 中，深度学习算法发挥着至关重要的作用。通过训练大量的数据模型，深度学习能够从海量的文本数据中提取出有用的特征和模式。这些算法利用多层的神经元网络对数据进行逐层抽象和表示，逐步从低级的特征(如单词、短语)抽象到高级的特征(如句子、段落、篇章的语义和上下文信息)。通过这种方式，深度学习能够实现对复杂文本内容的深入理解和高效生成。

深度学习模型如循环神经网络(RNN)能够处理序列数据，如文本中的句子和段落，通过捕捉序列中的时序依赖关系来生成连贯的文本内容。另外，生成对抗网络和变分自编码器等生成模型也被广泛应用于 AIGC 中，它们通过学习数据的分布来生成新的、与原始数据相似的文本内容。

2. 自然语言处理

自然语言处理是 AIGC 技术的另一个核心组成部分。它涉及对文本数据的预处理、词法分析、句法分析、语义理解等多个环节。通过 NLP 技术，AIGC 能够理解和处理人类语言的复杂性与多样性，生成符合语法和语义规则的文本内容。

在 NLP 中，词法分析将文本切分成单词、短语等基本元素，并标注它们的词性；句法分析则研究句子中词语之间的结构关系，构建出句子的语法结构；语义理解则是对文本深层次的含义进行解析和推理，理解文本的真正意图和含义。这些技术为 AIGC 提供了理解和生成自然语言文本的基础。

综上所述，AIGC 技术的核心原理是通过深度学习和自然语言处理的结合，从大量的文本数据中提取特征和模式，模拟人类的创作过程，生成具有原创性和多样性的内容。这种技术的应用为出版领域带来了巨大的创新和变革。

7.2.2　AIGC 在出版中的实际应用案例

AIGC 技术在我国出版领域的应用已经呈现出显著的潜力和价值，这一趋势随着技术的不断发展和完善而日益明显。通过深度融入出版流程的各个环节，AIGC 技术正在重塑传统出版业的生态和格局。

第一，**AIGC 技术已在相关内容生成过程中成功使用**。在内容创作方面，一些前沿的媒体与出版机构已经成功地将 AIGC 技术引入新闻稿件和其他类型内容的生成过程中。基于深度学习的 AIGC 系统能够高效地抓取和分析海量数据，进而生成既具有时效性又在内容和深度上达到高标准的文章。这种自动化的内容生产方式不仅显著提升了新闻生产的效率，也为读者带来了更为丰富和多元的信息资源。

第二，**AIGC 技术在出版物的视觉呈现上发挥了重要作用**。利用这一技术，出版社能够轻松地根据关键词或主题生成符合特定风格和主题的封面设计和插图。这种创新的应用方式不仅极大地减轻了设计师的工作负担，同时也为出版物注入了更多的个性化和创意元素。

第三，**AIGC 技术在音频生成方面同样展现出了强大的实力**。随着有声读物市场的蓬勃发展，越来越多的出版机构开始利用这一技术将文字内容转化为高质量的语音输出，从而制作出丰富多样的有声读物产品。这种新型的阅读方式不仅为读者提供了更多的选择空间，也为出版机构开辟了新的市场增长点。

第四，**AIGC 技术在个性化推荐和智能编辑方面的应用日益受到关注**。通过对用户阅读历史和偏好的深入分析，AIGC 系统能够精准地为用户推荐符合其兴趣和需求的内容资源。此外，这一系统还能辅助编辑人员进行内容筛选和优化工作，从而进一步提高出版物的整体质量和用户满意度。

第五，**AIGC 技术在跨媒体内容生成与传播方面展现出了巨大的潜力**。借助这一技术，出版机构能够将文字内容转化为视频、图像等多种形式，实现内容的跨媒体传播和多元化呈现。这种创新的应用方式不仅极大地丰富了内容的展现形式和传播渠道，也为提升内容的传播效率和影响力提供了有力支持。

综上所述，AIGC 技术在出版领域的应用已经取得了显著的成果和进展。通过深度融入出版流程的各个环节并持续推动创新应用的发展，这一技术有望在未来为出版业带来更加革命性的变革和更加广阔的发展空间。

7.2.3　数字化转型的挑战与机遇

数字化转型对于出版行业而言，既是一系列需要应对的挑战，也是一次前所未有的机遇。

1. 挑战

首先，**技术更新的迅速性是出版行业必须面对的一大挑战**。在这个日新月异的时代，新的技术和工具层出不穷，要求出版行业不仅要跟上技术的步伐，更要预见未来的技术趋势并提前布局。这意味着出版行业需要加大在技术研发和创新上的投入，培养一支具备高度专业素养和技术能力的团队，以确保在激烈的市场竞争中保持领先地位。

其次，**版权保护问题也是数字化转型中不可忽视的挑战**。数字化内容由于其易复制和传播的特性，使得版权保护变得尤为困难。出版行业需要采取有效的措施来保护原创作品的权益，避免作品被非法复制和传播。这包括加强技术手段的运用，如数字水印、加密技术等，以及完善法律法规体系，加大对侵权行为的打击力度。

最后，**数据安全和隐私保护也是数字化转型过程中需要重点关注的问题**。在收集和处理用户数据和个人信息时，出版行业必须严格遵守相关法律法规，确保用户数据的安全性和隐私性。同时，还需要建立健全的数据管理制度和风险控制机制，防止数据泄露和滥用等风险的发生。

2. 机遇

尽管数字化转型带来了一系列挑战，但它也为出版行业带来了前所未有的机遇。

首先，**数字化转型为出版行业提供了更广阔的市场空间**。通过线上销售和推广，出版物可以覆盖更广泛的受众群体，打破地域和时间的限制。这为出版行业带来了巨大的商业潜力和发展空间。

其次，**数字化转型使得出版行业能够为用户提供更加个性化的服务**。通过利用大数据和人工智能等先进技术，出版行业可以深入了解用户的阅读偏好和需求，为用户提供定制化的内容和个性化推荐。这不仅提升了用户的阅读体验，也增强了用户对出版品牌的忠诚度和黏性。

最后，**数字化转型为出版行业带来了创新商业模式的机遇**。传统的出版模式往往依赖于单一的销售渠道和盈利模式，而数字化转型则为出版行业提供了更多元化的商业模式选择。例如，通过订阅制、会员制等模式，出版行业可以实现持续的收入增长和用户黏性提升，同时，还可以探索与其他产业的跨界合作和创新模式，如与影视、游戏等产业的联动开发，进一步拓展产业链和价值链。

综上所述，数字化转型对出版行业而言既是一次挑战也是一次机遇。通过积极应对挑战并抓住机遇，出版行业可以实现持续的创新和发展，为用户带来更多优质、个性化的内容和服务。

7.2.4　用户体验与互动设计的重要性

在出版领域，用户体验与互动设计的重要性不容忽视，它们直接影响着用户对出版物的接受度和满意度。随着数字化转型的深入，用户体验与互动设计成为出版行业竞争力的关键要素之一。

(1) 用户体验与互动设计对于提升用户满意度至关重要。

用户体验与互动设计在提升用户满意度方面扮演着至关重要的角色。在出版领域，用户的满意度是衡量一个出版物成功与否的核心标准之一。满意度不仅反映了用户对出版物内容质量的认可，还体现了他们对出版物整体使用体验的认可。

首先，一个优秀的用户体验设计，要求出版物拥有直观、简洁且易于操作的用户界面。用户界面的设计应该符合用户的认知习惯，使用户能够快速地找到所需的功能和信息。同时，界面元素的布局和交互方式应该符合逻辑，减少用户的操作步骤和思考成本。这样的设计能够让用户在使用过程中感到舒适和顺畅，从而增加对出版物的好感度。

其次，除了操作界面的友好性，交互功能的丰富性也是提升用户体验的关键。通过提供多样的交互方式，如问卷调查、用户评论、分享功能等，出版物可以让用户更深入地参与到内容的创作中，与出版物产生更紧密的联系。这种互动不仅增强了用户的参与感和归属感，还能够为出版物提供宝贵的用户反馈，帮助出版方更好地了解用户需求，优化内容和服务。

最后，内容的吸引力也是提升用户满意度的重要因素。出版物应该提供高质量、有趣、有价值的内容，满足用户的阅读需求。同时，内容的呈现方式也应该符合用户的阅读习惯和审美偏好，使得用户在阅读过程中能够获得愉悦的体验。

总之，用户体验与互动设计对于提升用户满意度至关重要。通过优化操作界面、丰富交互功能以及提供高质量的内容，出版物能够为用户带来更加舒适、顺畅和有趣的阅读体验，从而增强用户对出版物的认同感和满意度。这对于出版行业来说至关重要，因为用户的满意度直接关系到出版物的市场表现和持续发展的能力。

(2) 用户体验与互动设计有助于增强用户的参与感。

在数字化时代，用户的参与感对于出版物的成功至关重要。传统的出版模式往往将用户视为单纯的接受者，而在数字化转型的背景下，用户渴望更加积极地参与到内容的创作和分享中。因此，用户体验和互动设计成为增强用户参与感的关键手段。

首先，**通过互动设计，出版物可以为用户提供多种参与方式**。例如，通过调查问卷，出版物可以收集用户对内容的看法和意见，了解用户的喜好和需求。这种参与方式不仅让用户感到被重视，还能为出版方提供宝贵的用户反馈，帮助他们优化内容和满足用户需求。

其次，**用户评论是另一种重要的互动方式**。它允许用户对出版物的内容发表自己的见解和感受，与其他用户进行交流和讨论。这种参与方式不仅增强了用户的归属感和社区感，还能为出版方提供实时的用户反馈，帮助他们了解用户对内容的接受程度和喜好。

最后，**分享功能也是提升用户参与感的重要手段**。通过分享按钮和推荐功能，用户可以轻松地将自己喜欢的内容分享给其他人。这种分享行为不仅能让更多的人了解和接触到出版物，还能增强用户的参与感和成就感。

总之，用户体验与互动设计在增强用户参与感方面发挥着重要作用。通过提供多种参与方式，如调查问卷、用户评论和分享功能等，出版物可以吸引用户更加积极地参与到内容的创作和分享中。这种参与感不仅能提升用户的满意度和忠诚度，还能为出版物提供宝贵的用户反馈和建议，促进其持续改进和优化。因此，在数字化转型的过程中，出版行业应该注重用户体验与互动设计的优化和创新，以吸引更多的用户参与并提升出版物的市场竞争力。

(3) 用户体验与互动设计对于促进出版物的传播和分享也起着重要作用。

在当今社交媒体普及的环境下，用户体验和互动设计在推动出版物的传播与分享中显得格外重要。出版物如果设计得当，提供了优秀的用户体验和互动功能，便能够有效激发用户的阅读兴趣与分享动机，从而加速内容的广泛传播。

首先，**分享按钮和推荐功能等互动设计元素能够简化用户的分享过程**。用户只需点击一下按钮，就能轻松将喜欢的内容分享到社交媒体平台，如微博、微信、抖音等。这种便捷的分享方式大大降低了用户的参与门槛，使得更多的人有机会接触到出版物。

其次，**一个出色的用户体验能够提升用户对出版物的认同感和好感度**。当用户在阅读过程中感受到流畅、直观、有趣的操作体验时，他们更有可能将这份愉悦分享给身边的朋友和家人。这种口碑传播是扩大出版物影响力的有效途径之一。

最后，**社交媒体平台上的用户互动也能进一步推动出版物的传播**。用户在分享内容后，往往会在评论区与其他用户进行交流和讨论。这些互动不仅能够增加出版物的曝光度，还能吸引更多潜在用户的关注。

用户体验与互动设计在促进出版物的传播和分享方面发挥着不可替代的作用。它们不仅能够激发用户的分享欲望,让更多的人了解和接触到出版物,还能扩大其影响力和覆盖范围,为出版行业带来更多的潜在用户和市场机会。同时,这种传播和分享还能够增强出版物的品牌知名度和影响力,进一步提升其在市场中的竞争力。因此,在数字化转型的过程中,出版行业应该重视用户体验与互动设计的优化和创新,以更好地满足用户需求,提升出版物的传播效果和市场表现。

综上所述,用户体验与互动设计在出版领域中具有举足轻重的地位。它们不仅能够提升用户的满意度和参与感,还能够促进出版物的传播和分享。因此,出版行业在数字化转型过程中应该注重用户体验与互动设计的优化和创新,以提供更加优质、个性化和互动性强的出版物,满足用户的需求和期望。

7.2.5　技术融合与创新的路径

在出版领域,技术融合与创新是推动行业持续发展的核心动力。为了紧跟时代步伐,出版行业必须积极寻求技术融合与创新的路径。

首先,**跨界合作是一个不可忽视的方向**。通过与技术公司、媒体机构等不同领域的合作,出版业可以引入前沿技术,优化内容制作、分发和呈现方式。这种合作不仅有助于提升出版物的市场竞争力,还能为行业带来新的发展机遇。

其次,**持续学习与创新精神是出版行业持续发展的关键**。随着技术的快速发展,出版从业者需要保持对新技术的敏感度和好奇心,不断学习新知识,掌握新技能。同时,鼓励创新思维,推动团队内部的思想碰撞和创意交流,有助于开发出更具创意和吸引力的出版物。

再次,**为了实现技术突破和创新,出版行业还需要加大对技术研发的投入**。这包括设立专门的研发部门,培养自己的研发团队,以及与外部研发机构建立紧密的合作关系。通过投资研发,出版行业可以掌握核心技术,提升产品质量和服务水平,进一步巩固市场地位。

最后,**用户反馈和迭代是技术融合与创新过程中不可忽视的一环**。用户的意见和反馈是改进产品与服务的宝贵资源。出版行业需要建立完善的用户反馈机制,及时收集和分析用户数据,了解用户需求和市场趋势。根据用户反馈进行产品的持续优化和迭代,可以不断提升用户体验,增强用户黏性,为企业的长期发展奠定坚实基础。

综上所述,技术融合与创新是出版行业持续发展的必由之路。通过跨界合作、持续学习与创新、投资研发以及用户反馈和迭代等多方面的努力,出版行业可以不断提升自身的技术实力和市场竞争力,为用户带来更加优质和丰富的阅读体验。

7.3　传统出版模式受到的冲击与转型

随着科技的飞速进步和数字化浪潮的席卷，传统出版模式正面临着前所未有的挑战与机遇。曾经以纸张为媒介、以印刷为手段的传统出版，如今在数字媒体和互联网技术的冲击下，逐渐显露出其局限性。然而，正是这些挑战推动着出版业不断探索创新，寻求转型之路。

在这个转型的关键时期，出版业需要保持敏锐的洞察力和创新精神，积极拥抱数字化和智能化的发展趋势。通过拓展发行渠道、提供个性化定制服务、加强跨界合作等方式，传统出版业可以焕发新的生机与活力。我们相信，在挑战与机遇并存的时代背景下，出版业将不断焕发新的光彩，为读者带来更加优质、便捷的阅读体验。

7.3.1　传统出版模式的局限性

传统出版模式在过去几个世纪中一直占据着主导地位，它以纸张为媒介，通过印刷手段将内容传递给读者。然而，随着科技的飞速进步和数字化时代的到来，这种模式的局限性逐渐显现。

首先，**传统出版模式的制作成本较高**。从编辑、排版、印刷到发行，每一个环节都需要投入大量的人力、物力和财力。特别是对于一些大型出版物来说，制作成本更是天文数字。这不仅限制了出版物的种类和数量，也增加了读者的购买门槛。

其次，**传统出版模式的发行渠道有限**。出版物的发行主要是依靠书店、图书馆等实体渠道进行销售和推广，覆盖面相对较窄。而且，由于发行渠道的限制，读者获取出版物的速度和便捷性也受到一定影响。

再次，**传统出版模式的内容更新速度较慢**。一旦出版物完成印刷和发行，其内容就难以进行实时更新。这使得传统出版物在面对快速变化的市场需求和读者兴趣时显得捉襟见肘。

最后，**传统出版模式难以实现大规模个性化定制**。由于制作和发行成本的限制，传统出版企业很难为每一位读者提供个性化的内容和服务。这在一定程度上限制了读者的阅读体验和满意度。

总之，传统出版模式在制作成本、发行渠道、内容更新和个性化定制等方面存在明显的局限性。这些局限性使得传统出版业在面对数字化时代的挑战时显得力不从心。因此，传统出版业需要积极寻求转型和创新，以适应新的市场需求和技术发展。

7.3.2　数字媒体对传统出版模式的冲击

随着数字技术的迅猛发展和互联网的普及，数字媒体以其独特的优势迅速崛起，对传统出版模式造成了前所未有的冲击。

首先，数字媒体的传播速度极快，极大地缩短了内容从创作到发布的时间。传统出版需要经过编辑、校对、印刷、发行等多个环节，耗时较长。数字媒体可以利用互联网实现实时发布，让读者几乎在第一时间就能获取到最新的内容。这种速度上的优势使得数字媒体在吸引读者、抢占市场方面具有显著的优势。

其次，数字媒体的覆盖范围广泛，几乎不受地域限制。传统出版物的发行往往受到地域、物流等因素的制约，难以覆盖到每一个角落。数字媒体可以通过互联网将内容传播到全球范围内，让读者无论身处何地都能轻松获取到所需的信息。这种覆盖范围的广泛性使得数字媒体在拓展市场份额方面具有巨大的潜力。

再次，数字媒体的互动性强，能够提供更加丰富的阅读体验。传统出版物的阅读体验相对单一，读者往往只能被动地接受内容。数字媒体可以通过添加评论、点赞、分享等互动功能，让读者能够积极参与其中，同作者与其他读者进行交流和讨论。这种互动性的增强使得数字媒体在阅读体验方面具有更高的吸引力。

最后，数字媒体提供了丰富的个性化定制选项，让读者能够根据自己的喜好与需求来选择和定制内容。传统出版物的内容和形式相对固定，很难满足每一位读者的个性化需求。数字媒体可以通过算法分析读者的阅读习惯和兴趣偏好，为其推荐更加精准的内容，并提供个性化的排版、字体、背景等定制选项。这种个性化定制的服务使得数字媒体在吸引读者、提高用户黏性方面具有显著的优势。

总之，数字媒体的崛起对传统出版模式造成了巨大的冲击。其传播速度快、覆盖范围广、互动性强以及提供个性化定制等特点使得数字媒体在吸引读者、拓展市场份额等方面具有显著优势。因此，传统出版业需要正视这一挑战，积极寻求转型和创新之路，以适应数字化时代的发展需求。

7.3.3　跨模态内容在出版中的应用实例

随着数字技术的不断进步，跨模态内容在出版业中的应用越来越广泛。跨模态内容不仅丰富了出版物的呈现形式，还提供了更加沉浸式的阅读体验，从而吸引了更多读者的关注。我国一些出版社已经成功地运用跨模态内容，为读者带来了全新的阅读体验。

【案例一】　《三体》系列电子书——跨模态内容的典范

刘慈欣的《三体》系列作为中国科幻文学的代表作(如图 7-3 所示)，其电子书版本通过跨模态内容的运用，进一步提升了作品的魅力。当读者打开这款电子书时，首先映入眼帘的是精致的文本排版和插图设计，这些插图不仅美化了页面，还巧妙地暗示了故事中的关键情节和角色关系。

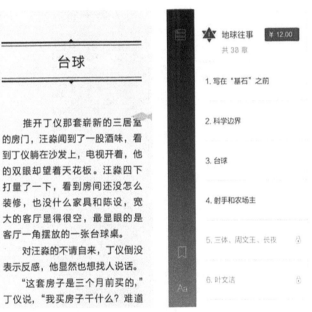

图 7-3　《三体》电子书

除了插图，电子书还嵌入了许多概念艺术图，这些图详细展示了《三体》中复杂的宇宙观和科技设定。例如，对于三体文明中的"智子"和"宇宙社会学"等抽象概念，概念艺术图以直观的方式呈现了它们的形态和运作原理，帮助读者更好地理解这些高难度的科幻设定。

更为出色的是，电子书还整合了科学家对书中科学概念的解读视频。这些视频内容专业且生动，为读者详细解读了《三体》中涉及的物理学、天文学等科学知识。读者在阅读过程中，只需轻轻一点，就能观看到这些视频，从而可以更深入地理解《三体》的故事背景和其中的科学细节。

通过跨模态内容的融合，《三体》系列电子书不仅丰富了读者的阅读体验，也提高了他们对故事的理解和兴趣。这种创新的出版方式不仅展示了跨模态内容在出版业中的巨大潜力，也为未来更多科幻作品或专业领域的出版物提供了宝贵的参考和启示。

【案例二】 儿童互动绘本——激发孩子的创造力和想象力

　　跨模态内容在儿童出版物中的应用尤为引人注目，它不仅能吸引孩子们的注意力，还能有效地促进他们的想象力和创造力的发展。以某出版社出版的儿童互动绘本为例，该绘本采用了先进的 AR 技术，将传统的纸质绘本与数字内容完美结合，如图 7-4 所示。

图 7-4　儿童互动绘本

　　当孩子们使用配备有 AR 功能的设备(如智能手机或平板电脑)扫描绘本的页面时，原本静态的插图和场景会瞬间变得生动起来。他们可以看到绘本中的角色跃然纸上，仿佛置身于一个奇幻的世界中。而且，孩子们还可以与这些角色进行互动，例如，通过触摸屏幕与角色玩耍、对话，甚至参与到故事的发展中去。

　　这种创新性的出版方式不仅极大地提升了孩子们的阅读兴趣，还为他们提供了一个全新的学习和娱乐平台。通过与绘本中的角色和场景进行互动，孩子们可以更加深入地理解故事情节，同时也能够激发他们的想象力和创造力。他们可以在这个虚拟的世界中自由探索、尝试和创造，从而培养出更加丰富的想象力和创造力。

　　此外，跨模态内容的应用还有助于培养孩子们的多元智能。通过与绘本中的数字内容进行互动，孩子们不仅可以提升他们的语言和数学能力，还可以培养他们的空间认知、逻辑思考和问题解决能力。这种综合性的学习方式有助于孩子们全面发展，为他们的未来奠定坚实的基础。

　　综上所述，跨模态内容在儿童出版物中的应用不仅能够激发孩子们的阅读兴趣，还能够促进他们的想象力和创造力的发展。随着技术的不断进步和创新，未来我们还期待看到更多富有创意和教育意义的儿童互动绘本问世。

　　【案例三】　旅游指南书籍——跨模态内容提升旅行体验

　　在旅游出版领域，跨模态内容的应用为旅行者提供了更加丰富和便捷的旅游指南服务。传统的旅游指南书籍通常以文字和图片为主，但随着科技的进步，现代的旅游指南书籍已经不仅仅是这些内容。它们整合了地图、语音导览、当地风俗视频等多种多媒体内容，为旅行者带来了全新的阅读体验，如图 7-5 所示。

图 7-5　旅游指南

首先，地图是旅游指南书籍中不可或缺的一部分。通过内置的电子地图，读者可以轻松地找到目的地的具体位置，规划行程路线。这些地图不仅提供了详细的街道信息，还可能包含景点分布、公共交通线路等实用信息，帮助旅行者更加高效地规划行程。

其次，语音导览功能为旅行者提供了更加便捷的导览服务。通过扫描书籍中的二维码或连接专用设备，旅行者可以听到景点的详细介绍和背景故事。这种语音导览不仅为视力不佳或不喜欢阅读的人提供了便利，还能让旅行者在行走或参观时更加专注于享受旅行的乐趣。

最后，当地风俗视频也是跨模态内容的重要组成部分。通过观看这些视频，旅行者可以更加直观地了解目的地的文化、风俗和特色。这些视频可能包括当地人的日常生活、传统节日庆典、特色美食制作等内容，让旅行者更加深入地体验当地的风土人情。

总的来说，跨模态内容在旅游指南书籍中的应用为旅行者提供了更加全面、直观和便捷的旅游指南服务。通过整合地图、语音导览、当地风俗视频等多种多媒体内容，这些旅游指南书籍不仅帮助旅行者更好地了解目的地的情况，还提升了他们的旅行体验。随着科技的进步和旅行者需求的不断变化，未来我们期待看到更多创新和丰富的跨模态内容在旅游出版领域的应用。

这些案例展示了跨模态内容在出版业中的多样化应用。通过结合文字、图像、音频、视频等多种媒体形式，跨模态内容不仅能够提供更加丰富多样的阅读体验，还能够满足不同读者的个性化需求，增强出版物的吸引力和竞争力。随着技术的不断进步和读者需求的不断变化，跨模态内容将在未来出版业中发挥更加重要的作用。

7.3.4 出版业的转型策略

随着数字媒体的崛起和市场需求的变化，传统出版业正面临前所未有的挑战。为了应对这些挑战，出版业需要采取一系列转型策略，以确保其持续发展和繁荣。

首先，**加强数字技术的研发和应用是出版业转型的关键**。出版企业需要积极拥抱新技术，如人工智能、大数据、增强现实和虚拟现实等，以提升出版内容的生产效率和用户体验。例如，利用人工智能和大数据技术，出版企业可以对读者的阅读习惯和兴趣进行深入分析，从而推出更符合读者需求的内容。同时，增强现实和虚拟现实技术可以为读者带来更加沉浸式的阅读体验，增强内容的吸引力。

其次，**拓展多元化的发行渠道是出版业转型的重要方向**。除了传统的实体书店和图书馆，出版企业还需要将内容分发到线上书店、社交媒体平台、电子书阅读器等各类数字化渠道。这样不仅可以扩大读者群体，还可以增加收入来源。同时，通过与这些平台的合作，出版企业可以更好地了解市场趋势和读者需求，为未来的内容创作提供有力支持。

再次，**个性化定制服务的开发是出版业转型的重要一环**。随着消费者对个性化需求的增加，出版企业需要为读者提供定制化的内容和服务。例如，根据读者的阅读历史和兴趣推荐相关书籍、提供个性化的阅读界面和交互功能等。这些个性化定制服务不仅可以满足读者的多样化需求，还可以提高出版企业的竞争力。

最后，**加强跨界合作是出版业转型的关键策略之一**。出版企业需要与科技公司、媒体机构、教育机构等领域展开深入合作，共同推动出版业的创新和发展。通过与这些领域的合作，出版企业可以获取更多的资源和技术支持，拓展新的业务领域和市场空间。同时，这些合作也可以为出版企业带来更多的商业机会和盈利模式。

综上所述，出版业在面临数字媒体的冲击和市场需求的变化时，需要采取一系列转型策略来应对挑战。通过加强数字技术的研发和应用、拓展多元化的发行渠道、开发个性化定制服务以及加强跨界合作等方式，出版业可以实现数字化转型和创新发展，为读者带来更加优质、多样化的阅读体验。

7.3.5　未来出版业的发展方向

在数字技术和互联网的推动下，未来出版业的发展将迈向全新的阶段，呈现出以下几个主导方向：

1. 数字化与智能化

随着 5G、物联网、人工智能等技术的快速发展，未来的出版物将更加数字化和智能化。纸质书籍可能会被电子书、有声书、增强现实和虚拟现实内容等所取代。读者可以通过智能设备随时随地获取内容，并与内容进行互动，如通过语音助手可以实现提问、评论或分享。此外，智能推荐系统也将更加精准地根据读者的阅读习惯和兴趣推荐相应的内容。

2. 跨模态内容生成

未来的出版物将不仅仅是文字或图像，而是文字、图像、音频、视频、动画等多种模态的融合。例如，一本关于自然生态的书籍可能会配有高清的图片、3D 模型甚至实时的生态数据。这样的跨模态内容将为读者提供更加沉浸式的阅读体验，使内容更加生动、形象。

3. 个性化定制服务

随着大数据和人工智能技术的应用，未来的出版业将能够为读者提供更加个性化的服务。读者可以根据自己的喜好、需求或学习进度来定制内容，如选择特定的章节、调整字体大小、改变背景颜色等。出版企业也可以利用这些数据为读者推荐更加精准的读物或学习资源。

4. 跨界合作与创新

未来的出版业将更加注重与其他领域的合作与创新。例如，与教育、影视、游戏等领域的合作，将出版物转化为更加丰富多样的产品，如互动教材、电子书签、有声剧等。此外，出版企业还可以与科技公司、创意机构等进行合作，共同研发新的出版技术和工具，推动行业的创新和发展。

5. 可持续发展与环境保护

面对全球的环境问题，未来的出版业也将更加注重可持续发展与环境保护。例如，通过采用环保的印刷材料、减少纸张浪费、推动电子书的普及等方式，来降低出版业对环境的影响。

综上所述，未来出版业的发展方向将是数字化与智能化、跨模态内容生成、个性化定制服务、跨界合作与创新以及可持续发展与环境保护的结合。这些方向将共同推动出版业迈向更加多元化、智能化和可持续的未来。

7.4　出版革新中的人机共创实践

在数字化浪潮的推动下，出版业正经历着前所未有的转型与升级。传统的出版流程、内容创作与分发方式都在受到深刻的挑战和重塑。在这一变革中，人机共创作为一种新兴的理念和实践，正在引领着出版业迈向一个全新的时代。

7.4.1　人机共创的概念与其在出版中的应用

人机共创模式，作为人工智能与人类创造力相结合的产物，正在为出版领域带来深刻的变革。这一概念源于对人工智能潜力的探索，强调人工智能与人类创作者在协同工作中的互补性。在出版领域，人机共创的应用已经渗透到内容生成、编辑辅助、设计优化、个性化推荐以及发行与营销等多个环节。

(1) 在内容生成方面，人工智能系统通过自然语言处理和机器学习算法，能够自动生成多种类型的内容，如文章、小说章节和新闻报道等。这种自动化内容生成方式不仅提高了生产效率，还为创作者提供了灵感和素材。然而，需要注意的是，尽管人工智能在内容生成方面取得了显著进展，但其生成的内容仍然需要人类的审核和编辑，以确保内容的创意性、真实性和价值观。

(2) 在编辑辅助方面，人工智能可以自动检查文本中的语法、拼写和标点符号错误，减轻编辑的工作负担，提高编辑效率。此外，人工智能还可以提供文本风格和可读性的建议，帮助编辑更好地调整内容，提升读者的阅读体验。

（3）在设计优化方面，人工智能通过分析用户行为和偏好，为封面设计、版面布局和内容呈现提供针对性的建议。这使得设计过程更加科学化和高效化，有助于提升出版物的吸引力。

（4）个性化推荐是当前出版业面临的一大挑战，而人工智能技术的引入为解决这一难题提供了有效途径。基于用户的阅读历史和偏好，人工智能可以为用户提供个性化的书籍推荐，从而增强用户的阅读体验。这种个性化推荐不仅提高了用户的满意度，也为出版企业带来了商业利益。

（5）在发行与营销方面，人工智能通过深度分析市场趋势和读者需求，为出版企业提供了更加精准和有针对性的发行与营销策略建议。这使得出版企业能够更准确地把握市场机会，提高营销效率，减少浪费。同时，人工智能还通过社交媒体平台等数字化渠道帮助出版企业与读者建立更加紧密的联系，提升品牌知名度和影响力。

综上所述，人机共创在出版领域的应用正在不断拓展和深化，为出版业带来了前所未有的机遇和挑战。随着技术的不断进步和创新应用的不断涌现，人机共创有望在出版领域发挥更加重要的作用，推动出版业的持续发展和繁荣。然而，需要注意的是，人机共创并不意味着完全取代人类创作者或编辑的角色，而是作为一种辅助工具，提升出版流程的效率和质量。在未来的发展中，应进一步探索人机共创的潜力，以实现出版业的可持续发展。

7.4.2　人机共创在创意设计中的角色

人机共创在创意设计中扮演着越来越重要的角色，其深度介入不仅提升了设计的效率，还丰富了设计的创意和表现力。

（1）人机共创能够极大地提高设计效率。

传统的创意设计过程往往需要设计师花费大量的时间和精力进行尝试和修改。然而，通过引入人工智能技术，设计师可以快速地生成多种设计方案，从而大大缩短了设计周期。例如，利用机器学习算法，设计师可以根据输入的关键词或风格要求，自动生成符合要求的图像、图形或文案。这种自动化的设计生成过程不仅减少了设计师的重复性劳动，还使得设计师能够更专注于创新和优化。

（2）人机共创能够拓展设计的创意空间。

人工智能算法可以通过分析大量的数据和信息，为设计师提供新的灵感和创意。例如，通过对大量图片、视频等多媒体内容进行分析和学习，人工智能可以生成全新的、具有独特美感的图像或视频。这些由机器生成的创意内容可以作为设计师的参考或灵感来源，帮助设计师打破传统的思维定式，产生更具创新性和独特性的设计作品。

（3）人机共创还能够提升设计的表现力和质量。

利用人工智能技术，设计师可以对设计方案进行智能优化和改进。例如，通过对设计方案进行自动调整和优化算法参数，人工智能可以帮助设计师找到最佳的设计方案。同时，人工智能还可以对设计方案进行智能分析和评估，帮助设计师发现潜在的问题和不足，从而进行针对性的改进和优化。这种智能化的设计优化过程不仅可以提升设计的表现力和质量，还可以帮助设计师避免一些常见的错误和陷阱。

总之，人机共创在创意设计中扮演着重要的角色。通过提高设计效率、拓展创意空间以及提升设计表现力和质量等方面的作用，人机共创为创意设计带来了全新的可能性和机遇。随着技术的不断进步和创新应用的不断涌现，人机共创有望在创意设计领域发挥更加重要的作用，推动创意设计的发展和创新。

7.4.3　出版革新中的成功案例

近年来，人机共创在出版领域取得了不少成功案例。

【案例一】　智能编辑助力《星际迷航》系列重燃读者热情

近年来，人工智能技术在出版领域的应用日益广泛，为传统出版业带来了革命性的变革。其中，智能编辑系统成为不少出版社革新的关键。在这一背景下，某知名科幻出版社成功利用智能编辑系统，让经典科幻系列《星际迷航》(如图7-6所示)重燃读者热情，实现了出版业务的大幅增长。

图 7-6　智能编辑助力《星际迷航》系列

《星际迷航》系列作为科幻文学的经典之作，拥有庞大的粉丝群体和广泛的市场影响力。然而，随着时代的变迁和读者需求的变化，该系列面临着内容老化、读者流失等问题。为了重新吸引读者并焕发该系列的活力，出版社决定引入智能编辑系统对《星际迷航》系列进行全面升级。

智能编辑系统首先对该系列的经典作品进行了智能分析和优化。系统利用自然语言处理技术和机器学习算法，对文本进行了深入的语义分析和风格识别。通过对作品中的角色、情节、对话等元素进行智能调整和优化，使得经典故事更加符合现代读者的阅读习惯和审美需求。

此外，智能编辑系统还提供了个性化的推荐和营销策略建议。系统根据读者的阅读历史和偏好，为每位读者提供了定制化的推荐内容，引导他们深入探索《星际迷航》系列的世界。同时，出版社还利用智能编辑系统提供的数据分析功能，对读者的反馈和行为进行了深入研究，为后续的营销策略制定提供了有力支持。

经过智能编辑系统的全面升级，《星际迷航》系列重新焕发出活力。新版的作品不仅在内容上更加精彩和有吸引力，还在形式上更加符合现代读者的阅读习惯和兴趣偏好。这一成功案例不仅展示了智能编辑系统在出版革新中的重要作用，也为其他出版社提供了宝贵的经验和借鉴。

未来，随着人工智能技术的不断发展和创新应用的不断涌现，智能编辑系统有望在出版业中发挥更加广泛和深入的作用。通过引入智能编辑系统，出版社可以更加高效地处理稿件，提升内容质量，满足读者需求，实现业务增长。同时，智能编辑系统还可以为出版社提供精准的市场分析和营销策略建议，帮助出版社更好地把握市场机遇和读者需求。

【案例二】　智能编辑助力"MAGIC JOURNEY"系列图书成为畅销书

在儿童文学出版领域，智能编辑系统的应用也取得了显著成效。某儿童出版社通过引入智能编辑系统，成功推出了一系列备受孩子们喜爱的"MAGIC JOURNEY"(魔法之旅)系列图书(如图 7-7 所示)，实现了儿童文学出版的新突破。

"MAGIC JOURNEY"系列图书以奇幻冒险为主题，旨在激发孩子们的想象力和创造力。然而，在创作过程中，编辑人员面临着内容创新、故事连贯性等多个挑战。为了提升图书质量和市场竞争力，出版社决定引入智能编辑系统来辅助编辑工作。

这款智能编辑系统具备自然语言处理、机器学习和大数据分析等先进技术，能够对儿童文学作品进行全面的智能分析和优化。首先，系统通过语义分析，确保故事内容的连贯性和逻辑性；其次，通过对读者群体的行为和兴趣数据进行挖掘，系统能够为每个年龄段的读者提供精准的内容推荐和个性化阅读体验。

图 7-7　"MAGIC JOURNEY" 系列图书

在智能编辑系统的帮助下，"MAGIC JOURNEY" 系列图书的故事情节更加扣人心弦，角色形象更加鲜明立体，语言表达更加生动有趣。这些图书一经推出，就受到了广大孩子们的热烈欢迎和喜爱。该系列图书不仅在各大书店的销售排行榜上名列前茅，还多次获得儿童文学奖项的肯定。

这一成功案例再次证明了智能编辑系统在出版革新中的重要价值。通过引入智能编辑系统，出版社能够更加精准地把握儿童读者的兴趣和需求，推出更加符合他们喜好的图书作品。同时，智能编辑系统还能够提高编辑工作的效率和准确性，为出版社赢得更多的市场机遇和读者信任。

展望未来，随着人工智能技术的不断创新和完善，智能编辑系统有望在儿童文学出版领域发挥更加广泛的作用。我们期待着更多的出版社能够借助智能编辑系统的力量，为孩子们带来更多优质、有趣的图书作品。

7.4.4　挑战与机遇——人机共创的未来

人机共创在出版领域已经取得了显著成果，不仅提升了出版效率，还丰富了内容创作的形式。然而，这一进程中仍面临诸多挑战。如何确保 AI 生成的内容既具有原创性又具备独特性，是出版业需要解决的关键问题。AI 技术虽然可以模仿学习人类的创作风格，但要创造出真正独特和有价值的作品，仍需要不断探索和创新。此外，如何在人机共创模式中平衡创意与效率也是一个重要议题。过度依赖自动化可能导致创意的流失，因此，如何在保证内容质量的同时提高生产效率，成为出版业面临的一大挑战。另外，随着技术的不断进步，出版业需要培养和吸引具备专业技术知识和实践能力的复合型人才，以适应人机共创的发展趋势。

尽管面临挑战，但人机共创也为出版业带来了前所未有的机遇。

首先，AI 技术为出版业提供了无限的创意可能性。通过深度学习和大数据分析，利用 AI 技术可以挖掘出更多的创作灵感和内容方向，为出版业带来内容创新。

其次，AI 技术可以自动化处理出版流程中的许多烦琐任务，如文稿校对、排版等，从而提高生产效率。

再次，通过智能推荐和个性化定制，出版社可以更精准地满足读者的需求，提升市场竞争力。

最后，人机共创为出版业拓展了新的商业模式和市场空间。例如，结合 AR、VR 等先进技术，出版社可以为读者提供沉浸式的阅读体验；通过大数据分析，出版社可以更深入地了解读者的阅读行为和偏好，为广告商提供精准的广告投放服务。

总之，尽管人机共创模式在出版领域面临诸多挑战，但这些挑战也为出版业带来了宝贵的机遇。面对未来，我们期待人机共创模式为出版业带来更多的惊喜和变革。

7.4.5　推动创新的策略与方法

为了推动人机共创在出版领域的深入发展，一系列精心策划与策略和方法不可或缺。这些策略与方法旨在充分利用人机共创的潜力，促进出版业的持续创新和繁荣。

1. 加强技术研发与应用

技术创新是推动人机共创发展的核心动力。因此，出版业应该积极投入研发，不断提升和应用先进的人工智能技术，如自然语言处理、机器学习和深度学习等。这些技术有助于优化出版流程、提高生产效率，并为内容创作注入更多创意和灵感。同时，出版业还应关注新兴技术的发展趋势，如增强现实和虚拟现实等，探索如何将这些技术融入出版产品中，为读者带来更加丰富和沉浸式的阅读体验。

2. 建立跨学科、跨领域的合作机制

人机共创需要融合不同领域的知识和技能，因此建立跨学科、跨领域的合作机制至关重要。出版业应该积极与其他领域，如科技、设计、媒体等，开展广泛而深入的合作。通过与这些领域的专家和团队合作，出版业可以引入更多的创新资源和思路，拓宽人机共创

的应用场景和可能性。这种跨领域的合作不仅可以促进技术的融合与应用，还可以推动出版业在内容创新、商业模式等方面的突破。

3. 重视人才培养与团队建设

人才是推动人机共创发展的关键。出版业需要培养和引进具备跨学科背景与创新思维的人才，打造一支高素质的团队。这些人才应具备深厚的专业技术功底、敏锐的市场洞察力和丰富的创意能力，能够为人机共创提供持续的动力和支持。同时，出版业还应建立完善的激励机制和培训体系，为团队成员提供广阔的发展空间和职业成长路径。

总的来说，通过加强技术研发与应用、建立跨学科跨领域的合作机制以及重视人才培养与团队建设等策略和方法，我们可以推动人机共创在出版领域的深入发展，这将为出版业带来持续的创新和变革，促进产业的繁荣和发展。

总之，人机共创已成为出版领域中的一种创新实践。通过加强技术研发与应用、建立跨学科合作机制以及重视人才培养与团队建设等策略和方法，可以推动人机共创在出版领域的深入发展，为出版业的持续发展和繁荣注入新的活力。

第8章
数字内容生成的未来发展趋势——
创意设计的先锋方向

随着技术的不断进步和创新，数字内容生成已经成为创意设计领域的重要发展方向。从人工智能与数字内容生成的发展历程，到当前领先实践的应用，再到机器学习、大数据等技术在内容生成中的广泛运用，数字内容生成技术正以前所未有的速度改变着我们的创意设计和生活方式。

8.1　数字内容生成技术的最新进展

在过去的几年里，人工智能已经深入到数字内容生成的各个环节，从最初的辅助工具发展成为主导力量。机器学习技术通过不断学习和优化，使得生成的数字内容更加真实、生动，具有高度的原创性和独特性。同时，大数据在内容创新中也发挥着越来越重要的作用，为数字内容生成提供了无尽的灵感和可能性。然而，在这一过程中，隐私与安全问题也不容忽视，我们需要在推动技术创新的同时，确保用户数据的安全和隐私保护。

8.1.1　人工智能与数字内容生成的发展历程

人工智能与数字内容生成技术的发展紧密相连，二者在多个历史时期相互交织、共同演进。为了更深入地理解这一发展历程，我们将结合具体技术来展开论述，以期呈现出一个具有学术性的概览。

1. 起步阶段

20 世纪 40 年代至 60 年代，人工智能概念被正式提出并开始发展。1943 年，美国神经科学家麦卡洛克和逻辑学家皮茨提出了神经元的数学模型，为后来的神经网络和深度学习奠定了基础。这一时期，虽然人工智能技术尚未直接应用于数字内容生成，但已经为后续技术的飞速发展埋下了伏笔。

2. 发展阶段

20 世纪 80 年代至 21 世纪初，人工智能技术开始逐渐应用于数字内容生成领域。其中，机器学习算法的兴起为数字内容的自动化生成提供了可能。通过训练和优化算法，机器能够学习并模拟人类的创作过程，从而生成文本、图像、音频等多种形式的数字内容。这一时期的技术虽然仍处于初级阶段，但已经展现出了巨大的潜力和应用价值。

3. 成熟阶段

进入 21 世纪 10 年代以后，人工智能与数字内容生成技术迎来了飞速发展的时期。深度学习技术的兴起为数字内容生成带来了质的飞跃。通过构建深度神经网络模型，机器能够学习并提取更加抽象和复杂的特征表示，从而生成更加真实、生动和具有创意的数字内容。此外，生成对抗网络等新型模型的出现也进一步推动了数字内容生成技术的发展。这些技术不仅提高了生成内容的质量和效率，还为创意设计领域带来了全新的可能性和创作思路。

在具体技术方面，人工智能与数字内容生成技术的结合产生了许多令人瞩目的成果。例如，在文本生成领域，基于自然语言处理技术的文本生成模型能够自动生成新闻报道、小说故事、诗歌散文等多种类型的文本内容。这些模型通过学习大量的文本数据来掌握语言的规律和结构，从而能够生成具有逻辑清晰、语法正确、语义连贯的文本内容。

在图像生成领域，基于深度学习的图像生成技术也取得了显著的进展。例如，通过训练卷积神经网络等模型，机器能够学习并提取图像中的特征表示，从而生成具有不同风格和特征的图像内容。这些技术不仅被广泛应用于图像处理、艺术创作等领域，还为广告设计、游戏开发等创意设计领域提供了全新的创作工具和思路。

总的来说，人工智能与数字内容生成技术的发展历程经历了多个阶段的演进和变革。从最初的神经元数学模型到如今的深度学习技术，这些技术的进步不仅推动了数字内容生成领域的发展和创新，还为创意设计领域带来了全新的可能性和挑战。在未来，随着技术的不断进步和创新应用的不断拓展，我们有理由相信这一领域将继续迎来更加广阔的发展前景和更加丰富的创意成果。

8.1.2　当前数字内容生成技术的领先实践

当前，数字内容生成技术的领先实践涵盖了各个领域，包括自然语言生成、图像生成、视频生成以及跨模态内容整合等方面。这些实践在不断创新和突破，为数字内容生成领域带来了前所未有的发展机遇。

1. 自然语言生成技术

自然语言生成技术在当今数字内容生成中发挥着关键作用。

首先，深度学习模型的应用是自然语言生成技术的主要推动力之一。大型语言模型如GPT 系列已成为自然语言生成的主力军。这些模型通过大规模的预训练和微调，使其具备了强大的语言理解和生成能力。通过学习大量的文本数据，这些模型能够生成连贯、语法正确且内容丰富的文本，从而在各种应用场景中得到广泛应用。

其次，自然语言生成技术还可应用于文本风格转换。通过对文本风格进行转换，生成模型可以模拟不同风格和语气的文本，如正式、幽默、感人等。这种能力增强了生成文本的多样性和逼真感，使得文本内容更具吸引力和表现力。例如，这种技术可以应用于广告营销、情感交流等领域，为内容创作提供更多可能性。

最后，自然语言生成技术的另一个重要的应用领域是文本摘要和翻译。自然语言生成技术可以帮助人们更高效地处理和理解大量文本信息。通过生成摘要，模型可以提取出文本的关键信息，使得读者能够迅速了解文本的核心内容。在翻译任务中，这些模型可以实现高质量的文本翻译，帮助人们消除语言障碍，促进跨文化交流和理解。这些应用将自然语言生成技术推向了更广泛的应用领域，为人们的生活与工作带来了便利和效率提升。

2. 图像生成技术

图像生成技术在数字内容生成中扮演着重要角色。

首先，图像生成技术可应用于静态图像的生成。其中，图像生成技术对于生成对抗网络(GAN)的应用尤为突出。GAN 模型，特别是像 StyleGAN 这样的先进模型，通过对抗训练的方式，能够生成逼真度较高的图像。这些模型在生成图像时具有较好的分辨率和细节表现能力，使得生成的图像质量达到了可以与真实照片媲美的水平。这种高度逼真的图像生成能力为各种领域的创意设计提供了强大的支持，如虚拟现实、数字艺术等。

其次，图像生成技术还可应用于图像编辑和合成。生成模型能够对已有的图像进行修改和合成，实现对图像内容的自定义和调整。这种灵活的图像编辑功能为设计师和创意工作者提供了更多的可能性，使他们能够通过调整图像元素来实现自己的创意想法，并将其应用于各种设计项目中。

最后，**图像生成技术的另一个引人注目的应用领域是艺术风格转换**。通过学习艺术风格和图像语义的分离表示，生成模型可以实现艺术风格之间的转换。例如，将普通照片转换成不同艺术风格的图像，如印象派、后印象派、梦幻主义等。这种艺术风格转换技术为图像创意设计带来了全新的可能性，使得普通的图像能够呈现出多样化的艺术风貌，增强了视觉效果和艺术感染力。

3. 视频生成技术

视频生成技术在数字内容创作领域具有重要意义，它不仅能够整合多模态数据，还可以实现特效和动画的生成，以及交互式视频的呈现，为用户带来全新的观影体验。

(1) 视频生成技术通过整合图像、音频等多模态数据，可以生成内容丰富的视频作品，如影视剧、动画片等。这种多模态数据的整合不仅提升了视频内容的表现力和观赏性，还丰富了用户的视听体验，使其更加沉浸于内容之中。例如，通过结合精美的图像和优质的音频，视频生成技术可以创作出引人入胜的影视作品，吸引用户的注意力并提升用户的观影体验。

(2) 视频生成技术还可以实现特效和动画的生成，包括视觉特效、动态场景合成等。借助生成模型，影视制作人和动画创作者可以创作出更加生动、震撼的视觉效果，使得作品更具有观赏性和艺术感染力。例如，通过应用特效和动画技术，可以为影视作品增添更多的想象空间和表现力，使得故事更加生动有趣，吸引更多的观众。

(3) 结合虚拟现实和增强现实技术，生成模型还可以实现交互式视频生成，为用户提供更加沉浸式的观影体验。通过与虚拟场景的交互，用户可以参与到视频内容中，与角色互动或者改变情节发展，从而使得观影体验更加个性化和丰富化。这种交互式视频生成技术不仅能够提升用户的参与度和互动性，还可以增强用户对内容的理解和体验，为视频创作带来全新的可能性。

4. 跨模态内容整合技术

跨模态内容整合技术在数字内容创作和应用领域扮演着重要角色，它将不同模态的数据进行融合和整合，为内容创作提供了全新的可能性和丰富的表现形式。

(1) 跨模态内容整合技术通过多模态数据融合，将文本、图像、音频等不同形式的数据进行整合，生成更加丰富和多样性的内容形式。这种综合利用多种数据模态的方法，使得创作者能够在内容创作中充分发挥想象力和创造力，打破了单一模态数据的限制，为内容创作提供了更广阔的创作空间。

(2) 跨模态内容整合技术可以实现更加生动的情感表达和故事叙述。通过整合不同模态的数据，生成模型可以更加准确地表达情感和情绪，使得内容更具有感染力，更能引发情感共鸣。例如，将文字、图像和音频结合起来，可以创作出更加生动和丰富的故事，吸引更多的读者或观众。

(3) 跨模态内容整合技术在应用领域拓展方面具有广阔的前景。除了传统的文学创作和艺术表达领域，跨模态内容整合技术还可以应用于虚拟现实、智能家居、教育培训等多个领域。例如，在虚拟现实中，通过整合多模态数据，可以创造出更加真实和沉浸式的虚拟场景；在智能家居中，可以利用跨模态内容整合技术实现语音、图像和文字等多种数据形式的交互和应用；在教育培训中，可以通过整合不同模态的数据，为学生提供更加生动和有效的学习体验。

8.1.3　机器学习在内容生成中的应用

机器学习在内容生成领域的应用是一项具有深远影响的重要技术。通过使用机器学习模型，能够让计算机从大规模数据集中学习到数据的分布和规律，进而生成具有原创性和多样性的内容。

(1) GAN 是机器学习领域中一种备受关注的模型，它在图像和视频生成方面取得了显著的突破。GAN 模型由生成器和判别器组成，通过对抗训练的方式，生成器学习如何生成逼真的图像或视频，而判别器则学习如何区分真实的图像或视频和生成器生成的伪造图像或视频。通过不断的迭代训练，GAN 模型能够生成具有高度逼真性的图像和视频内容，这对于影视制作、动画创作等领域具有重大意义。

(2) 机器学习在自然语言处理领域也有着重要的应用。大型语言模型如 GPT 系列通过机器学习技术，能够生成高质量的文本内容，包括文章、对话等。这些语言模型在自动文本生成、文本摘要、翻译等任务中发挥着重要作用，为内容创作和信息处理提供了有效的工具。

(3) 机器学习还可以应用于音频生成、音乐合成等领域。通过训练深度学习模型，我们能够生成具有艺术性和创造性的音频内容，包括音乐、声音效果等。这种技术的应用对于音乐创作、声音设计等领域有着重要的意义。

总的来说，机器学习在内容生成中的应用正在不断拓展和深化，为各个领域的内容创作提供了全新的可能性和机遇。随着技术的进步和发展，我们有理由相信，在未来，机器学习将继续发挥重要的作用，推动内容生成技术的不断创新和进步。

8.1.4　大数据在内容创新中的作用

在当今的数字时代，大数据已经成为内容创新的关键驱动力。通过深度挖掘和分析大量数据，我们能够发现隐藏在其中的宝贵信息，为内容生成和创新提供源源不断的灵感和动力。

(1) **大数据为内容创新提供了丰富的素材和灵感来源**。以往，创作者往往依赖于有限的资源和个人经验来创作内容。然而，随着大数据技术的不断发展，我们可以从海量的数据中获取各种信息，包括用户行为、市场需求、流行趋势等。通过对这些数据的分析，我们可以发现新的内容主题、趋势和流行元素，为创作者提供丰富的素材和灵感来源，从而推动内容创新的发展。

(2) **大数据可以帮助优化内容生成的过程和结果**。在传统的内容生成过程中，创作者往往依赖于个人的经验和直觉来进行创作。然而，这种方式往往缺乏科学性和准确性。通过大数据的分析，我们可以了解用户的需求和偏好，从而更加精准地定位目标受众，并根据他们的需求和喜好来生成内容。这不仅可以提高内容的质量和吸引力，还可以提高内容的传播效果和转化率。

(3) **大数据还可以用于评估和提升生成内容的质量**。通过对生成内容的分析和比较，我们可以发现其中的优点和不足，从而及时调整和优化生成算法。这不仅可以提高内容的质量和多样性，还可以为创作者提供更加客观和科学的评估标准，推动他们不断提高创作水平和能力。

综上所述，大数据在内容创新中发挥着重要作用。它不仅提供了丰富的素材和灵感来源，还帮助我们优化内容生成的过程和结果，以及评估和提升生成内容的质量。随着大数据技术的不断发展和应用，我们有理由相信它在内容创新中的作用将越来越重要。

8.1.5　隐私与安全在数字内容生成中的考量

在数字内容生成的过程中，隐私与安全问题成为一个不可忽视的重要方面。随着技术的不断进步，大量的个人数据被用于训练和生成数字内容，这引发了人们对数据隐私和安全的担忧。

首先，我们需要确保所使用的个人数据的合法性和安全性。这意味着在收集、存储和使用这些数据时，必须遵守相关的法律法规，并获得用户的明确同意。同时，为了防止数据泄露和滥用，我们需要采取严格的数据保护措施，包括加密存储、访问控制和定期审计等。

其次，生成的数字内容本身也可能包含敏感信息或隐私泄露的风险。例如，在生成图像或视频时，可能会无意中包含个人的面部、身份标识或其他敏感信息。因此，在生成和发布数字内容时，我们需要采取适当的措施来保护用户的隐私。这包括使用匿名化技术、去除或模糊敏感信息，以及在必要时征求用户的明确同意。

最后，随着数字内容生成技术的广泛应用，我们还需要关注其可能带来的伦理和道德问题。例如，生成的虚假内容可能会误导公众，造成不良的社会影响。因此，我们需要加强监管和立法，规范数字内容生成和使用的行为，确保技术的健康发展并保护用户的合法权益。

综上所述，隐私与安全在数字内容生成中是一个至关重要的考量因素。我们需要通过加强法律法规的制定和执行、采取严格的数据保护措施以及关注伦理和道德问题等方式来确保用户的数据隐私和安全。只有在保障隐私和安全的前提下，数字内容生成技术才能够得到广泛的应用和推广，为社会带来更大的价值。

8.2　音频与图像跨模态整合的前沿探索

在数字内容生成领域，音频与图像的跨模态整合已经成为一个前沿且充满潜力的研究方向。这种整合不仅拓宽了内容创作的边界，还为用户带来了更加沉浸式和交互式的体验。下面我们将深入探讨这一领域的理论基础、技术创新、人机交互应用以及实验性应用。

8.2.1　多模态整合的理论基础

多模态整合的理论基础是多学科交叉的产物，融合了认知科学、信号处理、计算机视觉和音频处理等多个领域的知识。这种整合不仅促进了不同学科之间的交流和合作，还为数字内容生成领域带来了新的机遇和挑战。

首先，**多模态整合可以创建更加丰富生动的内容**。在认知科学中，多模态感知是指人类通过多个感官来感知和理解世界。视觉和听觉是人类最重要的两种感知方式，它们为我们提供了大量的信息，帮助我们认识和理解周围的环境。在数字内容生成中，音频与图像的跨模态整合正是基于这种多模态感知的原理。通过将音频和图像进行融合，可以创建出更加丰富、生动和逼真的内容，提高用户的感知体验和认知效果。

其次，**信号处理、计算机视觉和音频处理等技术为多模态整合提供了强大的支持**。信号处理技术可以提取和分析音频与图像中的特征信息，如音频的频率、节奏和音调，图像的颜色、形状和纹理等。这些特征信息为后续的跨模态整合提供了基础数据。计算机视觉技术可以对图像进行识别、分析和处理，如目标检测、图像分割和场景理解等。这些技术可以帮助我们从图像中提取出有意义的信息，为音频与图像的整合提供了视觉方面的支持。音频处理技术则可以对音频进行合成、分析和修改，如音频的剪辑、混音和音效设计等。这些技术可以让我们对音频进行灵活的操作和处理，为跨模态整合提供了音频方面的支持。

再次，**多模态整合的实现需要将这些技术进行有效的结合和融合**。通过信号处理和计算机视觉技术提取并分析音频与图像中的特征信息，然后将这些信息进行有效的融合和整合，我们可以创建出更加丰富和生动的数字内容。这种整合不仅提高了内容的多样性和趣味性，还为用户带来了更加沉浸式和交互式的体验。

最后，**多模态整合也面临着一些挑战和问题**。不同模态之间的信息可能存在冗余和冲突，如何进行有效的融合和整合是一个关键问题。此外，不同用户对于音频和图像的感知与理解可能存在差异，如何满足不同用户的需求和偏好也是一个需要解决的问题。

综上所述，多模态整合的理论基础涉及多个学科和技术的交叉融合，为数字内容生成领域带来了新的机遇和挑战。通过有效结合和融合这些技术，我们可以创建出更加丰富、生动和沉浸式的数字内容，为用户带来更好的体验。然而，我们也需要解决一些挑战和问题，如信息融合和用户需求满足等。随着技术的不断发展和进步，相信多模态整合将会在数字内容生成领域发挥更加重要的作用。

8.2.2　音图交融技术的创新应用

音图交融技术，作为一种将音频与图像融合的创新手段，为多个领域带来了前所未有的视听体验。它不仅仅是音频与图像的简单叠加，而是通过技术手段将它们融为一体，创造出一种全新的感知方式。

(1) 在音乐可视化领域，音图交融技术使得音乐不再只是听觉的艺术，而是可以通过视觉的形式展现出来。通过将音频信号转换为图像或动画，观众可以在听音乐的同时，看到与音乐节奏、旋律相对应的视觉效果。这种视听结合的方式，不仅增强了音乐的感染力，还为观众带来了更加全面和深入的音乐体验。例如，在音乐会上，音图交融技术可以将现场演奏的音乐与舞台背景、灯光等视觉元素相结合，营造出一种震撼人心的视听盛宴。

(2) 在影视制作领域，音图交融技术也发挥着重要作用。先进的音频处理和计算机视觉技术可以将音频与图像进行精确的同步和融合，从而创造出更加逼真的场景和氛围。这种技术不仅可以提高观众的观影体验，还可以为电影、电视剧等影视作品增添更多的艺术表现力。例如，在恐怖片中，音图交融技术可以将恐怖的声音与阴暗的图像相结合，营造出一种令人毛骨悚然的氛围，使观众更加身临其境地感受影片的恐怖氛围。

(3) 在游戏开发领域，音图交融技术同样具有广泛的应用前景。通过将音频与图像进行融合，开发者可以营造出更加沉浸式的游戏环境，让玩家更加深入地融入游戏世界。这种技术不仅可以提高游戏的趣味性和吸引力，还可以为玩家带来更加真实和刺激的游戏体验。例如，在射击类游戏中，通过音图交融技术，可以将枪声、爆炸声等音效与游戏画面相结合，营造出一种紧张刺激的战斗氛围，使玩家更加身临其境地感受游戏的乐趣。

此外，音图交融技术还可以应用于其他领域，如广告设计、虚拟现实等。在广告设计中，音图交融技术可以创造出更加生动和有趣的广告效果，吸引观众的注意力并提高广告的传播效果。在虚拟现实领域，音图交融技术可以为用户带来更加沉浸式的虚拟体验，使用户仿佛置身于一个真实的世界中。

总之，音图交融技术的创新应用为多个领域带来了前所未有的视听体验。它不仅提高了作品的艺术表现力和感染力，还为观众带来了更加全面和深入的感知体验。随着技术的不断发展和创新应用的探索，相信音图交融技术将会在未来发挥更加重要的作用。

8.2.3　人机交互在音图整合中的作用

人机交互技术在音频与图像的跨模态整合中发挥着至关重要的作用，它极大地提升了用户的参与度和沉浸感，使得数字内容的互动体验更加自然和直观。

首先，**人机交互技术使得用户可以更加自然地与数字内容进行互动**。在传统的数字内容中，用户往往只能被动地接受音频和图像信息，缺乏与内容的直接互动。然而，通过人机交互技术，用户可以通过头部运动、手势、声音等方式来控制音频和图像的呈现方式，使得用户能够更加主动地参与到数字内容的体验中。例如，在虚拟现实和增强现实应用中，用户可以通过头部运动来观察不同角度的场景，或者通过手势来操作虚拟物体，这种自然的交互方式极大地提高了用户的参与度和沉浸感。

其次，**人机交互技术为数字内容的优化和改进提供了依据**。通过收集用户的反馈和意见，人机交互技术可以帮助开发者了解用户对数字内容的喜好和需求，从而为内容的优化和改进提供有力的支持。例如，在音乐可视化应用中，开发者可以通过收集用户对视觉效果的反馈，来调整音频与图像的融合方式，使得视觉效果更加符合用户的审美需求。

最后，**人机交互技术还可以为数字内容创造更多的可能性**。通过结合音频与图像的跨模态整合和人机交互技术，开发者可以创造出更加丰富和多样的数字内容形式。例如，在游戏开发中，开发者可以通过结合音频、图像和人机交互技术，创造出一种全新的游戏交互方式，让玩家可以通过声音、手势等方式来控制游戏角色的行动，从而带来更加独特和有趣的游戏体验。

综上所述，人机交互技术在音频与图像的跨模态整合中扮演着重要的角色。它不仅提高了用户的参与度和沉浸感，使得数字内容的互动体验更加自然和直观，还为数字内容的优化和改进提供了依据，并为创造更多的可能性提供了支持。随着人机交互技术的不断发展和创新应用的探索，相信它在音频与图像的跨模态整合中将会发挥更加重要的作用。

8.2.4 创意设计中的实验性应用

在创意设计中，音频与图像的跨模态整合不仅是一种技术手段，更是一种艺术创新的方式。这种整合方式融合了认知科学、信号处理、计算机视觉和音频处理等多个学科的理论，为设计师提供了全新的创作灵感和实现路径。

1. 认知科学与跨模态整合

认知科学是一个研究人类如何感知、学习、记忆、思考和决策等认知活动的跨学科领域。其中，多模态感知是一个核心概念，指的是人类通过多个感官(如视觉、听觉、触觉等)同时接收和处理信息的能力。这种多模态感知方式是人类与生俱来的本能，使我们能够更全面地理解和感知世界。

在创意设计中，音频与图像的跨模态整合正是基于多模态感知的原理。通过将音频和图像这两种不同的媒介进行有机结合，设计师可以创作出更加丰富、生动和多维度的设计作品。这种整合方式不仅符合人类的认知习惯，还能够引发观众的共鸣和情感反应。

音频与图像的跨模态整合在认知科学中有其理论基础。例如，音频和图像之间的同步关系对于观众的感知与理解至关重要。当音频和图像在时间上保持同步时，观众会更容易理解和接受所传递的信息。这种同步关系可以引导观众的注意力，增强他们的情感体验，从而提升设计作品的表现力和感染力。

此外，跨模态整合还可以利用人类的联想和想象能力。音频和图像可以相互启发，引发观众的联想和想象，从而创作出更加丰富和深入的设计作品。这种整合方式不仅可以提升设计作品的创意性，还能够为观众带来更加独特的视觉和听觉体验。

通过利用多模态感知的原理和人类的联想、想象能力，设计师可以创作出更加丰富、生动和多维度的设计作品。这种整合方式不仅符合人类的认知习惯，还能够引发观众的共鸣和情感反应，为观众带来更加深入和独特的视觉和听觉体验。

2. 信号处理与计算机视觉

在音频与图像的跨模态整合中，信号处理技术和计算机视觉技术发挥着至关重要的作用。它们为设计师提供了强大的工具，使得跨模态整合得以实现，并推动了创意设计领域的创新与发展。

首先，**信号处理技术在音频与图像的跨模态整合中扮演着关键角色**。通过信号处理技术，设计师可以对音频和图像进行精确的分析与处理。对于音频信号，设计师可以提取其频率、节奏、音调等特征信息，进而对音频进行滤波、合成、变换等操作，以创造出独特的音效和声音氛围。对于图像信号，设计师可以提取其颜色、形状、纹理等特征信息，进行图像的增强、滤波、分割等处理，以呈现出丰富多彩的视觉效果。这些信号处理技术的应用，为设计师提供了丰富的素材和工具，使得音频与图像的跨模态整合更加灵活和多样。

其次，**计算机视觉技术在音频与图像的跨模态整合中也发挥着重要作用**。计算机视觉技术可以对图像进行识别、分析和处理，提取出有意义的信息。例如，通过图像识别技术，设计师可以自动识别图像中的对象、场景和动作，从而将这些信息与音频进行关联和整合。此外，计算机视觉技术还可以对图像进行高级处理，如图像重建、渲染和合成等，以创造出更加逼真的视觉效果。这些计算机视觉技术的应用，为设计师提供了更多的创作灵感和可能性，使得音频与图像的跨模态整合更加生动和引人入胜。

综上所述，信号处理技术和计算机视觉技术为音频与图像的跨模态整合提供了强大的支持。它们不仅为设计师提供了丰富的素材和工具，还推动了创意设计领域的创新与发展。通过这些技术的应用，设计师可以创作出更加丰富、生动和多维度的设计作品，为观众带来更加深入和独特的视觉与听觉体验。随着技术的不断进步和创新应用的探索，相信信号处理与计算机视觉在音频与图像的跨模态整合中将发挥更加重要的作用。

8.2.5　案例分析——创意设计中的声光交融

为了更具体地了解音频与图像跨模态整合在创意设计中的应用，我们可以参考一些实际的案例。例如，在音乐会上使用声光交融技术来增强演出效果。通过结合音频信号和灯光效果，可以营造出一种独特的视听氛围，使观众更加深入地感受音乐的魅力。这种技术在音乐会、剧院等演出场所具有广泛的应用前景。

【案例一】　音乐会上的声光交融

在音乐会上，声光交融技术为观众带来了前所未有的视听盛宴。当音乐响起，与之相应的灯光效果随之变化，与音乐的节奏、旋律和情感紧密相连。这种跨模态的整合不仅增强了音乐的表现力，还为观众营造了一种沉浸式的体验。

以一场著名的古典音乐会——维也纳新年音乐会为例，这场音乐会每年都会吸引数以万计的观众前来观赏。在这场音乐会上，声光交融技术得到了完美的展现。当演奏到约翰·施特劳斯家族的经典作品，如《蓝色多瑙河》或《拉德茨基进行曲》时，灯光与音乐的结合达到了高潮，如图 8-1 所示。

图 8-1　《蓝色多瑙河》音乐会

在演奏激昂的乐章时，如《蓝色多瑙河》中的快速旋律部分，灯光会变得明亮而快速闪烁，与音乐的强烈节奏相呼应。这种灯光效果仿佛将观众带入了一个充满活力与激情的世界，让人们仿佛看到了多瑙河波光粼粼的水面，感受到了音乐的流动与跳跃。

而当演奏到柔和的旋律时，如《拉德茨基进行曲》中的慢板部分，灯光则会变得柔和而温暖，为观众营造出一种宁静而温馨的氛围。这种灯光效果让人们仿佛置身于一个宁静的夜晚，与音乐共同沉浸于一个梦幻般的世界。

这场维也纳新年音乐会的声光交融设计，不仅提升了音乐会的艺术效果，还使得观众更加深入地感受到了音乐的魅力。观众纷纷表示，这种声光交融的演出方式让他们仿佛置身于一个充满魔力的音乐世界，与音乐产生了更加深刻的共鸣。

通过声光交融的技术手段，设计师能够将音频与图像进行有机结合，创造出更加丰富、生动和多维度的视听效果。这种整合方式不仅符合人类的认知习惯，还能够引发观众的共鸣和情感反应。在音乐会上，声光交融技术为观众带来了沉浸式的体验；在广告中，声光交融设计则成功地吸引了观众的注意力并传达了广告信息。

【案例二】　广告中的声光交融

在广告设计中，音频与图像的跨模态整合同样展现出了其独特的魅力。通过将音频元素与图像相结合，可以创造出一种独特的视觉效果，吸引观众的注意力并提高广告的传播效果。

以宝马汽车的广告为例，如图 8-2 所示，这则广告充分展示了声光交融在广告中的应用。广告开始时，画面呈现一辆宝马汽车在日落时分的公路上飞驰的场景，伴随着低沉而有力的引擎声。随着汽车的速度逐渐加快，背景音乐也逐渐变得激昂起来，与汽车的加速相呼应。

图 8-2　宝马汽车广告

此时，画面中的灯光效果与音乐紧密配合，随着音乐的节奏变化而闪烁和流动。当汽车驶过弯道时，画面中的灯光效果随之变换，强调了汽车的灵活性和稳定性。当汽车加速冲刺时，灯光效果则变得更加明亮和快速闪烁，与音乐的激昂节奏相得益彰，传达了汽车的速度与激情。

这种声光交融的设计不仅使得广告更加生动有趣，还成功地吸引了观众的注意力。观众在观看广告的过程中，不仅能够感受到汽车的速度与激情，还能够被独特的声光效果所吸引，从而更加深入地了解宝马汽车的特点和优势。

这则宝马汽车广告通过巧妙的声光交融设计，成功地传达了广告的主题和信息，提高了广告的传播效果。这也充分展示了音频与图像跨模态整合在广告设计中的重要性和潜力。

综上所述，音频与图像的跨模态整合在数字内容生成领域具有广阔的应用前景和潜力。通过结合多模态感知原理和技术手段，我们可以创造出更加丰富、生动和沉浸式的数字内容体验。随着技术的不断发展和创新应用的探索，相信这一领域将会取得更加显著的进展和突破。

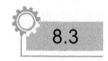

8.3　创意设计中的 AIGC 应用趋势

随着科技的飞速进步，创意设计领域正迎来前所未有的变革。从人工智能与生成式对抗网络的崛起，到增强现实与虚拟现实技术的广泛应用，再到互动媒体与用户体验的深度融合，创意设计正逐渐摆脱传统的束缚，迈向一个全新的纪元。

8.3.1　AIGC 在创意设计中的角色

AI 技术与 AIGC 技术的突飞猛进，标志着技术与艺术的交汇点正以前所未有的速度扩展。在创意设计领域，AIGC 技术的出现不仅改变了传统的设计流程和方法，更赋予了设计师全新的视角和工具，使其能够以前所未有的方式实现创意表达。

首先，**AIGC 为设计师提供了一个"永不枯竭"的创意库**。基于大数据和算法的分析，AIGC 能够从海量的信息中提炼出设计灵感，为设计师提供多样化的创意选择。这种能力不仅大大拓宽了设计师的视野，还使得设计过程更加高效和灵活。

其次，**AIGC 作为设计师的得力助手，能够自动化完成许多烦琐和重复性的任务**。通过算法的优化，AIGC 可以快速生成高质量的初步设计方案，帮助设计师快速迭代和优化。这种自动化的支持不仅减轻了设计师的工作负担，还大大提高了设计的效率和质量。

再次，**更为重要的是，AIGC 与设计师之间形成了一种全新的合作模式**。设计师可以将自己的创意和想法输入给 AIGC 系统，系统则可以根据这些输入生成相应的设计元素或方案。这种合作模式不仅充分发挥了设计师的创造力和想象力，还利用了 AIGC 的强大计算能力，实现了创意与技术的完美结合。

最后，**AIGC 还能够为设计师提供实时的反馈和评估**。基于算法的分析，AIGC 可以对设计方案进行量化评估，帮助设计师快速识别设计中的问题和不足。这种实时的反馈机制使得设计过程更加精准和高效，大大提高了设计的成功率。

然而，尽管 AIGC 在创意设计领域中发挥着越来越重要的作用，但我们也不能忽视其带来的挑战和争议。如何平衡人工智能的创意与人类设计师的创意？如何确保 AIGC 生成的设计作品符合伦理和社会责任？这些问题都需要我们在未来的探索中逐步解决。

总之，AIGC 在创意设计领域中的角色是复杂而多元的。它既是一个强大的创作工具，也是一个智能的合作伙伴。随着技术的不断进步和应用场景的不断拓展，我们有理由相信，AIGC 将在未来的创意设计中发挥更加重要和积极的作用。

8.3.2　增强现实与虚拟现实在创意设计中的应用

增强现实(AR)和虚拟现实(VR)技术不仅是现代科技前沿的代表，更是创意设计领域中的创新引擎。它们为设计师提供了一个全新的创作平台，使得设计作品能够超越传统的二维界限，变得更为生动、立体，交互性更强。

1. AR 的沉浸式体验

AR 技术的出现，为创意设计领域带来了前所未有的沉浸式体验。它突破了传统的设计展示方式，将虚拟的数字信息巧妙地融入我们的真实世界，使得用户能够与之进行更为自然和直观的互动。

在建筑设计中，AR 技术的应用尤为突出。设计师通过 AR 技术，可以将虚拟的建筑模型精确地放置在真实的环境中，使得客户能够身临其境地感受建筑的空间布局、外观设计和内部装饰。这种沉浸式的体验不仅大大提高了设计沟通的效率，也使得客户能够更为直观地理解设计师的意图和创意。

除了建筑设计，AR 技术也在产品展示和推广中发挥着巨大的作用。传统的产品展示方式往往只能通过图片或视频来展示产品的外观和功能，而 AR 技术则可以通过将虚拟的产品模型放置在真实的环境中，让消费者更为直观地了解产品的实际效果。例如，在服装设计中，消费者可以通过 AR 技术试穿虚拟的服装，从而更为准确地判断服装的款式、颜色和搭配效果。这种沉浸式的体验不仅能够吸引消费者的注意，还能够提升他们的购买意愿。

总之，AR 技术为创意设计师提供了一个全新的创作平台。设计师可以通过 AR 技术将虚拟的数字信息与真实世界相结合，从而创造出更为生动、立体和交互性强的设计作品。这种技术不仅拓宽了设计师的创意空间，也为用户带来了更为丰富的、沉浸式的体验。

2. VR 的无限可能

VR 技术以其独特的魅力，为用户创造了一个超越现实的虚拟世界，提供了身临其境的体验。对于创意设计师而言，VR 技术打开了一扇通往无限可能的大门，使得设计创意不再受限于传统的物理界限。

1) 创造逼真的产品原型与场景

在创意设计中，VR 技术允许设计师创建出高度逼真的产品原型或场景。通过 VR 技术，设计师可以将自己的创意和想象以三维的形式呈现出来，使得用户在使用产品或体验场景之前就能够感受到其功能和特点。这种能力在设计初期阶段尤为重要，因为它允许设计师快速迭代和优化设计方案，减少后期修改的成本和时间。

2) 摆脱物理世界的限制

与传统的创意设计工具相比，VR 技术为设计师提供了更为广阔的创作空间。设计师可以不受物理世界的限制，在虚拟世界中实现自己的创意和想象。无论是构建宏伟的建筑、创造奇幻的景观还是设计复杂的机械结构，VR 技术都能够为设计师提供无限的可能性。这种无限的可能性不仅激发了设计师的创造力，也推动了创意设计领域的不断创新和发展。

3) 促进跨学科合作与交流

值得一提的是，VR 技术还促进了不同学科之间的合作与交流。通过 VR 技术，建筑师、工程师、设计师等不同领域的专业人员可以共同参与到同一个虚拟环境中，进行实时的协作和交流。这种跨学科的合作为创意设计带来了更多的灵感和创新点，促进了不同领域之间的知识融合和交叉应用。

4) 增强用户体验与参与感

除了在设计过程中的应用外，VR 技术还为用户提供了更加沉浸式的体验。通过 VR 技术，用户可以置身于设计师所创造的虚拟世界中，与设计作品进行互动和交流。这种身临其境的体验不仅增强了用户对设计作品的认知和理解，也提高了用户对设计作品的参与感和认同感。

综上所述，虚拟现实技术为创意设计师提供了一个全新的创作平台和无限的可能性。它打破了传统设计的限制，为设计师提供了更为广阔的创作空间和更为沉浸式的用户体验。随着 VR 技术的不断发展和完善，我们有理由相信它将在未来的创意设计中发挥更加重要和积极的作用。

3. AR 与 VR 的结合

当 AR 与 VR 技术相结合时，它们共同为创意设计领域带来了前所未有的变革和无限的可能性。

1) 融合虚拟与现实，创造全新视觉体验

AR 技术擅长将虚拟元素融入到真实环境中，而 VR 技术则能为用户创造一个完全虚拟的世界。当这两种技术结合时，设计师可以在真实世界中嵌入虚拟元素，同时又将用户带入一个高度逼真的虚拟环境。这种融合为用户带来了更加生动、立体和逼真的视觉体验，使他们仿佛置身于一个充满奇幻和创意的世界中。

2) 拓展设计创意的边界

AR 与 VR 的结合为设计师提供了更加广阔的创意空间。设计师可以不再局限于传统的物理界限，而是将虚拟元素与现实世界相结合，创作出前所未有的设计作品。这种结合不仅拓展了设计创意的边界，还激发了设计师的想象力和创造力，推动了创意设计领域的不断发展和创新。

3) 提供更加深入与全面的用户体验

AR 与 VR 的结合不仅为用户提供了更加生动和逼真的视觉体验，还使得用户体验更加深入与全面。用户可以通过 AR 技术将虚拟元素融入到自己的生活中，感受到虚拟与现实的无缝衔接；同时，通过 VR 技术，用户可以完全沉浸在一个虚拟的世界中，与设计作品进行更加深入的互动和交流。这种结合为用户带来了更加全面与深入的设计体验，增强了用户对设计作品的认同感和参与感。

4) 促进跨学科合作与交流

AR 与 VR 的结合还促进了不同学科之间的合作与交流。通过这种技术结合，建筑师、工程师、设计师等不同领域的专业人员可以共同参与到同一个虚拟环境中，进行实时的协作和交流。这种跨学科的合作为创意设计带来了更多的灵感和创新点，促进了不同领域之间的知识融合和交叉应用。

总之，AR 与 VR 的结合为创意设计带来了更加深远和全面的变革。这种结合不仅将虚拟世界与现实世界无缝衔接，还为用户提供了更加深入和全面的沉浸式体验。随着这两种技术的不断发展和完善，我们有理由相信它们将在未来的创意设计中发挥更加重要和积极的作用。

8.3.3　互动媒体与用户体验的未来

随着科技的不断进步和互动媒体技术的日新月异，未来的创意设计领域将更加注重用户体验和互动性。这一转变不仅仅是对设计师技能要求的提升，更是对整个行业发展趋势的深刻洞察。

1. 用户需求与习惯的演变

随着社会的快速发展和人们生活节奏的加快，用户对互动体验的需求也在不断变化。他们不再满足于传统的、单一的交互方式，而是期待更加便捷、高效、有趣的互动体验。设计师需要密切关注用户的需求和习惯，从中汲取灵感，创新设计思路，以满足用户的多样化需求。

2. 互动媒体的多元化应用

未来的互动媒体将不再局限于传统的屏幕显示，而是会扩展到更多的设备和场景中。智能家居、可穿戴设备、增强现实等领域都将成为互动媒体的重要应用领域。在这些领域中，设计师需要充分发挥创意，运用各种技术手段，为用户提供更加丰富、多样的互动体验。

3. 技术与设计的融合

未来的创意设计将更加注重技术与设计的融合。设计师需要不断学习和探索新的技术，将其巧妙地融入到设计中，创造出独特而富有创意的作品。同时，他们还需要关注技术的发展趋势，预测未来的技术变革，以便在设计中抢占先机。

4. 设计师的角色转变

随着互动媒体技术的不断发展，设计师的角色也在发生转变。他们不再仅仅是美的创造者，更是用户体验的塑造者。设计师需要更加关注用户的需求和反馈，与用户建立紧密的互动关系，不断优化设计方案，提升用户体验。

综上所述，未来的互动媒体与用户体验将更加紧密地结合在一起。设计师需要紧跟时代潮流，不断学习和探索新的技术和设计理念，以满足用户对互动体验不断升级的需求。在这个过程中，他们不仅需要关注技术的发展，还需要关注用户的需求和习惯的变化，以及与其他领域的交叉融合，从而创作出更加独特、有趣和富有创意的设计作品。

8.3.4　绿色设计与可持续性的重要性

在当今社会，随着环境问题日益突出，绿色设计与可持续性在创意设计领域中的重要性愈发凸显。设计师正逐步认识到，他们的作品不仅要美观、实用，更要对环境友好，对未来负责。

1. 绿色设计的核心理念

绿色设计，又称生态设计或环境设计，其核心理念是在设计过程中充分考虑环境保护和可持续性。设计师需要确保所使用的材料、技术、生产流程等都尽可能减少对环境的负面影响。例如，选择可再生、可回收或低污染的材料，采用节能的生产技术，优化设计方案以减少能源消耗和废弃物产生。

2. 产品的生命周期管理

绿色设计不仅关注产品的初期设计和生产阶段，还着眼于产品的整个生命周期。这意味着设计师需要思考产品在使用、维护和废弃后的处理方式，确保其在整个生命周期中都能最大限度地减少环境的负担。例如，设计易于拆解和回收的产品结构，提供长期的维护和升级服务，以减少废弃物的产生。

3. 可持续性的长远视野

可持续性要求设计师具备长远视野，避免短视行为。这意味着在设计过程中，设计师需要考虑到设计作品对未来的影响，避免过度消费和浪费。例如，避免使用稀缺资源，设计经久耐用的产品，推动循环经济的发展等。

4. 创新与探索

为了实现绿色设计和可持续性，设计师需要不断探索和创新。这包括研发新的环保材料和技术，优化设计方案以提高资源利用效率，推动行业内的合作与交流等。只有通过持续的创新和探索，我们才能不断推动绿色设计和可持续性发展，为人类的未来创造更加美好的生活环境。

5. 设计师的社会责任

作为社会的一员，设计师肩负着重要的社会责任。他们需要关注环境问题，将环保理念融入到设计作品中，推动社会的绿色转型。同时，他们还需要通过教育和宣传，提高公众对绿色设计和可持续性的认识与理解，促进全社会的共同参与和努力。

综上所述，绿色设计与可持续性在创意设计领域中的重要性不容忽视。设计师需要充分认识到这一点，将环保理念融入到设计作品中，推动行业的绿色转型和发展。只有这样，我们才能共同创造一个更加美好、可持续的未来。

8.3.5　创意设计中的伦理与社会责任

创意设计不仅仅是关于美学和创新的，它还涉及伦理与社会责任。设计师在创作过程中，必须认真考虑他们的作品会如何影响社会、文化、环境以及个人。

1. 伦理考量

在创意设计中，伦理是不可或缺的一部分。设计师应遵循职业道德和准则，尊重他人的权益和利益。这包括避免侵犯他人的知识产权、版权、隐私权等。设计师在设计过程中，应确保所使用的素材、灵感来源等合法、合规，并尊重原创性。

此外，设计师还需要关注作品的文化价值和道德影响。他们应避免设计或传播可能引起争议、冒犯或伤害特定群体感情的内容。设计作品应该传递正面、积极的价值观，而不是煽动仇恨、歧视或其他不道德行为。

2. 社会责任

设计师在创作时，还需要考虑他们的作品对社会和环境的影响。他们应该选择对社会有益的题材和主题，避免设计低俗、有害或不健康的内容。例如，设计师可以通过设计公益广告、环保宣传品等方式，推动社会正义和环境保护。

同时，设计师还需要关注作品的环境影响和资源消耗。他们应尽量选择可再生、可回收或环保的材料，减少对环境的影响。此外，设计师还需要优化设计方案，减少能源消耗和废弃物产生，推动绿色设计和可持续性发展。

3. 社会责任的实践

除了在设计过程中考虑伦理和社会责任，设计师还可以通过其他方式践行这些价值观。例如，他们可以参与社会公益项目，为弱势群体提供设计服务；他们还可以与企业合作，推动设计在社会责任方面的实践，如设计环保产品、改善用户体验等。

总之，在创意设计领域，伦理和社会责任是设计师必须认真对待的重要方面。设计师需要不断提高自己的道德素质和社会责任感，确保他们的作品不仅美观、实用，而且符合社会价值观、有利于环境保护和可持续性发展。只有这样，我们才能共同创造一个更加美好、和谐的社会。

8.4　未来方向与挑战

在这个变革的时代背景下，创意设计行业正迎来前所未有的机遇与挑战。下面我们将带领读者一同探讨创意设计的未来方向以及所面临的挑战。

8.4.1　数字内容生成技术的未来趋势

未来数字内容生成技术将迎来深刻的变革和持续的发展，这些变革将塑造数字创意产业的未来走向。以下是未来数字内容生成技术可能的重要趋势。

1. 技术融合与创新

技术融合与创新是数字内容生成领域的重要发展趋势之一。随着 AR、VR、AI 技术的不断进步，它们将更深入地融合，为数字内容生成开辟全新的创新领域。

(1) **AR、VR 和 AI 的融合将为设计师提供更广阔的创作空间**。通过将虚拟世界与现实世界相结合，AR 技术可以将数字内容与用户的真实环境相融合，创造出更加生动、立体的体验。同时，VR 技术可以让用户沉浸于虚拟环境中，体验到更加身临其境的感觉。AI 技术可以为这些虚拟场景提供智能化的交互和反馈，使用户体验更加丰富和个性化。

(2) **技术融合将促进数字内容的交互性和沉浸感**。设计师可以利用 AR 技术将数字内容与用户的现实环境相融合，创造出更具交互性和沉浸感的体验。例如，通过 AR 应用，用户可以在现实环境中观看虚拟展示、与虚拟角色互动或体验增强现实游戏，从而提升了数字内容的吸引力和参与度。

综上所述，技术融合与创新将为数字内容生成带来巨大的发展机遇。设计师可以充分利用 AR、VR 和 AI 等技术，创造出更具交互性、沉浸感和个性化的数字内容，从而满足用户不断增长的需求，推动数字创意产业迈向新的高度。

2. 自动化与智能化生产

自动化与智能化生产是数字内容生成领域的重要趋势之一。随着机器学习和深度学习技术的不断进步，AI 算法在内容生成中扮演着越来越关键的角色。这种趋势将对内容创作过程产生深远影响，并带来多方面的变革。

(1) **AI 算法的智能化将使内容生成更加贴近用户需求**。通过对大数据的分析和学习，AI 算法能够准确理解用户的偏好和行为模式，并根据这些信息生成个性化、符合用户口味的内容。这种智能化生成过程不仅能够提高内容的吸引力，还能够提升用户体验，增强用户的参与感和忠诚度。

(2) **自动化技术将大幅提升内容生成的效率和速度**。传统的内容创作过程可能需要耗费大量的时间和人力，而引入自动化技术后，许多重复性、机械性的工作可以被智能算法代替，从而实现内容生成过程的自动化。这不仅能够降低人力成本，还能够加快内容上线的速度，更好地满足用户的需求。

(3) **智能化的内容生成还将推动创作质量的提升**。AI 算法能够从海量数据中学习到人类创作的精髓和规律，不断优化生成的内容，使其更加符合专业标准和审美趋势。这种智能化的创作过程将为内容创作者提供更多灵感和创作支持，帮助他们创作出更加精彩、独特的作品。

综上所述，自动化与智能化生产是数字内容生成领域的重要发展趋势，将为内容创作带来巨大的变革和提升。随着 AI 技术的不断成熟和应用，我们可以期待未来数字内容生成的进一步智能化和优化。

3. 个性化与定制化服务

个性化与定制化服务是数字内容生成领域未来的重要发展方向。随着大数据分析和个性化推荐技术的不断发展，内容创作者将有能力更深入地了解用户的喜好、兴趣和行为模式，从而提供更符合用户期待的定制化内容服务。

(1) **大数据分析将成为个性化服务的关键**。通过分析海量的用户数据，包括浏览历史、点击行为、偏好等，内容创作者可以深入了解用户的兴趣爱好和消费习惯。这样的洞察能力使得创作者能够更有针对性地为不同用户群体定制内容，从而提高内容的吸引力和影响力。

（2）个性化推荐技术将为用户提供更加个性化的内容体验。通过基于用户偏好的推荐算法，平台可以向用户推荐最符合其兴趣的内容，使用户能够更快地找到感兴趣的内容，提高用户的满意度和忠诚度。例如，视频流媒体平台可以根据用户的观看历史和喜好推荐个性化的影视剧集和电影，从而提升用户的观影体验。

（3）定制化内容服务还能够增强用户的参与度。通过与用户的互动和反馈，内容创作者可以及时调整和优化内容，更好地满足用户的需求。这种用户参与的模式不仅能够提高内容的质量，还能够增强用户的参与感和忠诚度，建立更加紧密的用户关系。

综上所述，个性化和定制化服务将成为未来数字内容生成的重要发展方向。通过大数据分析和个性化推荐技术，内容创作者将能够为用户提供更加个性化、符合其需求的内容服务，从而提高用户体验感和满意度。

4. 开放生态系统的构建

数字内容生成领域将更加倾向于建立开放的生态系统和合作平台。通过开放性平台和标准化工具的建设，促进内容创作者、开发者和用户之间的合作与交流，推动数字内容生成技术的创新和普及。

这些趋势将引领数字内容生成技术向着更加智能化、个性化和开放化的方向发展，为数字创意产业带来全新的发展机遇和挑战。

8.4.2　创意设计行业面临的挑战

在数字时代的浪潮下，创意设计行业虽然获得了前所未有的发展机遇，但同时也面临着多方面的挑战。

其一，**市场竞争加剧是一个不容忽视的问题**。随着数字内容生成技术的普及，越来越多的个人和小型团队涌入市场，使得竞争变得异常激烈。为了脱颖而出，创意设计师需要不断提升自身的专业素质和创意能力。

其二，**用户对创意设计的品质和个性化需求日益提高**。这对设计师的素质和能力提出了更高的要求。为了满足用户的多样化需求，设计师需要深入了解目标受众，提供定制化的设计解决方案。

其三，**版权保护和隐私安全问题是创意设计行业亟待解决的重要难题**。在数字环境下，作品的复制和传播变得轻而易举，这给版权保护带来了极大的挑战。同时，设计师在处理用户数据时也需要严格遵守隐私保护法规，确保用户信息的安全。

其四，**技术与艺术的融合是一个重要的挑战**。如何将先进的技术与创意设计巧妙地结合，创作出既具科技感又具艺术美感的作品，是设计师需要不断探索和实践的课题。

其五，**持续学习和适应新技术是创意设计师必须面对的挑战**。在快速发展的技术背景下，设计师需要保持开放的心态，不断学习和掌握新的设计工具与技术，以应对市场的不断变化。

综上所述，创意设计行业在享受技术红利的同时，也需要正视并解决这些挑战，以确保行业的持续健康发展。

8.4.3　潜在的市场与商业机会

在创意设计行业所面临的挑战背后，实则隐藏着巨大的市场和商业机会。如今，随着社会的消费升级和人们对生活品质的不断追求，创意设计已经渗透到生活的方方面面，成为提升生活品质、塑造品牌形象和推动文化传播的重要力量。

首先，**家居装饰市场是创意设计行业的一大蓝海**。随着人们对居住环境的舒适度和美学要求越来越高，家居装饰设计已经成为一个热门领域。从室内布局到家具选择，从色彩搭配到灯光设计，每一处细节都需要创意设计师的精心打造。这为创意设计师提供了广阔的发挥空间和市场前景。

其次，**城市规划和文化旅游领域是创意设计的重要应用领域**。随着城市化进程的加速和人们对文化旅游的热爱，城市规划和景观设计已经成为塑造城市形象、提升城市魅力的重要手段。同时，文化旅游项目的开发也需要创意设计师的参与，通过巧妙的设计将文化与旅游相结合，打造出独具特色的旅游体验。

再次，**品牌推广和市场营销领域是创意设计行业的重要收入来源**。在激烈的市场竞争中，一个独特且吸引人的品牌形象往往能够为企业赢得更多的市场份额。因此，越来越多的企业开始重视品牌形象的设计和推广，这为创意设计师提供了大量的商业机会。

最后，**文化传播领域是创意设计行业不可忽视的市场之一**。在全球化的大背景下，文化的传播和交流变得越来越重要。创意设计师可以通过巧妙的设计将传统文化与现代元素相结合，打造出既具有民族特色又具有国际影响力的文化产品，推动文化的传播和交流。

尽管创意设计行业面临着一些挑战和问题，但其中孕育着巨大的市场和商业机会。对于创意设计师来说，关键在于把握市场需求和趋势，不断提升自身的素质和能力，以创作出既具美感又具实用性的设计作品，满足人们对美好生活的追求。同时，他们还需要具备敏锐的市场洞察力和创新能力，以在激烈的市场竞争中脱颖而出，抓住这些潜在的市场和商业机会。

8.4.4 教育与培训在未来发展中的角色

教育与培训在创意设计行业的未来发展中无疑将发挥至关重要的作用。技术的飞速进步和市场的日新月异要求创意设计师必须保持持续学习的态度，不断刷新自己的知识和技能储备，以应对新的挑战和需求。

一个典型的案例是中央圣马丁艺术与设计学院(Central Saint Martins College of Art and Design)，如图 8-3 所示，这是世界著名的设计学院之一，属于伦敦艺术大学的一部分。该学院以其前卫和创新的设计理念闻名于世，为创意设计行业输送了大批顶尖人才。

图 8-3　中央圣马丁艺术与设计学院

中央圣马丁艺术与设计学院的课程设计紧跟时尚和设计的最新趋势，强调实验性和创新性。它与众多知名品牌和企业建立了紧密的合作关系，为学生提供了丰富的实践机会。许多著名的设计师和艺术家都曾在这里学习或任教，进一步提升了学院的国际声誉。

在教育与培训方面，中央圣马丁艺术与设计学院不仅提供本科和研究生课程，还设有各种短期课程和研讨会，以满足不同层次和需求的学员。这些课程涵盖了时尚、平面设计、产品设计、表演艺术等多个领域，帮助学生在专业知识和技能上得到全面提升。

通过中央圣马丁艺术与设计学院的教育与培训，学生不仅能够掌握扎实的设计基础知识和技能，还能培养出敏锐的时尚嗅觉和创新思维。这使得他们在毕业后能够迅速适应创意设计行业的发展需求，成为引领潮流的佼佼者。

　　因此，中央圣马丁艺术与设计学院在教育与培训方面的成功经验，为其他设计学院和培训机构提供了有益的借鉴和参考。同时，它也进一步证明了教育与培训在创意设计行业未来发展中的重要作用。

　　在我国，清华大学美术学院是中国顶尖的设计学院之一(如图 8-4 所示)，其前身为中央工艺美术学院，拥有很强的实力和很高的社会认知度。该学院对文化课成绩和专业课成绩要求都非常高，并且每年招生人数都很少。这种高门槛保证了学生的质量，使得该学院能够培养出大量优秀的设计师。

图 8-4　清华大学美术学院

　　该学院注重理论与实践相结合的教育模式，强调创新思维和实践能力的培养。通过与企业和行业的合作，学生有机会参与到真实的项目中，从而在实践中锻炼自己的设计能力和团队协作能力。这种教育模式使得学生能够迅速适应市场需求，成为创意设计行业中的佼佼者。

　　教育与培训在未来发展中的重要性还体现在对创意设计行业规范化和标准化的推动上。通过统一的教育标准和认证体系，可以确保设计师具备基本的职业素养和能力水平，从而提高整个行业的服务质量和竞争力。同时，这也为消费者提供了更加可靠和专业的设计服务选择。

　　综上所述，教育与培训在创意设计行业的未来发展中将扮演不可或缺的角色。通过建立健全的教育与培训体系，我们可以培养出更多具备创新精神和实践能力的优秀设计师，推动创意设计行业的持续健康发展。同时，这也需要行业内外各方的共同努力和支持，以实现教育与培训资源的优化配置和共享。

8.4.5　结论与未来研究的方向

在深入探讨数字内容生成技术在创意设计中的应用前景后，我们不难发现，这一领域既拥有巨大的潜力，也面临着诸多挑战。为了更好地挖掘这一技术的价值并推动其在实际应用中的发展，未来研究可以从以下几个方面着手。

其一，**对数字内容生成技术的原理和方法论基础进行深入研究是至关重要的**。这包括深入了解各种算法、模型以及它们在生成过程中的作用机制。通过剖析这些基础原理，我们可以更准确地理解技术的优势与局限，从而为后续的应用和优化提供坚实的理论支撑。

其二，**探索数字内容生成技术与传统艺术、文化传承等领域的结合点和创新点也是研究的重要方向**。传统艺术和文化中蕴含着丰富的创意资源和深厚的审美积淀，通过与数字内容生成技术的有机结合，我们可以创作出更具特色和内涵的作品，同时推动传统文化的现代化传承与发展。

其三，**关注数字内容生成技术在实际应用中的效果评估和问题优化同样重要**。技术的价值最终需要通过实际应用来体现，因此，我们需要建立一套科学、全面的评估体系，对技术在不同场景下的应用效果进行客观、准确的评价。同时，针对评估中发现的问题和不足，我们应及时进行优化和改进，以提升技术的实用性和可靠性。

其四，**加强数字内容生成技术的安全性和隐私保护研究是不容忽视的问题**。随着技术的广泛应用，数据安全和隐私泄露等风险也随之增加。因此，我们需要加强对相关技术的安全性审查和监管力度，制定完善的安全保障措施和隐私保护政策，确保技术在合法、合规的前提下健康发展。

其五，**推动跨学科合作与交流对数字内容生成技术与创意设计行业的共同发展至关重要**。创意设计涉及多个领域和学科的知识与技能，而数字内容生成技术作为其中的重要一环，更需要与其他领域进行深度融合与创新。通过搭建跨学科的合作平台、举办交流研讨会等方式，我们可以促进不同领域专家之间的思想碰撞与知识共享，共同推动数字内容生成技术与创意设计行业的繁荣和发展。

第 9 章
总结与展望——创意设计的未来之路

在探索创意设计的未来之路时，我们不禁要思考：技术、文化和社会将如何共同塑造这一领域的未来面貌？第 9 章中揭示了这一迷人旅程的蓝图，带领我们穿越 AIGC 技术的创新与挑战，探寻跨学科合作的价值，并洞察技术、社会与文化之间的深刻交互。

本章我们还将深入探讨创意设计的未来路径，包括发展战略和实践案例的前瞻性思考。通过制定适应数字时代的创意策略、推动设计教育改革和创新人才培养，以及关注创意产业的可持续发展，我们将为创意设计的繁荣和发展奠定坚实的基础。同时，通过实践案例的分享和对未来新兴领域的预见，我们将激发更多的创新思维和实践行动。

 回顾与评估——AIGC 在创意设计中的应用

在回顾 AIGC 在创意设计中的应用时，我们可以发现这一技术既带来了显著的创新，也面临着一系列技术和伦理挑战。

9.1.1　综合评价——AIGC 技术的创新与挑战

AIGC 技术作为人工智能领域的一个重要分支，在创意设计中的应用日益广泛。它以其强大的生成能力和创新性，为设计师们提供了前所未有的创作工具和灵感来源。与此同时，AIGC 技术也面临着一些技术和伦理方面的挑战。

1. 技术创新的推动力

AIGC 技术以其强大的生成能力和创新性，为创意设计领域带来了前所未有的变革，成为推动该领域持续发展的核心动力。具体来说，这种技术创新为创意设计带来的推动力主要体现在以下几个方面：

首先，AIGC 技术通过深度学习和大数据分析，能够模拟人类的创造力和审美偏好，从而生成具有高度原创性和吸引力的设计作品。这一特性极大地拓展了设计师的创作思路和灵感来源，使得他们能够突破传统的限制和束缚，探索出更加新颖、独特的设计方案。这种创新性的设计作品不仅能够满足用户多样化的需求，还能够引领潮流，推动设计行业的不断发展和进步。

其次，AIGC 技术提高了设计效率，降低了设计门槛。传统的设计过程往往需要耗费大量的时间和精力，而 AIGC 技术则能够通过自动化和智能化的方式，快速生成高质量的设计作品。这不仅减轻了设计师的工作负担，还缩短了设计周期，提高了设计效率。同时，AIGC 技术的易用性和可访问性也使得更多人能够参与到创意设计中来，无论是专业设计师还是普通用户，都能够借助这一技术发挥自己的创意和想象力。

最后，AIGC 技术推动了创意设计的民主化和多元化发展。在过去，创意设计往往是少数精英的专属领域，普通人很难有机会参与其中。然而，随着 AIGC 技术的普及和应用，越来越多的人能够借助这一平台展示自己的创意和才华。这不仅丰富了设计行业的多样性，还促进了不同文化、不同背景之间的交流与融合，推动了创意设计的全球化和包容性发展。

总之，AIGC 技术以其强大的生成能力和创新性，为创意设计领域带来了翻天覆地的变化。它不仅提高了设计效率和质量，还降低了设计门槛，推动了创意设计的民主化和多元化发展。未来随着技术的不断进步和应用场景的不断拓展，我们有理由相信，AIGC 技术将继续为创意设计领域带来更多的创新和惊喜。

2. 面临的技术与伦理挑战

尽管 AIGC 技术在创意设计领域展现出了令人瞩目的潜力，但其实际应用过程中仍然面临着一系列技术与伦理挑战。

(1) 从技术角度来看，AIGC 技术的复杂性和不稳定性是其面临的主要挑战之一。由于该技术涉及多个领域的复杂算法和模型，如深度学习、神经网络和大数据分析等，其生成的设计作品质量往往难以保证。有时，由于算法的不稳定或数据的偏差，生成的设计作品可能存在瑕疵或不符合预期。此外，随着技术的不断发展和更新换代，如何保持 AIGC 技术的持续稳定性和兼容性也是一个重要问题。

(2) AIGC 技术在伦理方面也引发了一系列争议。数据隐私和版权问题是该技术面临的重要伦理挑战。在使用 AIGC 技术生成设计作品时，通常需要收集和处理大量数据，这就涉及个人隐私的保护问题。同时，由于机器生成的设计作品往往借鉴或融合了已有的设计元素和风格，这就可能引发版权纠纷和法律问题。如何在保护个人隐私和知识产权的前提下合理利用 AIGC 技术，是当前亟待解决的问题之一。

（3）AIGC 技术还引发了一些更深层次的伦理争议。例如，机器生成的设计作品是否应该被视为真正的"创意"就是一个有争议的问题。一些人认为，机器生成的设计作品缺乏人类创意的独特性和灵魂，不能被视为真正的艺术或设计作品。另一些人则认为，机器生成的设计作品同样具有创意和价值，应该得到认可和尊重。这些争议不仅涉及对机器和人类创意的认知与评价，还涉及对设计行业未来发展的思考和探讨。

总之，尽管 AIGC 技术在创意设计领域具有巨大潜力，但其实际应用过程中仍然面临着诸多技术与伦理挑战。为了充分发挥该技术的优势并推动创意设计的持续发展，我们需要不断探索和创新，加强跨学科合作与交流，共同应对这些挑战并寻求有效的解决方案。

3. AIGC 对创意设计的具体影响

AIGC 技术对创意设计产生了深远的影响，具体表现在以下几个方面：

首先，**AIGC 技术改变了传统的设计流程和方法**。传统的设计过程往往需要设计师花费大量时间和精力进行手绘、建模和渲染等烦琐操作。然而，借助 AIGC 技术，设计师可以通过简单的输入和参数调整，快速生成高质量的设计作品。这不仅提高了设计效率，还降低了设计门槛，使得更多人能够参与到创意设计中来。同时，AIGC 技术的自动化和智能化特性也使得设计师能够更专注于创意和构思方面，从而推动设计品质的整体提升。

其次，**AIGC 技术为设计师提供了更广阔的创意空间**。通过深度学习和大数据分析等算法模型，AIGC 技术能够模拟人类的创造力和审美偏好，从而生成具有高度原创性和吸引力的设计作品。这使得设计师能够突破传统的限制和束缚，探索出更加新颖、独特的设计方案。同时，AIGC 技术还能够将不同领域的知识和信息进行融合与创新，为设计师提供更多的灵感和创意来源。这些都有助于推动创意设计的多样性和创新性发展。

最后，**AIGC 技术推动了设计行业的数字化转型和升级**。随着数字化技术的不断发展和普及，越来越多的设计作品开始以数字形式呈现和传播。AIGC 技术作为数字化设计的重要工具之一，不仅提高了设计作品的制作效率和质量，还使得设计师能够更加便捷地与客户、合作伙伴进行沟通和协作。这有助于缩短设计周期、降低成本并提高市场竞争力。同时，AIGC 技术还推动了设计行业与其他领域的跨界融合和创新发展，为设计行业注入了新的活力和机遇。

9.1.2　跨学科视角——多模态内容生成的价值

在 AIGC 技术的驱动下，多模态内容生成已成为创意设计领域的新热点。从跨学科的视角来看，多模态内容生成不仅为不同领域提供了丰富的创新资源，还促进了学科间的深度交叉与合作。

1. 跨学科合作的机遇与挑战

跨学科合作为多模态内容生成领域带来了前所未有的机遇，但同时也伴随着一系列挑战。这种合作模式为不同领域的专家提供了一个共同创造和探索的平台，有助于推动艺术的创新，以及为科技等领域带来新的应用场景。然而，在实际的合作过程中，跨学科合作也面临着沟通障碍、文化和价值观差异、资源整合与协调，以及知识产权和利益分配等挑战。

(1) 机遇方面，跨学科合作促进了创新融合，使得不同领域的知识、技术和方法得以融合在一起，形成全新的创意和设计理念。这种合作有助于打破传统领域的界限，将多模态内容生成应用于更广泛的领域，如教育、娱乐和医疗等。同时，通过资源共享与优势互补，团队成员可以提升整个团队的创新能力和竞争力。

(2) 挑战方面，跨学科合作首先面临着沟通障碍。由于不同学科背景的人员使用不同的术语和概念体系，这可能导致在沟通过程中存在误解。此外，文化和价值观的差异也可能引发合作过程中的冲突和分歧。为了确保项目的顺利进行，团队成员需要尊重彼此的文化差异，并寻求共同的合作目标。同时，跨学科项目还需要整合来自不同领域的资源和技术，这涉及项目管理、资源分配和团队协调等多个方面的挑战。最后，知识产权和利益分配也是一个需要认真考虑的问题，以避免潜在的纠纷。

2. 数字化在不同领域的应用

数字化技术已成为现代社会的基石，其在多模态内容生成方面的应用尤为突出。无论是在创意设计、教育还是娱乐产业，数字化技术都发挥着不可替代的作用。

(1) **在创意设计领域**，设计师利用先进的数字化工具，如设计软件、3D 建模和渲染技术等，能够迅速且高效地生成高质量的图像、视频和音频内容。这些工具不仅大大提升了设计师的工作效率，还使得他们能够探索出更多新颖、独特的设计方案。数字化技术的引入，无疑为创意设计领域带来了一场革命。

(2) **在教育领域**，数字化技术的应用同样广泛而深入。通过数字化技术，教育工作者可以创建出丰富多样的交互式教材和教学资源，这些资源不仅使得学习过程更加生动有趣，还能有效提升学生的学习兴趣和效果。此外，数字化技术还支持在线教育和远程学习，打破了时间和空间的限制，使得优质教育资源能够惠及更多人。

(3) **在娱乐产业**，数字化技术更是发挥得淋漓尽致。电影、游戏、虚拟现实等娱乐形式都离不开数字化技术的支持。利用先进的数字化技术，娱乐产业能够制作出逼真的特效和虚拟场景，为观众带来沉浸式的体验。这些技术不仅提升了娱乐产品的质量和观赏性，还推动了娱乐产业的创新和发展。

3. 跨文化视角下的内容创新

在全球化的今天，跨文化视角在多模态内容生成中的重要性日益凸显。由于不同文化背景下的人们对颜色、符号、故事情节等元素的解读存在显著差异，因此，在多模态内容生成过程中融入跨文化元素至关重要。

通过融入不同文化的艺术形式和表现手法，创作者可以创作出更具普适性和吸引力的作品。这样的作品不仅能够跨越文化和语言的障碍，与全球观众产生共鸣，还能促进不同文化之间的交流与融合。例如，在电影制作中，融入不同国家的文化元素和故事情节，可以使得电影更具国际化和多元化特色，吸引更广泛的观众群体。

同时，跨文化合作也为多模态内容生成带来了新的创新点。来自不同文化背景的创作者可以共同合作，将各自的文化特色和创意融合在一起，创作出独特且富有深度的作品。这种创新不仅有助于提升作品的艺术价值和观赏性，还能为创意设计领域注入新的活力和灵感。

综上所述，从跨学科的视角来看，多模态内容生成在创意设计、教育、娱乐等领域具有广泛的应用前景和巨大的创新潜力。通过加强跨学科合作、深化数字化技术应用以及融入跨文化元素等方式，我们可以进一步挖掘多模态内容生成的价值并推动相关领域的持续发展。这将有助于我们创造出一个更加丰富多彩、包容并蓄的文化世界。

9.2　未来趋势——技术、社会与文化的交互

当我们展望未来的发展趋势时，技术、社会与文化之间的交互关系显得尤为重要。这三者之间的相互影响和推动，将塑造出一个全新的未来世界。

9.2.1　技术进步与社会变革

技术进步不仅改变了我们的生活方式，也在深层次上推动着社会的变革。

1. 技术发展的社会影响

科技发展，无疑是当今社会变迁的强大驱动力。从深层次的社会结构到日常生活的细枝末节，技术进步的足迹无处不在，其影响既广泛又深远。

(1) 从通信的角度来看，技术已经彻底改变了人们的交流方式。过去，人们依靠书信和电报进行远距离沟通，而现在，智能手机、社交媒体和即时通信软件让跨越时空的交流

变得触手可及。这种变化不仅让人们的沟通变得更为便捷和高效，还促进了信息的快速传播和知识的共享。

(2) **在交通领域，技术的发展同样显著**。从蒸汽机车到电动汽车，从飞机到太空探索，每一次技术进步都在不断拓展人类的活动范围，缩短地理距离。此外，智能交通系统和无人驾驶技术的兴起，正在进一步提升交通的安全性和效率，改变着人们的出行方式。

(3) **在医疗领域，医疗技术的进步更是挽救了无数生命，提高了人们的生活质量**。从疫苗的研发到基因编辑，从远程医疗到人工智能辅助诊断，科技的发展正在让医疗服务变得更加精准、高效和人性化。这些进步不仅延长了人类的寿命，还减轻了疾病带来的痛苦，提升了患者的康复速度和生活质量。

(4) **在教育领域，技术的发展也带来了翻天覆地的变化**。在线教育、虚拟课堂和数字化学习资源的出现，打破了传统教育的时空限制，让优质教育资源得以更加公平地分配。同时，人工智能和大数据等技术的应用，也在推动个性化学习和精准教学的发展，让教育更加符合每个人的需求和特点。

(5) **技术的发展还在改变着我们的工作方式和就业结构**。随着自动化和人工智能的普及，许多传统行业的工作岗位正在被机器所取代，而新兴行业和技术领域则催生了大量新的就业机会。这种变化要求人们不断提升自己的技能和适应能力，以应对不断变化的就业市场。

2. 社会需求对技术发展的推动

技术的发展从来都不是孤立存在的，它总是与社会需求紧密相连。随着社会的不断演进，各种问题和挑战也随之浮现，而技术则往往成为解决这些问题的关键所在。

(1) **人口增长对技术发展产生了巨大的推动力**。随着全球人口数量的不断增加，对食物、住房、医疗等基本需求也随之增长。为了满足这些需求，技术必须不断创新和进步，以提高生产效率和资源利用率。例如，在农业领域，通过应用先进的生物技术和智能化农业装备，可以实现农作物的高产、优质和可持续发展，从而满足更多人的食物需求。

(2) **资源匮乏是推动技术发展的重要因素之一**。随着工业化和城市化的加速发展，全球对能源、矿产等自然资源的需求日益增加。然而，这些资源是有限的，且开采和利用过程中往往伴随着严重的环境问题。因此，社会急需发展能够高效利用和替代传统资源的新技术。例如，可再生能源技术(如太阳能、风能等)的研发和应用，就是为了解决传统能源枯竭和环境污染问题而兴起的。

(3) **环境问题日益成为推动技术发展的关键因素**。随着全球气候变化和环境破坏的加剧，人们对环境保护的意识不断增强。为了实现可持续发展，社会需要发展能够减少污染、节约资源并保护生态环境的新技术。例如，环保材料、清洁能源技术、废弃物资源化利用技术等的研发和应用，都是在环境保护需求的推动下不断发展的。

3. 数字化与社会责任

在数字化浪潮中，技术进步带来了前所未有的便捷与高效，但与之相伴的是日益凸显的社会责任问题。数字化技术如同一把双刃剑，既为我们的生活提供了便捷，也带来了诸如数据隐私、信息安全、网络犯罪等挑战。

(1) **数字化技术方便使用的同时也带来个人信息泄露的风险**。数字化技术使得个人数据的收集、存储和处理变得异常简单和高效，然而这也导致了个人隐私泄露的风险增加。从社交媒体上的个人信息，到在线购物、金融交易等数据，一旦泄露或被滥用，将对个人造成严重的损失。因此，技术企业和相关机构在享受数字化带来的便利的同时，也肩负着保护用户数据的重任。

(2) **数字化技术的广泛应用对信息安全提出了新的挑战**。随着网络攻击、病毒传播等威胁的不断升级，保障信息系统的安全稳定运行成为一项紧迫的任务。这不仅需要技术层面的不断创新和防范，更需要社会各界的共同努力和协作。

(3) **数字化技术为网络犯罪提供了新的手段和途径**。网络诈骗、网络恐怖主义等犯罪行为日益猖獗，给社会稳定和公共安全带来了严重威胁。因此，打击网络犯罪、维护网络安全也成为数字化时代的重要社会责任。

9.2.2　文化多样性与创意表达

在全球化日益加强的当下，文化多样性成为人们关注的焦点，它与创意表达紧密相连，共同推动着文化的前进与发展。

1. 多样性在数字内容创作中的角色

数字内容创作作为现代文化表达的重要手段，深受文化多样性的影响。多样性为数字内容创作提供了丰富的素材和灵感来源。不同文化背景下的故事、人物、符号等都可以成为创作的元素，使得数字内容更加丰富多彩。

同时，多样性也促进了数字内容创作手法的创新。在融合不同文化元素的过程中，创作者需要打破传统的创作框架，尝试新的表达方式和技术手段，从而推动数字内容创作领域的不断进步。

此外，多样性还增强了数字内容的包容性和传播力。具有多元文化元素的数字内容更容易跨越文化和地域的界限，被更广泛的受众所接受和喜爱，从而推动文化的交流与传播。

2. 创意设计与文化传承

创意设计在文化传承中发挥着至关重要的作用。一方面，创意设计可以将传统文化元素与现代设计理念相结合，创作出既具有传统韵味又符合现代审美的新作品。这种方式不仅有助于传统文化的传承和发展，还能为现代社会带来新的文化体验。另一方面，创意设计也可以为传统文化的传播提供新的载体和形式。例如，通过数字化的手段将传统文化元素融入游戏、动漫、影视等现代娱乐形式中，可以让更多的年轻人了解和喜爱传统文化，从而推动文化的传承与发展。

3. 全球化背景下的创意交流

全球化背景下，不同文化之间的交流与融合变得更加频繁和紧密。这种交流为创意表达提供了更广阔的舞台和更丰富的资源。来自不同文化背景的创作者可以相互借鉴、学习和合作，共同创作出更具国际化和包容性的作品。

同时，全球化也推动了创意产业的跨国发展。越来越多的文化企业和创意人才开始走出国门，参与国际竞争与合作。这种跨国交流不仅有助于提升本国文化的国际影响力，还能促进世界文化的繁荣与发展。

综上所述，文化多样性与创意表达是相辅相成的。多样性为创意表达提供了丰富的素材和灵感来源，而创意表达则推动了文化的传承与发展。在全球化背景下，我们应该更加珍视和保护文化多样性，促进不同文化之间的交流与融合，共同推动世界文化的繁荣与发展。

9.3　创意设计的未来路径——战略与实践

随着科技的快速发展和全球化的推进，创意设计正逐渐成为推动社会、经济和文化发展的重要力量。为了应对未来的挑战和机遇，创意设计需要制定明确的发展战略，并在实践中不断探索和创新。

9.3.1　创意设计的发展战略

在数字时代，创意设计面临着前所未有的机遇与挑战。为了适应这一时代变革，我们需要制定全新的创意策略，并注重设计教育的改革与创意产业的可持续发展。

首先，**适应数字时代的创意策略是关键**。在数字技术的驱动下，我们需要充分利用大数据、人工智能等先进技术来分析和预测消费者的需求与偏好。通过数据驱动的设计方法，我们可以更加精准地满足消费者的个性化需求，提升设计的价值和影响力。同时，跨界合作与创新也成为数字时代创意设计的重要策略。打破传统行业界限，与其他领域进行深度合作，共同创造出更具创新性和竞争力的产品和服务，以满足消费者日益多样化的需求。

其次，**面向未来的设计教育改革势在必行**。设计教育是培养创意设计人才的重要途径，我们需要注重培养学生的创新思维和实践能力。通过项目式学习、实践课程等创新教学方式，激发学生的创造力和创新精神，培养他们的综合能力和职业素养。同时，加强与产业界的合作也是设计教育改革的重要方向。通过校企合作、实习实训等方式，让学生更早地接触实际的设计项目和工作环境，提升他们的适应能力和市场竞争力。

最后，**实现创意产业的可持续发展是目标**。加强知识产权保护是保障创意产业可持续发展的基础，通过完善法律法规、加强执法力度等方式，保护创意设计者的合法权益，激发他们的创造力和创新精神。同时，注重创意设计的商业化运作也是实现可持续发展的重要途径。将创意设计转化为具有市场竞争力的产品和服务，可以实现商业价值和社会效益的双赢。此外，推动创意设计的国际化发展也是提升竞争力和影响力的重要举措。通过参与国际交流、合作与竞争，学习借鉴国际先进的创意设计理念和技术手段，可以促进本国创意设计的不断创新和进步，推动创意产业的快速发展和壮大。

综上所述，适应数字时代的创意策略、面向未来的设计教育改革以及实现创意产业的可持续发展是创意设计的重要发展战略。只有紧跟时代步伐，不断创新和进步，我们才能在激烈的市场竞争中立于不败之地，为社会的繁荣和进步贡献自己的力量。

9.3.2　实践案例与前瞻性思考

近年来，许多成功的创意设计案例为我们提供了宝贵的经验。例如，在智能家居领域，一些公司通过创新的设计思维，将家居用品与人工智能技术相结合，打造出了能够响应用户需求、提供个性化服务的智能家居系统。这种设计不仅提升了用户体验，还推动了智能家居行业的发展。在环保设计方面，也有许多值得借鉴的案例。一些设计师利用可再生材料或废旧物品，创作出既实用又环保的产品。这种设计不仅减少了资源浪费，还传达了环保理念，引导人们形成绿色消费观念。

面向未来的设计思维需要注重以下几个方面：

首先，要关注人类社会的发展趋势和需求变化，以用户为中心进行设计。

其次，要善于运用新技术和新材料，提升设计的创新性和实用性。

最后，要注重设计的可持续性和环保性，推动绿色设计的发展。

在实践中，设计师可以通过多种方式来培养面向未来的设计思维。例如，设计师可以关注科技动态和行业趋势，了解新技术和新材料的应用前景；可以积极参与跨学科合作，借鉴其他领域的创新成果；还可以关注社会问题和用户需求，从实际出发进行设计创新。

随着科技的进步和社会的发展，创意设计将不断涌现出新的领域和机会。例如，在虚拟现实、增强现实等技术的推动下，沉浸式体验设计将成为未来的热门领域。设计师需要掌握相关技术，创造出能够让人们沉浸其中、获得全新体验的产品和服务。智能穿戴设备、智能家居等物联网相关产品的设计也将迎来更大的发展空间。设计师需要关注这些领域的技术动态和市场需求，以创新的设计思维推动产品的发展。可持续设计和环保设计将继续受到重视。随着人们对环保意识的提高和对可持续发展的追求，这些领域的设计将具有更加广阔的市场前景。

总之，创意设计的未来将充满无限可能。设计师需要保持敏锐的洞察力和创新精神，不断探索新的设计领域和机会，为推动人类社会的进步和发展贡献自己的力量。

参 考 文 献

[1] 刘通，陈梦曦. AIGC 新纪元[M]. 北京：中国经济出版社，2023.

[2] 杜雨，张孜铭. AIGC 智能创作时代[M]. 北京：中译出版社，2023.

[3] 王喜文. AIGC 时代：突破创作边界的人工智能绘画[M]. 北京：电子工业出版社，2023.

[4] 穆罕默德·埃尔根迪. 深度学习计算机视觉[M]. 刘升容，安丹，郭平平，译. 北京：清华大学出版社，2022.

[5] 李开复，陈楸帆. AI 未来进行式[M]. 杭州：浙江人民出版社，2022.

[6] VASWANI A, SHAZEER N, PARMAR N, et al. Attention is all you need[C]//Advances in neural information processing systems, 2017: 5998-6008.

[7] LIU P, YUAN W, FU J, et al. Pre-train, prompt, and predict: A systematic survey of prompting methods in natural language processing[J]. ACM Computing Surveys, 2023, 55(9): 1-35.

[8] DONG C, LOY C C, TANG X O. Accelerating the Super-Resolution Convolutional Neural Network[C]//Proceedings of the 14th European Conference on Computer Vision, Amsterdam, The Netherlands lands, 2016.

[9] GUO R, SHI X P, JIA D K. Learning a deep convolutional network for image superresolution reconstruction[J]. Journal of Engineering of Heilongjiang University, 2018.

[10] SHI W Z, CABALLERO J, HUSZÁR F, et al. Real-Time Single Image and Video Super-Resolution Using an Efficient Sub-Pixel Convolutional Neural Network[C]//2016 IEEE Conference on Computer Vision and Pattern Recognition(CVPR). IEEE, 2016.

[11] 陈晓智. 三维场景空间的似物性与多模态特征融合研究[M]. 清华大学出版社，2020.

[12] 向颖晰. 新媒体广告创意设计[M]. 长春：吉林出版集团股份有限公司，2022.

[13] 张茹，刘建毅，刘功申. 数字内容安全[M]. 北京：北京邮电大学出版社，2017.

[14] 马仕骅. 从人机互动到人机共创：机器学习技术在交互式电子音乐中的应用价值研究[J]. 音乐探索，2023，(03)：122-135.

[15] 韩晓宁，耿晓梦，周恩泽. 人机共生与价值共创：智媒时代新闻从业者与人工智能的关系重塑[J]. 中国编辑，2023，(03)：9-14.

[16] 陆敏捷. 交互式电子音乐概论[M]. 重庆：西南大学出版社，2021.

[17] 斯蒂芬·哈恩. 德里达[M]. 北京：清华大学出版社，2019.

[18] 张春春，孙瑞英. 如何走出 AIGC 的"科林格里奇困境"：全流程动态数据合规治理[J].

图书情报知识，2024，(03)：1-12.

[19]　卢兆麟，宋新衡，金昱成. AIGC 技术趋势下智能设计的现状与发展[J]. 包装工程，2023，44(24)：18-33，13.

[20]　赵宜. 人机共创、数据融合与多模态模型：生成式 AI 的电影艺术与文化工业批判[J]. 当代电影，2023，(08)：15-21.

[21]　万力勇，杜静，熊若欣. 人机共创：基于 AIGC 的数字化教育资源开发新范式[J]. 现代远程教育研究，2023，35(05)：12-21.

[22]　刘华峰，陈静静，李亮，等. 跨模态表征与生成技术[J]. 中国图象图形学报，2023，28(06)：1608-1629.

[23]　周荣庭，周慎. AIGC + Web 3.0：面向未来的出版多模态融合[J]. 中国出版，2023，(10)：3-9.

[24]　王少. 机遇与挑战：AIGC 赋能新时代思想政治教育[J]. 教学与研究，2023，(05)：106-116.

[25]　詹希旎，李白杨，孙建军. 数智融合环境下 AIGC 的场景化应用与发展机遇[J]. 图书情报知识，2023，40(01)：75-85.

[26]　邓建国. 概率与反馈：ChatGPT 的智能原理与人机内容共创[J]. 南京社会科学，2023，(03)：86-94，142.

[27]　李学龙. 多模态认知计算[J]. 中国科学：信息科学，2023，53(01)：1-32.

[28]　李白杨，白云，詹希旎，等. 人工智能生成内容(AIGC)的技术特征与形态演进[J]. 图书情报知识，2023，40(01)：66-74.

[29]　艾廷华. 深度学习赋能地图制图的若干思考[J]. 测绘学报，2021，50(09)：1170-1182.

[30]　荆伟. 人工智能驱动下的设计产业融合创新探究[J]. 包装工程，2021，42(16)：79-84，93.

[31]　国秋华，余蕾. 消失与重构：智能化新闻生产的场景叙事[J]. 中国编辑，2020，(04)：47-53.

[32]　王晓慧，覃京燕，杨士萱，等. 基于 AI 画作生成的个性化文化创意产品设计方法[J]. 包装工程，2020，41(06)：7-12.

[33]　陶建华，傅睿博，易江燕，等. 语音伪造与鉴伪的发展与挑战[J]. 信息安全学报，2020，05(02)：28-38.